世界葡萄酒大百科

（英）Stuart Walton　编著

胡紫薇　王庆洪　薛　樱　译

上海科学技术出版社

图书在版编目（CIP）数据

世界葡萄酒大百科/（英）斯图尔特·沃尔顿（Stuart Walton）编著；胡紫薇，王庆洪，薛樱译. —上海：上海科学技术出版社，2017.8

ISBN 978-7-5478-3561-6

Ⅰ.①世…　Ⅱ.①斯…②胡…③王…④薛…　Ⅲ.①葡萄酒—品鉴—世界　Ⅳ.① TS262.6

中国版本图书馆 CIP 数据核字（2017）第 104053 号

世界葡萄酒大百科

（英）Stuart Walton　编著

胡紫薇　王庆洪　薛　樱　译

上海世纪出版股份有限公司
上海科学技术出版社　出版

（上海钦州南路 71 号　邮政编码 200235）

上海世纪出版股份有限公司发行中心发行

200001　上海福建中路 193 号　www.ewen.co

浙江新华印刷技术有限公司印刷

开本 889×1194　1/16　印张 15.5　插页 4

字数 350 千字

2017 年 8 月第 1 版　2017 年 8 月第 1 次印刷

ISBN 978-7-5478-3561-6/TS·208

定价：198.00 元

本书如有缺页、错装或坏损等严重质量问题，
请向工厂联系调换

目　录

第一章
基础知识

品酒法则

品酒师闻香、晃杯、吐酒等一系列手法绝非简单的卖弄，而是能切实帮助品味各种葡萄酒。

看品酒师品酒，疑惑他们到底喜不喜欢葡萄酒是可以理解的。观色、晃杯、闻香，然后含一小口再吐出来，这些惯常做法看起来不像爱酒之人所为，然而正是这一系列逻辑严谨的过程，能无限提升你享受好酒的乐趣（且不说这些步骤如何帮助你品鉴葡萄酒的品质）。下面我们就来说说如何品酒。

品酒时，杯中预留三分之一空间为宜，切忌斟满酒。

斟酒时确保酒杯中留有足够的空间以便充分晃杯（下图）

首先，执酒对着日光或其他光源仔细观察葡萄酒的色泽漂亮、清透吗？是否有沉淀物或杂质？品红酒时，微微倾斜酒杯，衬于白色背景观察酒缘处液体色泽。酒龄长的葡萄酒酒缘的色泽会逐渐散失，从深紫红色到浅红宝石色，最后到标志成熟的褐色，显示出时光沉淀后的尊贵。

接着轻摇杯身。这一步的关键在于激发葡萄酒中的芳香物质。当你的鼻子靠近时，就能充分品味酒的醇香。在杯中让葡萄酒旋转即可。有的人将酒杯平放在桌面上开始摇晃，可得小心，别损坏了玻璃酒杯。

闻酒时，将酒杯向自己微侧，鼻子稍稍探入杯中，低于杯口，朝前略低头。

充分轻吸两三秒，仿佛在闻一朵鲜花，不要用力猛吸。闻酒能透露很多信息，比如它的原产地、制作手法等。不过别闻太久了，葡萄酒的香气很快会挥发，嗅闻两三下就能告诉你所有想知道的了。

现在到了最复杂的步骤了。葡萄酒专业人士含了一口酒后总是会做有趣的鬼脸，这是因为他们正试图让葡萄酒布满舌头上的所有味觉感知区域。舌尖甜味感受器分布最密集，靠后一点是咸味，酸味由舌苔两侧感知，舌根负责感知苦味。尽可能地让葡萄酒在口腔中打转吧。

啜一口葡萄酒后轻轻吸一口空气，这样有助于最大限度地呈现葡萄酒的芳香。将葡萄酒含入口中后，嘴唇微微聚拢，留出小于一支铅笔大小的缝隙，迅速吸入空气，然后闭上双唇，从鼻腔呼出。这种方法不仅能让葡萄酒的芳香传递到口腔中，也能传递到鼻腔中，从而强化整个感知过程。

在正式的场合，回味后请将酒咽下。如果某些时候需要一下子品尝多种葡萄酒又不必真的饮酒，那就将其吐到准备好的容器中（也有吐在地上的）。借助唇舌喷射出一道细长利落的弧线，完成自信而专业的吐酒。

品鉴葡萄酒时有以下 5 个基本元素需要考量，学会对每一项独立品评，能帮助你逐步形成一套分析方法，做好评价各种葡萄酒的前期准备。

糖分　从极干的桑塞尔白葡萄酒（Sancerre）到极丰腴而醇厚的麝香利口酒（Liqueur Muscats），葡萄酒中所含的自然糖分是最显著的特征。

酸度　葡萄酒酸度不一。酒石酸是葡萄酒的主要成分，未发酵的葡萄汁中就含有大量酒石酸。饮用时，舌头外围两侧会有怎样的感受呢？丰富的酒石酸除了使新酒酒质更具清新的口感外，同时也是一流葡萄酒陈年的关键。不过，不要把酸度和干性混为一谈，比如菲诺雪利酒（fino sherry）这种非常干的强化型葡萄酒酸度却很低，浓甜葡萄酒索泰尔讷（Sauternes）中酸度和甜度均衡。

单宁　葡萄籽、葡萄皮和葡萄梗中富含单宁。红酒的颜色来源于葡萄皮，果汁颜色反而无色透明，而单宁一同被榨取了出来。正是单宁使得酒龄低的红酒入口后有干涩粗糙之感，不过这种物质会在经年后慢慢减少，使葡萄酒口感越发香醇细腻。

橡木　许多葡萄酒都在橡木桶中酿制，有时甚至在橡木桶中发酵，白酒中香草、肉豆蔻、肉桂的芳香风味和醇厚红酒中的丝滑口感都得益于橡木的熟化。一如微微烤焦的面包，烤制（或"烘焙"）的橡木桶赋予了葡萄酒更多样的风味。

果香　我们常常听到品酒家这样描绘他们的奇幻感受：尝到了树莓、百香果、甜瓜……葡萄酒中类似蔬果、草药、辛辣调味料的种种口感有其特殊的生化原因，在本书介绍葡萄品种的章节将会做详细介绍。不过在享受美酒时，请放飞你的想象，清爽的果香正是葡萄酒的独特魅力之一。

美酒也有瑕疵，正如并非花园里所有东西都那么惹人喜爱，葡萄酒也会出问题。被木塞污染的葡萄酒有一种如破旧的抹布、发霉的面包发出的腐朽味道，令人不快。不过，随着螺旋盖逐步替代软木塞，这种问题也日益减少。

久藏的葡萄酒会氧化，白葡萄酒颜色加深即为氧化的信号，过度氧化会导致葡萄酒口感层次弱化，丧失原有的风味。挑出那些受木塞、氧化破坏的酒，它们的酒体已有瑕疵。有时，酒石酸不稳定，会以晶体的形态沉淀杯底，不过这种沉淀并不会破坏葡萄酒的口感。

优雅地晃杯，使杯中之酒形成较大的凹面（上图）

品鉴起泡酒时先静候片刻等待气泡减退（上图）葡萄酒的不同色泽蕴含许多信息（下图）

闻香时轻柔而绵长，鼻尖稍稍探入杯中（上图）

储酒和侍酒

哪里才是葡萄酒熟成的最佳场所？享用前是否应该氧化？陈年葡萄酒该如何醒酒？事实上，这些问题都没有看起来那么深奥。

葡萄酒储藏过程中的技术性问题都无须过于复杂，应以操作简单为原则。

酒窖 如今多数人居住在公寓或不设专门酒窖的房子中，因此开始葡萄酒收藏就需要些创意了。如果你入手了数量非常可观的葡萄酒，且近几年都不打算动它们，可以付钱雇酒商替你储藏。多数情况是，一下子有了几十瓶葡萄酒，该如何储藏呢？

主要记住两点：水平存放和避光避热。瓶身大小相同可纵向叠放，当然，搭建简易酒架存放更为安全便捷，木质或塑料架皆可。使葡萄酒和软木塞接触以保持其湿润，防止异味破坏酒体。切忌将储存葡萄酒的柜子紧贴热水器或炊具，温度过高会加速酒的成熟。同样，也不要把葡萄酒存储在零度以下的花园小建筑中。以凉爽、通风、遮光、避震的酒柜为宜。

简易葡萄酒架是储藏佳酿的最佳方式（右图），该款还预留了足够的空间辨识酒标，无须拿出就能辨别

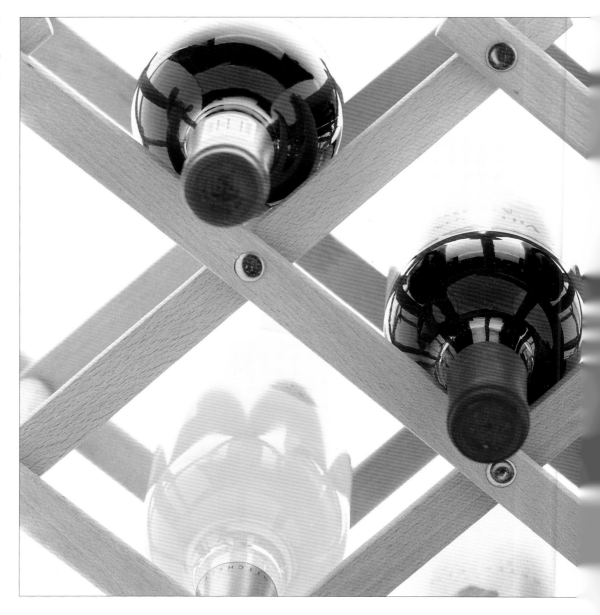

柜子也不要太高，因高度越高，温度越高。

侍酒温度 传统观点是白葡萄酒低温饮用，红葡萄酒常温饮用，不过也不能一概而论。

白葡萄酒侍酒温度太低会禁锢其原有风味，酒体轻且果味浓的白葡萄酒、起泡酒和桃红葡萄酒的侍酒温度不应高于10℃，顶级霞多丽（Chardonnays）、赛美蓉干白葡萄酒（dry Semillons）、阿尔萨斯白葡萄酒侍酒温度则更低。

一般来说，红葡萄酒的侍酒温度应稍低于室温，切忌用辐射的方式加热酒体，否则会丧失口感。一些酒体轻、果味浓的红葡萄酒，如酒龄低的博若莱（Beaujolais）、多姿桃（Dolcetto），以及酒体更轻盈的卢瓦河、新西

兰红葡萄酒适饮温度更低一些，上酒前可先在冰箱中冷藏1小时。

呼吸 红酒一定要醒酒么？一些成熟的红酒可以开瓶即饮，如里奥哈陈年特酿（Rioja Reservas）或口感更加柔和的橡木桶陈酿澳大利亚赤霞珠（Cabernet Sauvignons），于它们而言不醒酒没有什么大碍。然而，酒龄较低的红酒富含单宁，品尝时略带酸涩感，需要倒出来增加酒液接触空气的面积。享用前半个小时左右，将葡萄酒倒在醒酒器或酒壶中进行醒酒。若餐桌上无适合的醒酒器，将酒倒入任意容器，醒好后再借助漏斗回装到瓶中即可。若只是将瓶塞拔出来，醒酒的作用并不大，因为这只能使瓶颈处的小部分酒接触到空气。葡萄酒不断在变化，它通过缓慢的氧化慢慢达到最佳状态。它装在酒瓶中时在呼吸，你轻轻晃杯时在呼吸，你小口啜饮时它还在呼吸。

这款精心设计的酒架确保软木塞底部始终和葡萄酒接触，防止酒液挥发

开瓶器 随着螺旋盖在各档次葡萄酒中使用越来越广泛，最初兴起于南半球引领葡萄酒新风尚，后逐渐扩散到欧洲，使软木塞开瓶器可被弃之于抽屉。螺旋盖最大的好处在于喝剩下的葡萄酒能被轻易地再次封存，且无需担心木塞被污染的问题。

想要拔出软木塞，最简单的操作是使用螺旋开瓶器，花很小的力气持续一个动作即可。有侧把手的开瓶器次之，如果碰到较长的软木塞，它可能会将脆弱的木塞折成两半，尤其是坚实的中心轴和中空的螺旋线形成鲜明对比时。简易开瓶器是葡萄酒侍者的好伴侣，对那些想要展示自己野性力量的人来说更是锦上添花，但要是碰到极其顽固的软木塞只会

螺旋开瓶器（上图）是开瓶的巨大革新。因其螺纹的特点，不仅拔塞省力，还几乎避免了瓶塞断裂的情况

基本款螺旋开瓶器，操作时简单拉拽即可（左上图）
蝴蝶型开瓶器有时会造成特别长或年份久的软木塞断裂（右上图）
螺旋盖无需使用任何开瓶器（左下图）
目前有 3 种瓶塞：天然木塞、合成木塞和螺旋盖（右下图）

叫人憋得面红耳赤却徒劳无功。

　　如果可以，尽量避免选择合成木塞封口的葡萄酒，因为开瓶时很容易被卡住。合成木塞是唯一无法再退回瓶子里的密封方式，而且可能会弄坏塑料开瓶器。几年前，合成木塞被看成天然木塞的替代品，如今它们被更实用的螺旋盖取代了。

　　开香槟　许多人对开香槟仍心存畏惧。记住，香槟开瓶前放置时间越久，起泡越少。如果被剧烈地摇晃过，就可能需要一周或更长的时间静置了。同样，香槟温度越低，越不容易像灭火器那样激烈地喷发出来。

　　开香槟时，先将瓶口铝箔包装纸揭去，松开铁丝网套锁口处的扭缠部分，然后一手紧紧按住瓶塞，一手握住酒瓶下半身，理论上是捏紧瓶塞不动，将酒瓶左右旋转，不过在实际操作中往往同时转动（当然是向互为相反的方向）。操作时动作要轻柔，当感觉软木塞开始缓缓地推出时，用拇指按住即将冲出的瓶塞顶部，控制好软木塞推动过程。开香槟时，为避免喷酒出来，声音低沉，响声可能不大。如果香槟喷射而出，可用替代酒塞等插入瓶颈，不过不要再用原来的塞子。

　　倒香槟或起泡酒时，先给每个杯子斟上小半杯，然后再回过来往已经消失泡沫的酒杯中继续倾倒，动作缓慢稳妥，以防美酒溢出。为品尝到香槟的最佳风味，先倾斜酒杯注入香槟，再徐徐调整到竖直位置为宜，在有些人看来像在倒啤酒。

　　醒酒　醒酒能帮助酒龄低的葡萄酒氧化得更充分，不过只在葡萄酒沉淀非常厉害的情况下必须进行。在饮用前，先将原先横放的酒瓶直立，前一天晚上开始更佳，以便沉淀物充分沉到瓶底。

　　开瓶后，缓慢地将葡萄酒倒入醒酒器中，如涓涓细流，不要间断，从瓶颈观察液体，及时停止，避免倒入沉淀物，剩余葡萄酒不多时直接丢弃，如果剩下半瓶有余，用干净的棉布进行过滤。切忌不要使用咖啡滤纸或纸巾，这会改变葡萄酒的风味。此外，醒酒对陈年特优年份波特酒而言尤为必要。

开起泡酒的重点是控制好木塞（左图），受气压作用向外推木塞时感受它的细微变化

倒酒越快，气泡越多（左图），故应小心斟酒，避免溢出

喝剩下的起泡酒用香槟瓶塞好储存十分方便（左图），将匙柄插入瓶颈的做法相当不专业

葡萄酒杯

并非只有将葡萄酒盛在最昂贵的玻璃杯具中才能充分展示它的迷人之处，不过在选择杯具时，有一些基本原则能帮你挑出最适合的那个。

如今的葡萄酒杯造型多样、大小各异、应有尽有（下图）。图中从左到右为适宜的红葡萄酒杯或白葡萄酒杯；专业的笛型香槟杯；广受酒吧青睐的 Paris goblet，该酒杯造型不错，但容量太小；设计优雅实则弊端明显的起泡酒杯，喇叭形开口导致更多气泡的消散；适合其他加强葡萄酒的餐后甜酒杯（sherry copita）

我曾在学生宿舍拿塑料杯盛香槟畅饮，尽管几乎想不起还有什么香槟比那回来得更加醇美。但事实上，当你静下心来专注于品鉴时，盛酒的杯具还是大有不同的。这些差别不仅体现在视觉外观上，而且恰当的酒杯还能更好地留住香气，令酒越发香醇。

适合的酒杯不必贵得离谱，不过和所有东西一样，好的也不便宜。奥地利著名玻璃艺术大师格奥尔格·力多（Georg Riedel）将葡萄酒杯工艺发挥到了极致，他设计的玻璃杯能在各色葡萄酒中针对性地加强某种或几种芳香，其中一些造型极为独特，价格昂贵，不过毋庸置疑的是，它们获得了成功。

有一些宽泛的准则可以用来指导我们选择酒杯。首先，挑选无缀饰的透明玻璃杯。着色的玻璃杯，哪怕只是在杯柄或杯底有装饰都会影响酒色的鉴赏，尤其是白葡萄酒。另外，虽然切割面使得酒杯外观漂亮精致，但为防止改变杯中葡萄酒的色泽而影响观色，尽量避免使用。

其次，挑选宽大、杯深、口径逐渐收拢的酒杯。这样的酒杯能最大限度地释放葡萄酒的芳香，因为它不仅便于晃杯，而且渐渐聚拢的杯口还能聚集酒的香气，令酒闻起来更加馥郁芳香。杯口越小，越能还原品鉴的感知。

通常红酒杯较白酒杯更为圆胖宽大，倘

若在盛大的美食之夜上同时品尝红酒和白酒，分别装杯有利于更好地品鉴。不过，这里的假定是，红酒（尤其是醇熟的酒体）需要和空气进行更充分的接触。要知道，葡萄酒更多的变化发生在酒杯中，比在醒酒器中的还多。如果你只考虑买一种规格的酒杯，那就挑大的买，葡萄酒杯再大也不为过。

起泡酒应盛在笛形杯中，细长而直身，可令酒的气泡不易散掉。老电影中为观众熟悉的浅碟香槟杯（传说是以玛丽·安托瓦内特的乳房为原形）效果不及笛形香槟杯，因为增加葡萄酒的表面积加速了气泡的消失。不过即便如此，蝶形香槟杯在部分地区又斗志昂扬地重新回归时尚，我也不得不怀着愧疚之心承认我对它的喜爱之情，因为它使我觉得自己更优雅迷人了。

考虑到加强酒的酒精度高，应盛在普通葡萄酒杯缩小版的容器中，雪利产区的传统酒杯 copita 就是极为适合的容器，同样适用于其他加强酒。请勿使用最小号的利口酒杯，因为这种杯除了看起来引人注意外，它都没留空间给你享受葡萄酒的芳香。

这 3 只酒杯（左图）都设计合理，最右边为国际标准品酒杯

葡萄酒与食物的搭配

将合适的葡萄酒与食物搭配很像一场美食的竞赛，虽有一些简单易懂的基本原则，但最佳的搭配方式并无绝对的标准，遵循传统有时也意味着固步自封。

选择佐餐葡萄酒的规则一度简单单一：红酒配红肉和奶酪，白酒配鱼肉和家禽肉；以雪利酒开餐，以波特酒（port）收官。如今，搭配方式在保留基本原则的基础上，呈现出复杂多样的无尽选择。

不过，显然在葡萄酒搭配方面没有固定的准则，即使某道特殊的菜肴有其固定的经典搭配，难道一定要每回都搭配同一款葡萄酒吗？每当我同时品味葡萄酒和美食，总会发现一些出人意料的成功搭配。

下列宽泛的概念旨在给大家一点感觉，总的来说，鼓励大家大胆创新。事实上，真正无法搭配的组合少之又少。

开胃食物

经典的传统选择是起泡酒和干雪利酒，低度无年份香槟（白中白香槟自是必不可少的佳酿），或酒精度更低的加利福尼亚、新西兰起泡酒，都是很不错的选择。餐前若有味道浓郁的开胃点心、橄榄、坚果等，干雪利酒更佳，通常会点一瓶新开的上好菲诺或曼赞尼拉

（manzanilla）。近来，柯尔酒（kir）又重获青睐，可将少许黑醋栗甜酒（cassis）与一杯清爽可口的干白葡萄酒（如勃艮第–阿里高特干白葡萄酒）混调，也可将黑醋栗甜酒混入极干香槟，调制成皇家基尔香槟鸡尾酒。

第一道菜

汤类　通常液体的汤汁无需配酒享用，不过，含奶油、松露等黏稠的汤水也可搭配强化香槟，如黑中白香槟。一小杯带坚果味口感的强化葡萄酒是肉汤的最佳伴侣，如Amontillado雪利酒或Sercial madeira葡萄酒。如果是分量十足的海鲜浓汤或蔬菜通心粉汤，就配以质感适中的红葡萄酒拉开冬日晚餐的序幕，如Montepulciano d'Abruzzo红葡萄酒。

鱼类　烟熏马鲛鱼等油鱼（浸泡过油）搭配没有明显果香的清淡干白葡萄酒最佳，从夏布利酒（Chablis）、阿尔萨斯白品乐葡萄酒、Muscadet sur lie白葡萄酒、西班牙Viura葡萄酒、南非白诗南白葡萄酒，到口感更加丰富一些的西班牙下海湾（Rias Baixas）产区葡萄酒

如虾、西红柿、荷兰辣酱油、豆瓣菜、鳄梨、鲑鱼、香菜等口味偏重的前菜（下图），最理想的搭配是冰冻浅色干雪利酒、曼赞尼拉或清新的低龄干白葡萄酒，如未经橡木陈酿的霞多丽

鸡肉和开心果配硬面包（上图）适合搭配有独特
芳香的白葡萄酒，比如一杯 Torrontes 葡萄酒

均可。

鸡、鸭、猪肝　选择酒体强劲饱满、口味辛辣的白葡萄酒，如阿尔萨斯琼瑶浆葡萄酒、佩萨克－雷奥良（Pessac-Léognan）产区波尔多干型葡萄酒、Hunter Valley 赛美蓉葡萄酒。鹅肝酱的经典搭配是索泰尔讷甜白葡萄酒（在我看来这个搭配简直太老套了）。

熏鱼　建议搭配强劲的白葡萄酒，如阿尔萨斯产的琼瑶浆、灰品乐，博讷丘（Côte de Beaune）、加利福尼亚州产的橡木桶酿造霞多丽。需要注意的是：不论这种搭配看似何其经久不衰，香槟受重盐、重烟、油质的影响，也可能产生腻口的情况。

甜瓜　水果清甜爽口，需要搭配甜味更加温和的葡萄酒。建议选择迟摘甜白葡萄酒，产自华盛顿或加利福尼亚州的雷司令或加拿大冰酒。

虾类　几乎所有清新可口的干白葡萄酒都很适合，长相思酿制的葡萄酒是很好的选择，不过请避免选择有强烈橡木味的陈酿。如果食物中有蛋黄酱或大蒜、黄油，高酸度的葡萄酒为宜。

酥炸山菌　最好搭配酒体适中、简简单单的红酒，如罗讷河谷的葡萄酒、Valdepeñas 葡萄酒和 Valpolicella 葡萄酒。

芦笋　搭配芳香醇厚的长相思葡萄酒最完美不过，如产自新西兰的长相思。

意大利面和意大利调味饭　意大利的葡萄酒是其绝配，选择浓厚的白葡萄酒搭配奶油沙司或海鲜类食品，如 Vernaccia 葡萄酒、

Arneis 葡萄酒、Falanghina 葡萄酒或上好的 Soave 白葡萄酒。由意大利葡萄，如巴贝拉（Barbera）、蒙特普恰诺（Montepulciano）酿制的红酒，酒体轻盈适中，适合搭配以番茄酱为底料的菜品。芝士野菌焗饭适合搭配更为醇厚的基安蒂（Chianti）葡萄酒。

鱼类和甲壳类海鲜

牡蛎　香槟是其经典搭配，如密斯卡得夏布利，以及大部分清爽新鲜的长相思，也是恰到好处的搭配。

扇贝　扇贝料理通常是简单的水煮或烧烤，甲壳类动物最美味的吃法是搭配口感柔和、酒体轻盈的白葡萄酒，如勃艮第夏隆内酒区的葡萄酒、德国或新西兰产半干雷司令葡萄酒、意大利灰品乐葡萄酒，所选葡萄酒的醇厚程度宜与调味酱的浓稠度成正比。

龙虾　在色拉中作为冷菜时，需要搭配有一定酸度、口感辛辣的白葡萄酒，如普伊－芙美（Pouilly-Fumé）葡萄酒、武弗雷（Vouvray）干白葡萄酒、一级夏布利、南非白诗南和澳大利亚雷司令葡萄酒。作为像法式焗烤这样的热主菜呈上时，需要搭配醇厚饱满的葡萄酒，如默尔索（Meursault）葡萄酒、加利福尼亚或南澳大利亚州霞多丽葡萄酒、阿尔萨斯灰品乐葡萄酒。

腌制鲑鱼（上图）需要搭配酒体饱满的白葡萄酒，如阿尔萨斯琼瑶浆或灰品乐葡萄酒

更为适合，如酒体结构出色的加利福尼亚或新西兰黑品乐葡萄酒、醇熟的卢瓦河谷希农或布尔格伊红葡萄酒、智利美乐葡萄酒都是不错的搭配。

寿司和生鱼片　除了日本清酒还能有什么？

肉类、家禽类

鸡肉　烤鸡适合口感柔和的优质葡萄酒，如醇厚的勃艮第葡萄酒、里奥哈佳酿和加利福尼亚美乐葡萄酒。炖煮的清爽料理，则要根据调味汁搭配更为浓郁的白葡萄酒。

火鸡　圣诞节或感恩节上享用的烤鸡是节日的主菜，值得配上一款抢眼的红酒，其口感比搭配烤鸡的葡萄酒更强劲，如圣埃米利永（St-Emilion）红葡萄酒、教皇新堡（Chateauneuf-du-Pape）葡萄酒或加利福尼亚解百纳葡萄酒。

兔肉　同烤鸡。

猪肉　烤猪或烤肋排的不二选择是酒体丰满又带有一丝辛辣的红酒，如南罗讷河混合酒（southern Rhône blends）、澳大利亚西拉子（Shiraz）和经典基安蒂（Chianti Classico）葡萄酒。

羊排　两个最佳搭配是赤霞珠葡萄酒（梅多克、纳帕谷、智力等产地皆可）和里奥哈陈年特酿。

牛排　牛后臀和牛里脊肉适合搭配各地单宁结实、风味粗犷的红酒，如埃米塔日葡萄酒、酒体极其刚健强劲的仙粉黛葡萄酒、巴罗洛葡萄酒、库纳瓦拉西拉葡萄酒。搭配菲力牛

法式焗龙虾（上图）的最佳搭配是馥郁醇厚的橡木陈酿白葡萄酒，如勃艮第顶级白葡萄酒或热带地区出产的霞多丽葡萄酒

质地松软的白肉鱼　龙利鱼、柠檬鲽、比目鱼等，几乎各地酒体轻盈、未经橡木陈酿或轻微橡木陈酿的白葡萄酒，都是其良伴。

紧实的鱼肉　黑鲈、鲽类鱼、大比目鱼、罗非鱼、鳕鱼等，需要酒体饱满的白葡萄酒来平衡肉质，波尔多列级酒庄白葡萄酒、澳大利亚赛美蓉白葡萄酒，以及南半球口感更加丰富的霞多丽葡萄酒，都是不错的选择。

鲛鳒鱼　适合搭配强劲浓厚的葡萄酒，如埃米塔日（Hermitage）葡萄酒或顶级勃艮第葡萄酒。若菜品用红酒烹饪或配以火腿，则适合浓稠的葡萄酒，如风车磨坊葡萄酒（Moulin-à-Vent）和里奥哈佳酿（Rioja Crianza）。

鲑鱼　优雅均衡、酒体适中、有一定酸度的白葡萄酒为宜，如一级夏布利、智利霞多丽、阿尔萨斯或德国干型雷司令葡萄酒。同样，也可挑选酒体略轻的红葡萄酒，如博讷区黑品乐葡萄酒。

金枪鱼　较之白葡萄酒，红葡萄酒相对

兔肉（右图）既可以搭配红葡萄酒，也可以搭配白葡萄酒，视烹饪方法而定。醇厚的白葡萄酒和芥末相得益彰，黑品乐搭配红酒料理的兔肉和西梅最好不过

排的葡萄酒酒体更为轻盈，如南非美乐和法国波尔多葡萄酒。胡椒牛排及含有芥末酱、山葵调味料的牛排，则需搭配有尖刺感的葡萄酒，如克洛兹–埃米塔日（Crozes-Hermitage）葡萄酒。

鸭 酒体适中、酸度较高的浅龄红酒有助于化解脂肪的油腻感，如经典基安蒂葡萄酒、仙粉黛葡萄酒和新西兰品乐葡萄酒。

禽类野味 最宜搭配口感充分成熟的黑品乐葡萄酒。

鹿肉 适合搭配高浓度的陈酿红葡萄酒，温热气候下酿造的葡萄酒尤佳，如解百纳葡萄酒、西拉葡萄酒和仙粉黛葡萄酒。

内脏 肝脏、肾脏适合搭配强劲的浅龄红酒，如希农、巴贝拉和博若莱葡萄酒，牛杂、羊杂更适合搭配强劲的白葡萄酒，如醇厚的阿尔萨斯葡萄酒。

印度料理 果香浓郁、酸度显著的白葡萄酒适合非常辛辣的料理，如白诗南、雷司令白葡萄酒；红葡萄酒适合咖喱羊肉等羊肉料理，如解百纳、美乐葡萄酒。

泰式料理 泰式料理中对辣椒尤为钟爱，大量使用青柠、生姜，无论是产自桑塞尔（Sancerre）、南非，还是新西兰，搭配长相思白葡萄酒准不会错。

中式料理 琼瑶浆、维奥涅尔葡萄酒、阿根廷多伦提斯葡萄酒等芳香的白葡萄酒和大部分雷司令葡萄酒，特别适合搭配种类繁多的中式料理。

甜品

新鲜水果色拉本身口感酸甜，最好单独品尝。同样，像冰淇淋、雪芭等冰冻甜点也会使舌头的敏感度迟钝，一般的葡萄酒无用武之地。奶油冻、法式焦糖布丁、意大利奶冻等以鸡蛋、奶油为基础的料理，适合搭配贵腐葡萄酒，如索泰尔讷葡萄酒、莱昂区葡萄酒或欧洲以外其他地区同类型葡萄酒。如何搭配巧克力常被视为一个问题，它不怎么破坏贵腐葡萄酒的口感，不过也可以考虑口感馥郁、酒精含量高的葡萄酒。水果塔适合搭配迟摘型葡萄酒，如德国奥斯雷斯葡萄酒、奥地利雷司令葡萄酒、阿尔萨斯迟摘型葡萄酒、南非迟摘型麝香葡萄酒。蛋酥和奶油类糕点适合搭配甜味较重的起泡酒，如阿斯蒂起泡酒、莫斯卡托阿斯蒂起泡酒能平衡圣诞布丁的口感。西班牙甜雪利酒、布阿尔（Bual）葡萄酒、Malmsey Madeira 白葡萄酒和澳大利亚麝香甜白酒，极为适合搭配味道浓郁的花式水果蛋糕或核桃派等富含核果的点心。

红酒炖牛肉（左图）的经典搭配，莫过于口感柔软甘醇的勃艮第葡萄酒（勃艮第正是这道菜的发源地）

威士忌甜橙果酱派（下图）适合与意大利阿斯蒂起泡酒或澳大利亚麝香利口葡萄酒一起享用

酒标

香槟标签一般比较简单，上面的酒庄名可以就是品牌，因此非常重要。就这样，我们有了阿伊河畔马勒伊（Mareuil-sur-Ay）的碧尔卡莎蒙（Billecart-Salmon）香槟。品牌下方标有风格种类，"Brut"——（天然）极干，粉红色。香槟也是唯一一种没有规定必须标注法定产区（AC）字样的法定产区葡萄酒。最后，在酒标下部印有专业注册代码，这里的香槟属 NM 类型（混合酿制香槟厂），他们是购买葡萄原料的香槟生产者。

波尔多葡萄酒标签上最重要的莫过于葡萄酒产地，著名酒庄的出品通常会注明"1855 年列级名庄酒"（cru classé en 1855）的标识，再往下会标注葡萄酒的次级产区，就这样，圣于连（St-Julien）也成了产地名。

勃艮第葡萄酒标签容易产生混淆，复杂无比。生产商的名字杜鲁安（Drouhin）标于产地后，表示该酒是列级名庄酒，但不一定会写清这个酒庄属于哪个村庄——实际上属于莫雷－圣丹尼（Morey-St-Denis）。需要注意的是，葡萄酒并非都由产区灌装，因为装瓶不一定由私人酒庄完成，而是由酒庄外的其他酒商负责装瓶。

意大利酒标签上，依次会标有葡萄园：索伯魏格纳（Vigna del Sorbo）、生产者：福地酒庄、产地或产区名称：经典吉安蒂（Chianti Classico）、等级、装瓶者的信息。DOGG（保证法定产区级）是"Denominazione di Origini Controllata e Garantita"的缩写，为意大利葡萄酒等级中最高的一级。"Riserva"（珍藏）指至少经过 3 年陈酿才上市的葡萄酒。

专业人士能辨识欧洲各国酒标的异同之处。西班牙酒标上，依次标有生产商：橡树河畔（La Rioja Alta SA）、产地或产区：里奥哈（Rioja）、显示葡萄酒质量的等级：如DOC（优秀法定产区酒）——西班牙最高档的葡萄酒。年份紧跟葡萄酒名，"Gran Reserva"（特级珍藏）要求最少陈酿5年的时间，其中至少要在小橡木桶内陈酿2年，904为该生产商出产的特级佳酿的标志，"Embotellado en la propiedad"则表明是酒庄装瓶。

德国酒标读起来远比法国酒标复杂冗长。酒标上，生产商保利贝格（Dr Pauly- Bergweiler）名下标有特定产地，由上图可知，该葡萄酒产自摩泽尔产区 Bernkasteler 村巴德斯图医生山单一园（Alte Badstube am Doctorberg），该园由生产商独立所有，因其毗邻著名的医生园（Bernkasteler Doctor）而得名。单一园之于 Bernkasteler 村，其葡萄酒品质与葡萄园面积，大致相当于一个小的特级葡萄园之于勃艮第的村庄级产区，如马内－孔蒂（Romanée-Conti）之于罗孚讷－罗马内（Vosne-Romanée）法定产区。接着还标有葡萄收成年份、葡萄品种雷司令（Riesling）、类型迟摘型（Spätlese）。酒的风格、类型和味道，若不标明，则一般为甜味类型的酒，干型的会标有"Trocken"。

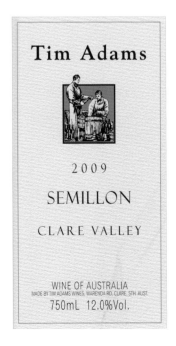

葡萄酒瓶上的标签有时着实叫人眼花缭乱，不过，还有什么比闻名遐迩的南澳大利亚州优质葡萄酒酒标信息更简单明了的呢？生产商以自己的名字蒂姆亚当（Tim Adams）冠以酒园之名，标注于酒标顶部显眼的位置，然后下列葡萄收成年份（2009）、葡萄品种赛美蓉（Semillon）、产区嘉拉谷（Clare Valley）。从本质上来说，澳大利亚酒标信息量丝毫不少于德国酒标，不过显然直观得多。

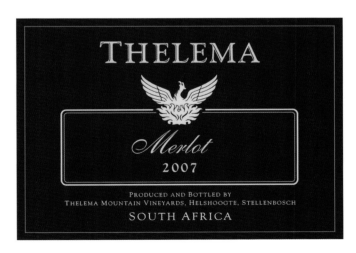

南非葡萄酒的酒标简单易懂，提供的信息包括酒庄泰勒玛（Thelema）、葡萄收成年份（2007）、葡萄品种美乐（Merlot）、种植区和产区斯泰伦布什（Stellenbosch）。南非葡萄酒分级制度虽有其地区独特性，不过一贯清楚明了。

第二章
葡萄品种

在酷热的西班牙南部，古时候人们通过犁地来收集冬日的雨水（上图）

人们赋予了品酒太多神秘和尊贵之感，以至于很容易忘记葡萄酒本身是非常简单纯粹的。

如今参观葡萄酒酿酒厂，到处是精心种植的葡萄，巨大的不锈钢罐、自动化装瓶流水线闪闪发光，兴许还有成排的橡木桶罗列在洞穴般的酒窖之中，令人感叹：难道这就是人类有史以来创造力的尽头了么？

在某种程度上，经过一代代的改革，葡萄酒酿造技术日趋完善。然而，不同于啤酒，在生产前要先等麦芽制造技术的实现，葡萄酒早就具有一定的雏形，不过就是发酵的葡萄汁。

任何天然糖分含量高的物质和酵母接触，迟早都会进行发酵，无论是棕榈树中黏稠的汁液、果汁，还是成熟的水果。野生酵母通过昆虫传播，这些昆虫以果糖为食，在移动的同时将酵母传播给周围的水果，引发发酵。在此过程中，还产生两种副产品。一个是二氧化碳气体，这就是为什么所有意外被发酵的东西尝起来都有点气泡，而另一个产物便是酒精，这个大家都知道它会产生什么样的影响。

很久以前，人类早期社会已经放弃游牧生活，开始定居生活、耕地农作，产生了一种由新鲜水果或蜂蜜适度发酵而成的酒精饮料，那就是葡萄酒的原型。

有一种特殊的野生葡萄起源于黑海附近，现生长于格鲁吉亚、亚美尼亚、土耳其东部，其自然甜美的浆果尤其适合快速发酵。事实上，这是唯一一种原产于欧洲和近东的葡萄，因其在全球酿酒发展史上的杰出作用，在植物学分类上被命名为酿酒葡萄（Vitis vinifera），又名欧亚葡萄或欧洲葡萄。

然而，酿酒葡萄下有近一万种不同的变异品种，一些经自然突变，一些经人工培育。这近一万种中只有一小部分在当今葡萄酒商业化生产领域占据重要地位，法国葡萄酒当局认可的有 200 种左右，其中许多概念模糊，因此鲜少使用。剩下的极少数葡萄品种大多起源于法国，构成了如今葡萄酒的主要原料，也就

加利福尼亚索诺玛葡萄园中的油菜花竞相怒放，好一幅令人激动的春日美景（右图），如今该州已成为葡萄酒界举足轻重的一员

是本章将介绍的内容。

我们将了解的 12 种葡萄并非都遍布全球，最后一个品种——佳美（Gamay），主要集中在法国博若莱。这 12 个品种包括 7 种白葡萄和 5 种红葡萄，熟悉它们对品酒大有裨益。这些葡萄酿造的美酒囊括了最负盛名的法国葡萄酒，从北部的香槟到南部令人陶醉的醇厚红酒，因此在葡萄酒酿造开创欧洲以外的盛况时，它们提供了很好的原型。

每个欧洲国家都有其本土葡萄，其中一些成功登上了国际舞台。而有一些西班牙、意大利、葡萄牙顶级葡萄却种在美洲，或者生长在其葡萄酒文化以创新、多元为特点的澳大利亚和新西兰。本章我们将着眼于法国葡萄（外加德国雷司令），因为这些品种的葡萄历史最为悠久，传播最为广泛。

影响葡萄酒口感的因素有很多：葡萄生长的气候，葡萄园土壤的类型，在葡萄生长季对葡萄藤的修剪、管理方式，果汁酿造的温度，发酵的容器（不锈钢还是木质），葡萄皮接触

汁液的时间长短，桶内陈化类型和时间的控制等，不过没有什么比葡萄酒由哪种葡萄酿造来得更重要的了。

有多少酿酒师，就有多少种不同风格的葡萄酒，这个比例还随从业者在其职业生涯中监察各年份葡萄酒数量的增加而增加，不过发酵池里的葡萄本身是决定葡萄酒口感最主要的因素。

如果你想品尝口感清爽简单的白葡萄酒，就不应该挑选琼瑶浆。同样，如果你在夏日想要寻找一款红酒，它酒体轻盈如羽毛，充盈着迷人的果香，赤霞珠绝对是比你想象中还要好的选择。最受欢迎的葡萄品种都有天然的共同特征。

在介绍葡萄酒中举足轻重的 12 种葡萄时，我们会详细分析不同地区的特点，各国间有何差别，同时讨论每种葡萄所酿酒的风味和口感。

勃艮第博讷区莫索酒庄圆拱形的酒窖中排满了正在陈酿的橡木桶，令人叹为观止（上图）

霞多丽

霞多丽原产自法国勃艮第，目前是全世界最受欢迎的酿酒葡萄，多用于酿造白葡萄酒。

有人曾说，即便霞多丽原来并不存在，它也必将被创造出来，再没有别的葡萄品种（无论是红葡萄还是白葡萄）能像它那样，在全球取得如此广泛的赞誉。不难理解为何在众多消费者心中，霞多丽就是干白葡萄酒的代名词。几乎在每个葡萄酒生产国，都会种植部分霞多丽葡萄。

和其他主要酿酒葡萄相比，霞多丽容易种植、适应性强，从寒冷的法国北部到阳光充足、炎热的南澳大利亚州，霞多丽在任何气候条件下都品质稳定，对土壤也不挑剔，大部分地区均产量喜人，这种特性使其获得了酿酒葡萄界的首个满堂彩。不过优质霞多丽多半出自低产的葡萄园，全球大量的霞多丽注定被酿成日常直接饮用的葡萄酒，在酒龄较低的时候就被喝掉。

霞多丽已经成为人们在葡萄园中熟悉的朋友，在酿酒厂中亦然。尽管霞多丽中有些子品种有迷人的麝香味，就其本身而言，它并没有什么与众不同，非常适合作为一种日常饮品。另一方面，霞多丽的口感比其他白葡萄更柔和，极其适合用橡木桶陈酿。

只要在橡木桶中陈酿一小段时间，无论是用新的还是已经使用过一两次的橡木桶，葡萄酒都会带上黄油或香草的香味，优质的霞多丽总是伴有这些香气。将霞多丽放进橡木桶进行发酵，待进一步熟成后，会散发出口味诱人的土司香和黄油香。事实上，橡木桶烘焙得彻底的话，我们就能酿出烟熏风味的葡萄酒。

葡萄酒生产商希望避免霞多丽酿造工艺中的昂贵花费，就通过各种商业化的手段将橡木味融入葡萄酒。其中，"chipped"是指将一大包橡木碎屑（犹如一只巨大的茶包）浸泡在葡萄酒中的手法；"staved"是指在特殊设计的钢槽内壁垂直插入橡木条。这些投机取巧的做法要比每年投资新的橡木桶便宜得多。

自20世纪90年代伊始，霞多丽因消费者的情感因素经历了一系列不稳定的起伏变化，全球消费者最终厌倦了被过分恭维的橡木味。澳大利亚的霞多丽突然被不公平地视为罪魁祸首，此项工艺被大规模放弃，橡木陈酿走向了极简风格。一夕之间，酒标以宣称酿造的霞多丽"未经橡木陈酿"为豪，就好像他们在宣布葡萄酒中没有任何杂质。

然而，在这个可喜的发展迎来了新一代口感更加平衡协调的美酒的同时，又呈现出了一

霞多丽在加利福尼亚温暖怡人的葡萄园中慢慢成熟（右图）。霞多丽色泽金黄，藤蔓强健有力，受气候、土壤影响较少，特性温和，天生就能和橡木相得益彰。既适合酿造经典的勃艮第白葡萄酒，也适合酿造澳大利亚起泡酒

个自相矛盾的缺点。正如我们已经知晓的，仅用葡萄酒基本酿造法酿出的霞多丽葡萄酒极其简单纯粹。忽然之间，全世界大部分霞多丽都变成了一种干白葡萄酒，它们口味单调，带有淡淡的柠檬香味，但毫无特色，很快这种霞多丽葡萄酒又被厌倦了。当时美国有一群对此持反对意见的酒徒发起了一场最具代表性的运动：ABC——Anything But Chardonnay（除了霞多丽，什么都可以）。

人们不断探索研究白葡萄的品种，期望既能保持霞多丽的稳定性，又能比霞多丽更特别，为饮酒的人提供种类丰富又各不相同的白葡萄酒。尽管维奥涅尔成功地吸引了消费者，眼下另一种发展成熟的白葡萄品种——长相思，也交出了满意的答卷。

霞多丽不仅能酿造出最负盛名的佐餐白葡萄酒，也是全世界酿造优质起泡酒不可缺少的组成部分。一般酿造香槟的葡萄有 3 种[1]，霞多丽就是其中之一，而且几乎所有传统起泡酒生产商以外的地方都有种植霞多丽。正是霞多丽与生俱来中性、圆润的口感，成功地赋予了顶级起泡酒优雅和细腻。

注[1]：酿造香槟的 3 种葡萄为黑品乐、莫尼耶品乐（Pinot Meunier）和霞多丽。

法国原产地

从夏布利到博若莱，几乎勃艮第所有白葡萄酒均由霞多丽酿成。

香槟的标签上百分之百都是白中白。酒标上可能作为品种出现，如地区餐酒（法国葡萄酒最高分级中的第三级酒）遍布整个南部，尤其是朗格多克和卢瓦尔河产区。

其他产地

凡种葡萄之地都有。

品酒笔记

清淡，没有经过任何橡木桶陈酿（如夏布利）：苹果、柠檬和梨味。

轻微橡木桶陈酿（如吕利、圣维朗）：黄油、烤苹果、香料和燕麦味。

长期橡木桶陈酿（如默尔索、经典澳大利亚霞多丽）：香草、柠檬酱、奶油糖果、果仁糖、油脂感和烘烤味。

法国勃艮第产区霞多丽

如果霞多丽是白葡萄酒酿造葡萄中的国王，那么法国东部的勃艮第产区就是国王的官邸。勃艮第产区从最北边的约讷省（Yonne）夏布利一路向南绵延，包括有大片葡萄园的马孔区（Mâconnais），以及索恩河（Saône）西部。白葡萄品种主要是霞多丽。

勃艮第覆盖各种品种的葡萄酒。从日常饮用、容易入口的普通白葡萄酒，到需要瓶中陈酿、工序复杂的佳酿，从以单宁酸度和清爽口感为卖点的年轻酒体，到通过橡木陈酿如黄油般香浓的酒体，应有尽有。

葡萄酒酒商（négociants）和葡萄农签订合约，从葡萄农那里购买其栽培的果实酿制葡萄酒，最后冠以酒商之名。现在市场上大部分商业勃艮第白葡萄酒都来自酿酒合作社和酒商，独立酒庄只产自家葡萄园所酿的葡萄酒，其中很多都是价值连城的世界顶级干白。

夏布利产区在某种程度上自成一体，它在地理上离勃艮第其他产区有一段距离，相比勃艮第科多尔的最北端，夏布利离香槟产区葡萄园的最南面更近。夏布利气候凉爽湿润，冬季多严寒，春季多晚霜，这样的气候条件使得霞多丽很晚成熟，用它酿造的葡萄酒酸度高、结构强，有独特的矿石气息。

优质极干夏布利葡萄酒清淡干净，年轻的酒体口感清脆，随着年份的不断增加，慢慢变得更加圆润、醇香。也就是说，现在普遍更青睐于酿造更加温和的葡萄酒，但这会导致低龄酒可能缺乏尖刺感的问题，且其成熟过程也并非与传统葡萄酒的复杂性一致。

大部分葡萄酒的酿造不经橡木加工，夏布利正是全球非木桶酿造霞多丽的原型。部分酿酒商在单一酒槽酒中使用了一定量的橡木，特别是处于名酒排行榜榜首的 7 个特级葡萄园。即使没有经过橡木陈酿，在好的年份（如2007 年、2009 年），优质酒庄酿造的夏布利葡萄酒在瓶中陈酿后，也能充分呈现葡萄内在的丰富层次，隐隐有诱人的橡木香味。

夏布利东南部科多尔白葡萄酒，代表了勃艮第霞多丽的巅峰水平，尤其是其南部博讷区。科尔登 – 查理曼（Corton-Charlemagne）、皮里尼 – 蒙哈榭（Puligny-Montrachet）、默尔索（Meursault）等，橡木陈酿正是始于这些尊贵的头衔。

顶级葡萄酒通常产量极少，以炫目的高价卖出，它们口感丰富，浓郁到极致，在橡木桶经几个月陈酿后色泽金黄，酒精度高（以13% ～ 13.5% 为标准）。其中很多富有迷人的植物风味，如四季豆、韭菜、甘蓝菜等，这对习惯于水果香霞多丽的人来说不免有点冲击。勃艮第酿酒商为此解释，这是他们闻名遐迩的"风土的味道"（goût de terroir），这种独特的味道完全出自葡萄生长的石灰质土壤。

客观地说，很多酿酒师依旧以科多尔顶级葡萄酒作为自己的灵感源泉，来酿造中档橡木陈酿霞多丽，然而其中很多偏离了最初

勃艮第的秋天一片金黄，浓重的色彩在夏布利的沃歹日尔和格内尔特级葡萄园铺展开来（下图）

的版本。

夏隆内酒区（Côte Chalonnaise）连接科多尔与马孔区，因地处索恩河畔沙隆（Chalon-sur-Saône）西面而得名。夏隆内酒区产的霞多丽有蒙塔尼（Montagny）、吕利（Rully）、梅尔居雷（Mercurey），风格上比其北部产的霞多丽更轻盈，别有一番雅致。这些葡萄酒通常橡木味较科多尔葡萄酒相对更少（如果有），不过独立酒庄经常也会有特例。

在勃艮第南部，马孔区是最大的次产区，这里生产大部分日常饮用酒，其中很多比较单调，通常不用橡木发酵。最著名的葡萄酒有普伊富塞（Pouilly-Fuissé），其品质能达到博讷区葡萄酒的深度和陈年能力，圣维朗（St-Véran）葡萄酒则与夏隆内相当。

马孔区名下一些村庄级产区酿造的葡萄酒品质精良，故将这些村庄级产区名也加入酒标，因此就有了马孔 – 吕尼（Macon-Lugny）、马孔 – 韦泽（Macon-Verzé）等标识。

近年来，一些高品质酿酒商开始采用"勃艮第霞多丽"这种最简单易懂的标识，结果使得一些品质稍次的葡萄酒也混迹其中开始上架，和来自其他产区的霞多丽一较高下。

在勃艮第的最南端，一种珍稀的博若莱白葡萄酒也由霞多丽酿造，这种亚白干酒通常不经橡木陈酿，口感清新，风格较夏布利更为活泼。

勃艮第起泡酒（Crémant de Bourgogne）主要就靠霞多丽，酿造方法同香槟。所选葡萄理论上可以来自区内任何地方，瓶中陈酿效果因酿酒商而异，从清淡到复杂，风格各异，起泡充分。

马孔区是勃艮第最大的次产区，在下属地富塞，手工精选霞多丽被装上拖车（上图）

美国产区霞多丽

毫无疑问，美国是霞多丽在欧洲以外发展最蓬勃的地方。事实上，到20世纪80年代末，就加利福尼亚一个州的酿酒葡萄种植就比整个法国更广，且当时法国葡萄酒业的发展还未陷入停滞不前的泥潭。在勃艮第发源的心脏地带以外，没有哪个地方的酿酒师比加利福尼亚酿酒师更煞费苦心的了，在过去的二十多年间，他们的葡萄酒已经成了霞多丽葡萄酒潮流的风向标。

20世纪70～80年代，夸张奢华的纯金色葡萄酒风靡一时，甘甜的橡木风味浓郁，与南半球无异。这时巨变突生，风向标骤然改变，一夕之间好像所有人都争先恐后地开始生产西海岸的夏布利葡萄酒，很多葡萄酒的口味转向简朴青涩的风格。

到20世纪80年代后期，葡萄酒发展日趋稳定，风格种类百花齐放、各展所长，有的展现产区局部小气候特点，有的被赋予了酿酒师的灵感。

美国本土最优质的霞多丽，有的来自加利福尼亚州较寒冷的地区，如卡内罗斯、索诺玛谷（Sonoma Valley），有的来自俄勒冈州、纽约州，它们有时和几种顶级勃艮第葡萄惊人相似，一部分原因是它们酸度相仿，一部分原因是法国橡木的巧妙使用。

为了找到最适合美国霞多丽的工艺，酿酒师们已经开展了大量研究工作，包括橡木种类、橡木桶不同程度的烘烤等。一些酿酒商实地考察后回到勃艮第，坚定地相信只有法国橡木才能带来如此的风味；不过也有一些重新将视线投向美国本土木料，反驳无法用美国本土橡木酿造精致霞多丽葡萄酒的言论。

还有一道法国工艺中的习惯，也在优质酿酒商的观念里根深蒂固，那就是避免使用过滤。在这个过程中，会使发酵后的微小固体沉淀物剥离酒体。过滤葡萄酒自然是能使最后的液体澄澈干净，不过也有观点认为，这个过程同时也破坏了葡萄酒酒体丰富多样的层次感。反对者们往往自豪地在酒标上注明"Unfiltered"（无过滤）。

纽约州的酿酒厂，特别是长岛的酿酒厂，开始生产越来越多优雅迷人、口感复杂的霞多丽葡萄酒（上图）

麦当娜葡萄园位于加利福尼亚北部的卡内罗斯，所产霞多丽能代表加利福尼亚州的最高水平，风格和某些勃艮第葡萄酒惊人的相似（右图）

相比具有法国特点的霞多丽葡萄酒，典型的美国加州葡萄酒特点实在难以总结概括。这片地区有众多小气候，从美国各葡萄种植区（AVA）的划分中就可见一斑：卡利斯托加（Calistoga）位于纳帕谷（Napa Valley）的最北部，是气候最炎热的地区之一，内陆的圣华金河（San Joaquin）地区也是如此；然而，南部的圣塔内兹（Santa Ynez）就相对较为凉爽。

大部分加利福尼亚沿岸地区天天受到太平洋海雾的影响，一般持续到上午才会消散，再加上夜间气候凉爽，这些都确保了果实成熟却不产生热应激，使得收获采摘时葡萄的酸度不会太低。

优质美国加州霞多丽酒，如皮里尼-蒙哈榭葡萄酒，入口浓郁而有质感，橡木味和水果香精妙地达到平衡。尽管可能与酒龄低的勃艮第葡萄酒不完全一样，其酸度通常呈现年轻而充满活力的特点。同时，由于无性繁殖，美国加州葡萄酒的水果风味越发明显，经常带有成熟的柑橘类的风味，甚至带点儿

新鲜菠萝味这样的热带元素。总的来说，不管生产者有什么样的目的，除了中和年轻酒体中的酸，美国加州霞多丽不是特别易受瓶中发酵影响，大部分久藏也不见得比一两年酒龄时更好，甚至可能不超过3年，口感就已经开始变得有点疲软无力。因此，趁着酒新正当时就享用吧。

太平洋西北部俄勒冈州的霞多丽葡萄酒口感更加清脆，较加利福尼亚的葡萄酒丰富度和甜度稍弱，风格更加简朴，果味也更淡。华盛顿州的部分霞多丽葡萄酒品质上乘，早期酒体疲软无力，改进后酒体均衡诱人，不过较之加利福尼亚葡萄酒少了那么点果味。爱达荷州气候更加极端，出产的葡萄酒虽能在橡木陈酿后变得柔和，但普遍酸度较高。

东部纽约州的气候较西海岸更加凉爽，与之相应的应该是更加令人振奋的霞多丽葡萄酒，不过当地顶尖酿酒厂，尤其是长岛上的，利用这个特点和其陈年的潜力酿造出了优雅迷人、丰富多样的葡萄酒。

如今，霞多丽在得克萨斯也受到了越来越多的重视，那里丰富的成熟水果天生就适合酿造亲和力强的葡萄酒。

霞多丽正在新的橡木桶中陈年（上图）。酿酒师为了解什么样的橡木才是美国霞多丽的绝配，开展了大量研究，一些酿酒商放弃了使用法国橡木而转投美国本土橡木

澳大利亚产区霞多丽

20世纪末，澳大利亚霞多丽在国际市场上的人气持续飙升，仿佛该国生产的葡萄酒量可能都没法满足全球的需求。结果，现在澳大利亚葡萄园里种植的霞多丽远远多于其他品种的葡萄，不论红白。

20世纪90年代出现了被称为"飞行酿酒师"（flying winemakers）的一类人，这些永远在路上的葡萄酒顾问们穿梭于世界各地，一刻都不停歇地酿造尽可能多的葡萄酒，而这正是澳大利亚葡萄酒能受到全球认可的原因。

尽管这对当地人而言往往需要收起自己的文化自尊心，但是澳大利亚流动的酿酒师切实帮助了停滞不前的南欧葡萄种植业、革新了酿酒技术，其中在霞多丽种植上的技术帮助需求最甚。

澳大利亚教会了葡萄酒界，霞多丽果实想怎么成熟就怎么成熟，口感想怎么浓郁就怎么浓郁，这都没什么好奇怪的。澳大利亚的大部分葡萄种植区位于东南部，气候普遍炎热干燥，通常种植的水果天然糖分含量极高，酿酒师一般通过增加酒石酸的方法防止葡萄酒过于甜腻，以提高口感。

不过尽管如此，澳大利亚霞多丽经历史沉淀的经典风格当属一种金光色泽的葡萄酒，这种酒甘醇奢华，在橡木的帮助下融合了香草香、奶油糖果香，口感一点也不干。糖分含量高同时也意味着酒精含量高（某些高达14.5%），因此不胜酒力的人饮一杯后，还是会有微醺的感觉。

随着英国、美国的葡萄酒消费者对澳大利亚霞多丽的渴望越来越强烈，在一些举足轻重的场合（个人观点），甚至开始养成了一种质疑葡萄酒酒体是否达到真正自然平衡的习惯。

在其后的几年中，澳大利亚霞多丽葡萄酒的风格像加利福尼亚酒一样开始变得多元化，特别是在澳大利亚西部诸州，以及南澳大利亚州的古纳华拉（Coonawarra）、维多利亚州的亚拉河谷（Yarra Valley）等地，部分酿酒师希望能酿造出一种新风味的霞多丽酒。这种酒的口感精致细腻，陈年价值更高，酒体复杂度也更高。

在葡萄酒质量阶梯顶端的自然是世界级的葡萄酒。如同常常会发生的那样，等级越低，问题越多，尤其是清爽型的霞多丽葡萄酒，更需要努力达到酒体微妙的平衡。比如酸化，并不总是如它所需要的那样得到控制，不是说果实成熟就能酿出好酒。比如酒的残余糖分仍然过高，一杯过后就叫人感觉甜得发腻，实非佐餐的最佳伴侣。

许多澳大利亚葡萄酒所用葡萄来自多个产区，混合后达到成品的最佳平衡状态，这样区域特色相对就没有那么明显了。然而，越来越多出产的瓶装葡萄酒来自特定的葡萄园产地（葡萄园产地的划分、命名依据地理标志。该体系以欧洲的命名制度为基础，较为宽松，没有严格的限制），采用分类酿造的手法，赋予其表现真实的能力，法国人称此为风土（terroir）。

在澳大利亚南部，巴罗萨山谷是最重要的产区之一，该地区酿造的葡萄酒，酒体结实、

澳大利亚南部高伊顿山上，紫色的花朵为*Mountadam*酒庄铺上了一层地毯（下图）。伊甸谷属巴罗萨地区，分享着巴罗萨谷的土壤和气候，盛产浓郁、丰富的霞多丽葡萄酒

浓郁、醇厚，给味蕾留下深刻的印象。麦克拉伦谷（McLaren Vale）和帕史维（Padthaway）出产的葡萄酒，口感带着一丝纤细灵巧。克莱尔谷（Clare Valley）的葡萄酒则更为清爽怡人，酒体轻盈，风格含蓄。

维多利亚州高宝谷（Goulburn Valley）产的霞多丽，总是洋溢着诱人的热带水果风情。亚拉河谷气候凉爽，酿造的霞多丽葡萄酒口感和加利福尼亚温热地区产的葡萄酒相仿。在澳大利亚西部，玛格丽特河（Margaret River）产的一些霞多丽葡萄酒，可以与勃艮第葡萄酒相媲美，有时带有科多尔绿色植物的辛辣。于我而言，上述葡萄酒均是澳大利亚至今酿造出最精妙绝伦、动人心弦的葡萄酒。塔斯马尼亚岛（Tasmania）自成一个产地，因其气候凉爽潮湿，岛上的霞多丽就其定位而言，更接近于简朴的欧式风格，据说拥有堪比夏布利的葡萄酸度。

澳大利亚南部巴罗萨地区山脊上，一道光线撕开暴风雨阴沉的天空（上图）

南岛马尔堡的 Montana 酒庄（上图），新西兰霞多丽以口感轻盈、成熟多汁著称

新西兰产区霞多丽

在新西兰，霞多丽是种植面积排名第二的白葡萄，仅次于长相思。新西兰气候较澳大利亚更为凉爽潮湿，酿造的葡萄酒明显更加清淡，酸度也更高。

这并不是说霞多丽个性不够鲜明，和更受欢迎的长相思一样，霞多丽在多汁的成熟果类中总是占有绝对的优势。这里散发着菠萝香、芒果香、葡萄柚香、苹果香的霞多丽葡萄酒随处可见，这些果味在杯中相互追逐碰撞，让种植者都开始疑惑，霞多丽到底是不是芳香型葡萄。

北岛东部吉斯伯恩（Gisborne）、波弗蒂湾（Poverty Bay）地区产的葡萄酒浓郁奢华，是橡木陈酿的经典呈现。靠南部一点的霍克湾（Hawkes Bay）产的葡萄酒，口味更为强烈，相应的橡木处理也更为柔和。

再把视线投向南岛，这里的气候无疑更加寒冷。马尔堡（Marlborough）典型的霞多丽葡萄酒生气勃勃，散发着柠檬清香；怀帕拉谷（Waipara）、中奥塔哥（Central Otago）产的葡萄酒则风格简朴。

斯泰伦布什苍翠繁茂的葡萄园（上图）

Warwick 庄园泰勒玛（右图）出产的霞多丽果实圆润、色泽金黄。斯泰伦布什地处沿海，是南非顶级葡萄酒之乡

南非产区霞多丽

20 世纪 90 年代初期，当南非在全球葡萄酒市场中全力以赴发展之时，许多消费者惊奇地发现，霞多丽在南半球的其他地方并非酿酒葡萄的主力军，居于白诗南之下，在白葡萄园中也只有一小部分，因那里一直是长相思的天下。

虽说葡萄酒热在 20 世纪七八十年代积聚能量之时，南非大部分地区仍然在全球贸易中保持与世隔绝的状态，但它也有获益之处。在此期间，南非成功捕捉到了葡萄酒的流行趋势，青睐橡木风味浓重的霞多丽（然后是与其密不可分的新世界酿酒风格），并在此之后按兵不动。

如今，葡萄园距离南海岸的距离决定着霞多丽葡萄酒的口感，越靠内陆气候越炎热。布里厄河谷（Breede River Valley）离岸超过 96 千米，远离印度洋凉爽的海洋性气候影响，种植的霞多丽在开普（Cape）地带，体积最大、果实最结实。沃克湾（Walker Bay）沿海所产的霞多丽就更为精致细腻、果味馥郁、酸度明显。

其他产区霞多丽

南美

　　智利的霞多丽和赤霞珠一样，酿造时有两种截然不同的风格。一种具有鲜明的法国特色，酸度突出，散发着苹果的清香，并稍稍进行橡木陈酿；另一种则橡木处理彻底，烘焙充分，酿出的葡萄酒萃取度高、酒味醉人。风格的变化不仅受种植区影响，还与酿酒师密切相关。阿根廷的葡萄酒主要产于安第斯山脉（Andes）丘陵地带的门多萨（Mendoza），该地霞多丽葡萄酒的风格介于上述两者之间，酒体平衡性良好，经典、纯正。

欧洲

　　霞多丽热持续升温，从西北部的奥斯塔一路到普利亚、西西里，现在已经席卷了整个意大利，毫无疑问，霞多丽成了意大利第四大酿酒葡萄。虽然部分顽固分子坚持酿造一流木桶发酵的葡萄酒并积极为其抬价，但典型的霞多丽葡萄酒柔和精致，酒体本身就绵密柔顺，无需橡木再加工，如靠近奥地利边境的上阿迪杰（Alto Adige）葡萄酒。

　　西班牙北部也开始行动起来了，佩内德斯（Penedés）、莱里达（Lérida）、索蒙塔诺（Somontano）、纳瓦拉（Navarra）都有种植，酿造时通常和当地马卡贝奥（Macabeo）、维奥娜（Viura）葡萄混合，以酿制品质优良、有坚果味的现代干白。这在一种西班牙起泡酒卡瓦

（cava）的酿制上取得了一定的成果，然而不少品德高尚的酿酒商认为，他们能不借助其他非西班牙产的葡萄就获得成功、得到这项荣耀。

　　霞多丽在中欧是最重要的酿酒葡萄之一，特别是在匈牙利，飞行酿酒师已经是他们的老朋友。那儿的葡萄酒拥有简单、中性的风格，口感尖锐、干净，适合日常饮用，有时会为了柔和口感添加橡木味。

　　在欧洲东部，保加利亚从20世纪80年代起，针对进入西欧市场大力推行国家资助补贴伊始，就已经开始种植霞多丽，然而略显笨拙的是，它们的口感不是特别清新，而在保加利亚东部的 Khan Krum 酒庄酿造出了一种与众不同的葡萄酒，口感与酸奶油相仿。

　　与其他欧洲葡萄酒国相比，斯洛文尼亚和罗马尼亚的种植有限，唯有德国和葡萄牙在很大程度上成功地避开了20世纪后期掀起的霞多丽热。

霞多丽逐渐在意大利生根，尤其是皮埃蒙特（上图）。皮埃蒙特位于阿尔卑斯山脉的丘陵地带，酿造的葡萄酒优雅精致，微微带有奶油般的口感

保加利亚 Blatetz 一片葡萄丰收的景象（左图）。霞多丽的质量有一定浮动，是一种出口葡萄酒，Khan Krum 酒庄的葡萄酒质量上乘

赤霞珠

赤霞珠起源于波尔多心腹地带梅多克（Médoc）的砾石土中，血统高贵。它是红葡萄酒品种之王，征服了全球的葡萄园。

赤霞珠果粒小，呈灰蓝色（右图），酿成的葡萄酒在单宁、酒体和香味上都表现得十分完美。赤霞珠容易种植，适合各种土壤和气候，若生长气候温暖且有充足的夏末阳光来成熟的话，长势最好。赤霞珠葡萄酒口感复杂，酒体呈深红色，黑醋栗果香扑鼻，十分诱人

在最新一代全球主流葡萄酒市场中，红葡萄中赤霞珠占据了半壁江山。于 20 世纪 80 年代，赤霞珠携手霞多丽大步向全球葡萄园急速进军，并坚持本土品种的让位。虽然从种植赤霞珠之前的例子来看是取得了辉煌的成果，如波尔多列级庄园梅多克，但也依旧不能轻而易举地得出赤霞珠能成为和霞多丽地位旗鼓相当的一流红葡萄而受到大众的爱戴。

同霞多丽一样，赤霞珠适合多种土壤、各种气候，其产量较低，即使天气温暖适宜，可能也仅是勉强维持。在气候差异明显的地方，酿酒商常常会发现自己那些高产量的葡萄酒基本上都用来资助赤霞珠了。

与霞多丽命运不同的是，赤霞珠没有因普适性而太降身份，不过在受过良好教育的美国消费者间，仍然存在 ABC——除了赤霞珠，什么都可以（Anything but Cabernet）。一如 ABC——除了霞多丽，什么都可以（Anything But Chardonnay）。主要有以下 3 个原因。

首先，相比霞多丽，赤霞珠的传播范围更广，风格也更微妙多变，不论是简单地选择不经橡木桶陈酿、轻微橡木桶陈酿，或是深度橡木桶陈酿。赤霞珠层次更加丰富多变，橡木处理后，也不会像霞多丽那样被牵着鼻子走。

其次，红葡萄酒多半陈年能力不强，正如基本款型的迥然不同，葡萄酒瓶中陈酿的反应过程也是如此。

最后，尽管赤霞珠如霞多丽一般冲击了整个已知的葡萄酒界，不知怎么的，霞多丽成了白葡萄酒的代名词，而赤霞珠却没能如此。正如没人在酒吧点单时说"来一杯赤霞珠"，却会说"来一杯霞多丽"。

优质的赤霞珠葡萄酒带有振奋人心的黑醋栗果香，滋味醇厚，有陈酿潜质，这些在爱酒之人眼中都是称其为红葡萄酒之王的关键所在。梅多克最著名的酿酒商有拉菲酒庄（Chateaux Lafite）、玛歌酒庄（Margaux）和木桐酒庄（Mouton-Rothschild）。酿造世界顶级的葡萄酒，如有一日能在其他产地的赤霞珠葡萄酒中得见它们的些许非凡魅力，不论产地在哪儿，是智利、加利福尼亚，还是澳大利亚，幕后缔造它们的酿酒师大有希望开创一个新的时代，这些佳酿亦然。

赤霞珠极其适合橡木桶陈酿，橡木中蕴含的香草醛有助于改善年轻酒体干涩的口感。这种酸涩感主要源自低龄红酒中的单宁。这种酸涩的葡萄酒难以入口，同时还会破坏葡萄酒的果香。赤霞珠皮厚的特点使其在酿造后天然单宁含量较高，再加上其果粒比其他品种的红葡萄小，富含单宁的果核和果肉的比例也就更高。

这意味着赤霞珠酿酒商在葡萄酒生产过程中，需要做很多细致入微的决策。假使你的顾客看好你佳酿的成长空间，想在酒窖里陈酿至少 10 年，你大可一展所长。假使你的目标市场期望迅速的周转流程，快速地从酿酒厂过渡到零售业，这时耗时、难解决的单宁就会成为阻碍。

部分出于这方面的考虑，使得赤霞珠在公司等场合更受欢迎。总之，最初典型的波尔多葡萄酒就是通过混合，甚至只是简单地融合一两种其他的葡萄协调年轻酒体中艰涩、粗糙的口感。在波尔多，会与美乐、品丽珠或其他品种的葡萄一起混酿，在澳大利亚则会加入西拉（Shiraz）。

不管怎么混合，顶级的葡萄酒一定是经过漫长的酒窖陈年时光后，那些复杂度高的佳酿。赤霞珠葡萄酒和赤霞珠混合葡萄酒随着酒龄的增加，根据主要原材料的特质、用以陈酿的木料品种、木桶陈年时间的长短、开瓶前瓶中陈放时间的长短等因素，逐步演变成风味各异的美酒。即使是陈年已久的赤

法国原产地

波尔多，特别是自梅多克起下至格拉夫（Graves）的纪龙德河（Gironde）左岸（右岸种植美乐为主）。

其他产地

尽管还未能完全打入气候较为寒凉的欧洲北部，赤霞珠也已经可以说是几乎无处不在。

品酒笔记

在气候温热的条件下，几乎所有的紫皮赤霞珠都会呈现经典的黑醋栗味（智利顶级葡萄酒中大部分口味也惊人相似），不过也有李子、树莓、西洋李子等味道，还常常伴有新鲜薄荷或桉树香，在澳大利亚、智利的部分地区尤为突出。凉爽气候条件下出产的赤霞珠稍带苦味，有青椒味，十分神奇。橡木加工一般是为了加强酒体中矿物的紧致感，通常被比作雪茄盒味、杉木味和最有辨识度的铅笔刨花味。经过多年瓶中陈年后，还能增添更多香味，如番茄味、温热的皮革味、黑巧克力味、小豆蔻之类的印度香料味，主打的水果味则尝起来更像果脯。

霞珠，其矿物纯度也会继续随着时间闪耀，逐渐变得精纯。

　　酒体较为轻盈的赤霞珠产于意大利北部、新西兰等地区，这些葡萄酒不经橡木桶陈酿口感也很不错。更有甚者，倘若选用低产量葡萄园中充分成熟的果实酿造，几乎都无法分辨有无经橡木桶陈酿，有时可能和其他特定属性的

红葡萄一样，带有馥郁的玫瑰香。

　　这些能增加酒体复杂性的潜力解释了为何世界顶级赤霞珠价格始终居高不下，也说明了为何在有其他利润更可观产品的情况下，还有如此多的酿酒大师对赤霞珠倾注这么多的心血。

波亚克拉图尔一级酒庄的地标（上图），拉图尔酒庄是梅多克五大一级特等酒庄之一

波亚克木桐庄园（下图），梅多克四大著名村庄分别是圣爱斯泰夫、圣于连、玛歌和波亚克，以出产波尔多红葡萄酒而闻名

法国波尔多产区赤霞珠

在波尔多，尽管赤霞珠的种植面积远不如它的传统混酿拍档美乐，但赤霞珠仍然被公认为该地区最杰出的葡萄。因为梅多克列级酒庄、格拉夫列级酒庄等在波尔多打造其卓越名声之时，赤霞珠都扮演了重要的角色。1855年关于波尔多优质葡萄酒的分类标准的起草，并不是说无视了右岸波美侯（Pomerol）、圣埃米利永（St-Emilion）产的含美乐的葡萄酒，起草人只是简单地认为它们并不是一类。

如今许多评论家都觉得该分级系统（在波尔多章节中会做详细介绍）已经太过时了，不过基本的看法依旧没有改变：波尔多大部分最显赫的葡萄酒都源于赤霞珠的尊贵血统。

赤霞珠年轻的时候单宁含量高，涩度较大，需要较长时间陈年达到柔和的口感，其果皮富含色素，酿出的葡萄酒色泽饱满、颜色偏深。喜欢红葡萄酒的人，大多偏爱品质卓越与感官享受并存的葡萄酒，能同时具备这两点，基本上都要感谢赤霞珠的存在。

既然赤霞珠的地位如此尊贵，你可能会问，为什么没有更多的酒庄干脆就只酿造单一赤霞珠葡萄酒，而是混合美乐或其他品种的葡萄。首先，各种葡萄混合后效果更好。加利福尼亚的一些酿酒师发现，单一赤霞珠葡萄酒并非就一定完美，如好事过头就反成坏事了。在天气炎热的年份，最终成品有着惊人的浓度和密度，但看起来好像直到下一次哈雷彗星出现前都不能开瓶享用。

另外，波尔多地理位置偏南，是法国传统种植区中气候最温暖宜人的产地之一，夏日的天气变化多端，年份成了一个重要的问题（如20世纪70年代的1980年和1984年，20世纪90年代初期的2002年），而赤霞珠就是最受影响的品种。如果夏末天气凉爽（更糟糕的是，如果气候也非常潮湿），那么果实就无法完全成熟，产生的青椒类味道，正是造成酿出的葡萄酒口感粗糙、苦涩的原因，令人大失所望。

在气候条件不是很理想的年份，美乐具有更加广泛的适应性，使酿酒师有可能通过混入酒体更加轻盈的美乐来柔和赤霞珠苦涩的口感。在优质的年份，如2000年、2005年和

2009 年，赤霞珠馥郁强健，这时的美乐就起了陪衬的作用，稍稍平衡味道即可，成熟赤霞珠的惊艳口感得到了最大程度的展现。

1855 年法国葡萄酒 5 个等级内的葡萄酒大多来自纪隆德河西的 4 个产区：圣爱斯泰夫产区、波亚克产区、圣于连产区和玛歌产区。它们的地理位置也按这个顺序从上至下分布，一路绵延而下，甚至不超过 40 千米，但是各地出产的赤霞珠混合葡萄酒存在细微的差别。

圣爱斯泰夫产的葡萄酒最为浓烈，强劲的单宁需要时间来变得圆润，同时伴有一种新鲜的烟草香。波亚克集中了 5 家一级特选酒庄中的 3 家：拉菲庄园、拉图庄园和木桐酒庄，酿造的葡萄酒年轻时也口感柔美，比圣爱斯泰夫有更浓郁的黑醋栗果香，随着酒龄的增长，辛香、橡木香不断融合，复杂度增加。圣于连北接波亚克，和这个邻居也有很多相似之处，不过圣于连产的葡萄酒刚开始熟成时果味更柔和，较黑醋栗更接近乌梅或黑莓的味道。玛歌顶级葡萄酒以其馥郁的芳香著称，虽然总体上除了一级玛歌庄园酒，没有更北部地区产的葡萄酒那么浓郁。

格拉夫是位于波尔多南部的葡萄酒产区，所产葡萄酒风格千变万化。有的葡萄酒酒体轻盈，居本地区所有红葡萄酒之首；有的葡萄酒带有矿物风味，就好像从格拉夫的土壤中化身而来。其他地区的葡萄酒品质就相对平庸，AC 波尔多产区的低端葡萄酒则以大瓶装的形式进行销售。

波尔多酒标上标注酒庄，而非生产商。研读在市场上流通的顶级波尔多酒庄葡萄酒所标注的年份等相关重要信息，需要投入大量时间和精力，就算只打算入手一瓶顶级波尔多，也需要考虑众多因素，如酒庄声誉、葡萄酒年份等。

生长在圣爱斯泰夫贫瘠砾土中的赤霞珠（上图）。圣爱斯泰夫位于纪龙德河右岸的梅多克地区

美国产区赤霞珠

19世纪，赤霞珠从波尔多引进到了加利福尼亚。事实证明，将其移植到美国的肥沃土壤的准备工作相当充分，19世纪还没结束，赤霞珠就已经在美国葡萄酒品鉴专家中获得了一定程度的认可和赞誉。顶尖的当属圣弗朗西斯科北部纳帕谷产的赤霞珠。纳帕谷炎热的夏日造就了其年轻而有活力，酒液色深、口感浓郁，劲道十足的酒精能给毫无戒心的人好看。

有些人可能开玩笑地说，其实也没什么变化。当然，在许多消费者心里，最典型的加利福尼亚赤霞珠酸得够呛，通常实质上是一种需要陈放一二十年才能入口的黑葡萄酒。这种认识对如今的加利福尼亚赤霞珠未免过于简单了，不过这确实是20世纪七八十年代的主要风格，直到现在还有些葡萄酒商仍在追求这样的风格。

其实，在此之前不是没有完美的成功案例。多数炎热年份的波尔多列级庄园葡萄酒（如2003年、2005年）都在上述观点之类的言论刚出来时就予以了回应。不管怎样，葡萄酒不是用来马上喝的。拉图堡的葡萄酒依然保留原风格，坚守十年的足量单宁。这仿佛是旧世界的一种谦逊在这里发挥作用：波尔多地区之蜜糖，彼之砒霜。

事实上存在的问题是，即使消费者承受得起昂贵的价格，也无法适应可怕的味道。酿酒商在崭露头角的西海岸拉图酒和普通的商业化大瓶装酒间找到了平衡点。

20世纪70年代，加利福尼亚掀起了一股实验种植赤霞珠的热潮，酿酒师们开始寻找最

纳帕谷银橡木酒庄（Silver Oak Cellars）的葡萄园塔楼（下图）

工人们在采摘华盛顿州 *Prosser* 市南边葡萄园中的赤霞珠（左图）。尽管天气凉爽，太平洋西北部还是可以出产一些优质的赤霞珠

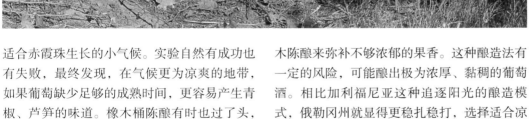

葡萄园的工人在收获加利福尼亚州 *Calistoga* 的赤霞珠（上图）

适合赤霞珠生长的小气候。实验自然有成功也有失败，最终发现，在气候更为凉爽的地带，如果葡萄缺少足够的成熟时间，更容易产生青椒、芦笋的味道。橡木桶陈酿有时也过了头，导致橡木味过分夸张。

毫无疑问，加利福尼亚，特别是纳帕谷，也被证实出产世界顶级的赤霞珠葡萄酒，顺滑并充满浓郁的果香，常常与波尔多其他品种的葡萄混酿，这些混酿酒有时会在酒标上标注梅里蒂奇（Meritage）。

太平洋西北部的气候对种植高品质的赤霞珠来说略过凉爽，然而华盛顿州想出了些好点子。现在的趋势是，通过相对比较浓重的橡木陈酿来弥补不够浓郁的果香。这种酿造法有一定的风险，可能酿出极为浓厚、黏稠的葡萄酒。相比加利福尼亚这种追逐阳光的酿造模式，俄勒冈州就显得更稳扎稳打，选择适合凉爽气候条件下成熟的黑品乐。

另一方面，得克萨斯也被证明十分适合赤霞珠生长。在过去的二十几年间迅速扩展，现在已经成为当地种植最广泛的红葡萄。得克萨斯的赤霞珠个大味浓、果香四溢，有些令人心情愉快的草药香，重量也刚好，不过单宁成分稍显压抑。也许，这里迟早会孕育出美国除纳帕谷外的又一片赤霞珠王国。此外，弗吉尼亚产的赤霞珠也十分有竞争力。

澳大利亚产区赤霞珠

对待赤霞珠这种种植量仅次于西拉的红葡萄，澳大利亚人的处理方式不像美国人那么矛盾。种植者的目标完全放在如何使葡萄成熟多汁且口感细腻上，以赢得客户喜爱，甚至是那些不喜欢红葡萄酒的人。澳大利亚大部分酿酒葡萄种植在极端气候地区，在这种气候下，葡萄酒大多成熟度更高，这使波多尔的酿酒商恨得牙痒痒。

大部分赤霞珠种植者都积极采取橡木桶陈酿法。当葡萄酒像澳大利亚赤霞珠一样丰富醇厚、呈黑醋栗色时，便可以开始采用橡木桶陈酿法了。但同时需要注意的是，经典模式是使水果特征最大化，而不是从果皮上过度榨取单宁。因此，虽然葡萄酒的浓度很高，却并不像未熟的葡萄那样酸度极高、刺激口腔。

即便你不认识种植者也不用担心，澳大利亚任何地方出产的赤霞珠都能酿出丰富、细腻，并具有黑醋栗香味的葡萄酒，其口感像奶油般润滑，毫无硬物感。这并不是说没人想酿出适宜陈酿，更加淳朴的赤霞珠。但澳大利亚赤霞珠的陈酿速度比美国加州赤霞珠要快。虽然颜色深红，但即便品尝新酒，澳大利亚葡萄酒中的单宁也不会十分浓烈。

对赤霞珠而言，混酿也是常用方法之一。自20世纪60年代开始，西拉就是赤霞珠最亲密的瓶中好友。澳大利亚人把混合赤霞珠和西拉的酿酒方法传播到了全世界。

澳大利亚赤霞珠的先驱是一个叫约翰·路德池（John Riddoch）的人，澳大利亚最好的一种赤霞珠就是以他的名字命名的。19世纪最后10年，路德池首次将这一品种种植在澳大利亚南部的库纳瓦拉。库纳瓦拉最主要的特征是有一片狭长的红土地，这片土地的颜色像红辣椒一样，被称为红色石灰土（terra rossa）。正是在这里，孕育出了全澳大利亚，甚至是全世界最优质的赤霞珠。

库纳瓦红酒通常像巧克力一样口感丰富，同时又掺杂些许摩卡咖啡豆的味道。由于库纳

澳大利亚南部克莱尔谷连绵的赤霞珠葡萄架（下图）。天气越炎热、越干燥，赤霞珠则越饱满、越浓郁

瓦地区气候凉爽，有人将其誉为南半球的波尔多，但库纳瓦并不需要这种替代性的赞誉。库纳瓦红酒与波尔多红酒各有千秋，各自有其独特的香料味道。

澳大利亚南部是出产赤霞珠红酒最重要的地区。巴罗萨谷酒区气候炎热，出产的赤霞珠通常颜色丰富、口感醇厚，像储藏过的水果一样味道浓烈。迈拉仑维尔谷的葡萄酒，味道更微妙，酸度也略高。伊甸谷出产欧式赤霞珠，通常有一种香料的芬芳和些许薄荷味。

库纳瓦赤霞珠中香料的气味更加浓重，且不时会出现些许具有异国风情的辛辣，像伍斯特沙司的味道。河岸产区（Riverland）不是大量出产优质葡萄酒的地区，这里产的红酒容易入口，多为简单、质朴的风格。

维多利亚地区的赤霞珠通常更清淡，薄荷味更浓。这里的葡萄园大多位于中心地带，尤其是本迪戈时尚区。亚拉河谷不仅气候凉爽，还盛产澳大利亚顶级的赤霞珠，味道浓重。

澳大利亚西部玛格丽特河酒区的赤霞珠通常香气迷人、酸度适中，因此具有很好的陈酿潜质。

塔斯曼尼亚凉爽潮湿的气候非常适宜其他品种的葡萄生长，但这里也成功孕育出比本土更轻、更尖锐的赤霞珠。

澳大利亚南部库纳瓦拉著名的红土（上图），这一地区的葡萄园因产量大而备受好评

南半球产区赤霞珠

南非

20世纪90年代早期，赤霞珠是南非种植最为广泛的红葡萄品种。初期的实践总是令人沮丧，一部分是因为赤霞珠的生长气候要么太冷、要么太热，一部分是因为在南非葡萄园里大面积种植的非质量最上乘的品种，导致最后酿出的葡萄酒果味特点模糊不清。

高耸的 Draken-steinberg 山（下图），它为南非酒乡斯泰伦博斯气候凉爽的弗兰区高地形成了一道天然屏障。弗兰区盛产适宜陈酿的优质赤霞珠

近几年这些情况已经得到了改善，引进的葡萄果实更加成熟、果味更加浓郁，果农也耐心静候它们在藤蔓上的充分成熟。沿海的斯泰伦布什、法兰舒克（Franschhoek）和内陆的帕尔（Paarl）都是前景最被看好的地区，涌现了许多品质一流、具有陈年价值的葡萄酒。酿酒时继续沿袭了传统的波尔多风格，加入品丽珠、美乐以柔和赤霞珠的酸涩口感，取得了成功。此外，加入西拉的混酿葡萄酒也在用它们独特的方式展现魅力。

智利

在20世纪80年代，智利是南半球欧洲葡萄酒顾问的聚集地，而被询问最多的品种就是赤霞珠。当诸如拉菲酒庄的吉尔伯特·洛克芒（Gilbert Rokvam）这种大人物来到位于智利的空加瓜谷的巴斯克酿酒厂时，智利在世界红酒版图上占有重要一席已是不争的事实，至少从赤霞珠来看是这样的。早期的成果是令人震惊的。

从那以后，智利赤霞珠衍生出两大不同的风格。第一种被欧洲人视为是新世界的基准——成熟的黑醋栗味赤霞珠，口感丰富醇厚、单宁含量低、橡木味道浓。这一风格的葡萄酒有很多种，通常陈酿几年口感更好，但新酿制大概一年的葡萄酒也可饮用。另一种风格的葡萄酒更加干涩，松露味更浓。其特点是酸度高、单宁含量高，以一种易于陈酿的方法酿造，与梅多克红酒口味相近。迈波谷（Maipo）、兰佩谷（Rapel）和卡萨布兰卡谷地区的红酒是这一风格的代表。

最好的智利赤霞珠拥有最纯正的黑醋栗果香，超过其他任何地区的赤霞珠葡萄酒。初尝时可能口味单一，但陈酿越久，味道便越丰富、浓郁，令人着迷。法式葡萄酒历史最悠久，陈年的法式葡萄酒口感丰富，堪比精致的梅多克葡萄酒。

阿根廷

在安第斯山脉的另一头，阿根廷门多萨展现出了在赤霞珠大战中主要领头人的潜力。说来也奇怪，赤霞珠在马贝克的葡萄园里只是个替补队员，是波尔多红酒（经常用于混酿）中的小角色，不过目前其种植面积也在稳步增长。

起初，单一赤霞珠葡萄酒单宁感十足，由于在橡木桶中陈放时间过长，导致木香大于果香。外国葡萄酒商进入阿根廷投建酿酒厂比进入智利更晚，相应地，葡萄酒也经过了相对更长的调整期后才日趋完善，尤其是赤霞珠。

如今，从地处高海拔的葡萄园到地势平缓但生长期气候酷热之地，赤霞珠均采用法式酿制的手法，除了香浓的李子和黑醋栗的味道外，经烘焙后，还能散发香料植物风味，单宁含量控制精确。

阿根廷第二大葡萄酒产区圣胡安产区（San Juan）中的高海拔地区也很适宜赤霞珠的生长。

新西兰

新西兰大部分种植园对赤霞珠而言都过于凉爽、潮湿，无法沐浴充足的阳光对赤霞珠来说十分致命。一些变种的赤霞珠带有青椒的味道，酸度虽高但单宁偏低。不过在经历了选址波折后，北岛上传来了振奋人心的喜讯，特别是霍克湾区和奥克兰附近的怀赫科岛（Waiheke Island）。

就像其他地方一样，混合是关键，赤霞珠和美乐的组合对大多数酿酒师来说准不会错。如今已有不少复杂度和深度兼备的诱人美酒问世，它们酒体中等，虽不及百万千米之外的波尔多葡萄酒更加柔和，但这里的葡萄成熟周期更短。

工人在收获智利拉佩尔市炎热的空加瓜谷的拉菲华斯歌赤霞珠（上图）。拉菲华斯歌赤霞珠通常为经典的梅多克风格

Cousiño Macul 酒庄古老的赤霞珠葡萄藤（左图）。库奇诺酒庄诞生于 *19* 世纪，位于智利麦拔。这些葡萄藤的历史可追溯到 *20* 世纪 *30* 年代

欧洲其他产区赤霞珠

西班牙中部托莱多附近的 *Marques de Grinon* 庄园的采摘工人（上图）。这一庄园以出产层次丰富，适宜陈酿的赤霞珠而闻名

Torres Mas la Plana 酒庄只种植赤霞珠一个品种（下图）。在 20 世纪 60 年代，它和吉恩·莱昂酒庄开创了西班牙赤霞珠的先河

法国波尔多以外产区

就在波尔多外围，如贝尔热拉克（Bergerac）和比泽（Buzet）地区，那里的葡萄种类和波尔多的一样。个别酿酒商的葡萄酒，甚至能和波尔多红葡萄酒相媲美。赤霞珠主要生长在法国南部，气候温暖的朗格多克－鲁西荣地区，通常被酿成变种的奥克地区餐酒。还有一小部分生长在卢瓦尔河地区，通常和加美葡萄混合，或者加入少量玫瑰起泡酒。

西班牙和葡萄牙

20 世纪 60 年代，桃乐丝家族（Torres family）和吉恩·莱昂（Jean León）酒厂开始在佩内德斯种植赤霞珠，赤霞珠遂成为伊比利亚半岛的桥头堡。佩内德斯、卡斯蒂利亚（Castile）和托莱多山区（Montes de Toledo）产的单一赤霞珠葡萄酒，通常浓度较高，色泽不透明，是久藏的经典之作。

许多产区酿酒商，如 Ribera del Duero 和 Costers del Segre 等，会将赤霞珠和西班牙本土国宝级葡萄添普兰尼洛（Tempranillo）混酿，创造出令人欣喜的佳酿。

在葡萄牙，虽然塞图巴尔半岛（Setúbal peninsula）有单一葡萄酿制的葡萄酒，但种赤霞珠的酿酒师同样有混酿的喜好。在杜罗产区和阿连特茹产区，赤霞珠更已成为众多酿酒师进行混酿的重要组成部分。

意大利

在区别赤霞珠和它的波尔多近亲品丽珠的时候，意大利的葡萄种植者总有那么点漫不经心，特别是在北部地区。因此，一瓶酒标上写着是赤霞珠的特伦蒂诺（Trentino）葡萄酒，有可能其实是品丽珠葡萄酒。而这两种葡萄实际上相差甚远，所酿的葡萄酒也各具特色。

在托斯卡纳就不会这么混乱了。在那里，赤霞珠会少量加入基安蒂酒中，或者其他不知名的红酒中，如卡尔米尼亚诺酒（Carmignano）。20 世纪 70 年代，备受尊敬的安提诺里（Antinori）家族带领一群托斯卡纳的革新者，开始了一场意大利红酒革命。他们开始不受意大利原产地法定地区名称管理制度（DOC）的限制，自由使用赤霞珠，或者和基安蒂桑娇维塞葡萄混合，或者和其他波尔多葡萄混合，酿造顶级红葡萄酒。最终，这些红酒被归为博格利法定产区酒（Bolgheri DOC），或者更宽泛地归为托斯卡纳优良地区酒。

赤霞珠在意大利西北部的皮埃蒙特（Piedmont）也占有一席之地。在这一地区，这些红酒中完全或几乎不添加任何其他红酒，被归为朗格法定产区酒（Langhe DOC）。

中欧及东欧产区

廉价红葡萄酒风行于 20 世纪 70 年代，到 80 年代，由于政府资助，保加利亚几乎一力承担了廉价红酒的出口。保加利亚地处酿酒

的边缘气候带，但这里的赤霞珠却十分招人喜爱，口感绵柔，有李子的果香，这是廉价波尔多葡萄酒梦寐以求的特质。这些红酒大多经过众多橡木桶陈酿，在国家酒窖中陈酿几年后，通常会以珍酿酒（Reserve）的形式发售。

在这些红酒中，品质最高的通常结合了好几种特性，适用于正式晚宴，酒劲十足也使它们成了聚会的宠儿。不幸的是，原国营酒厂红酒品质参差不齐，随着私人资金的投入，保加利亚红酒才渐渐回到公众视野当中。

匈牙利、摩尔多瓦（Moldova）和罗马尼亚都出产平价优质的葡萄酒，匈牙利的维兰尼（Villany）和罗马尼亚的迪露玛（Dealul Mare）都是十分著名的酒区。

其他昙花一现的地区包括传奇般的黎巴嫩穆萨酒庄（Chateau Musar）。在贝卡谷地（Bekaa Valley），精力充沛的塞吉·霍彻尔（Serge Hochara）庄主将赤霞珠与神索（Cinsault）和佳丽酿（Carignan）混合酿酒。其他地区的种植者可能只要担心像春冻这样的问题，在贝卡谷地的种植者们却要担心战争、入侵和火箭袭击等问题。因此，霍彻尔所酿的红酒口感强劲、经久不衰，这是对他不懈奋斗的最佳褒奖。

如果希腊赤霞珠葡萄酒的品质能更上一层楼的话，希腊中部的阿特兰山谷（Atalanti Valley）和锡索尼亚（Sithonia）南部的莫里顿（Côtes de Meliton）也许在将来会成为一支不可忽视的力量。

保加利亚普罗夫迪夫附近的葡萄园（上图）位于尤斯蒂娜村上方，这一地区在20世纪80年代出产的赤霞珠，在商业上取得了巨大的成功

长相思

长相思是著名的卢瓦尔河、桑塞尔和普伊芙美白葡萄酒的原料。新西兰像水果鸡尾酒一样味道丰富的长相思葡萄酒，成功赢得了葡萄酒世界的注意。

在最近十几年中，品酒者口味最大的变化莫过于从对霞多丽忠贞不二，转为对长相思青睐有加。其原因其实不难理解，这两种葡萄的特征其实完全相反。金色的霞多丽口感丰富、细腻多汁，但这一特性其实是由于橡木的影响。长相思颜色青、质量小、酸度高，酿造过程通常不用橡木，却带有一种明显的特殊香气。也就是说，如果人们厌倦了霞多丽，长相思是必然之选。

品质上乘的长相思能令人神清气爽，而这样简单、质朴的风格，使长相思受到一些葡萄酒评论家的轻视，但这对它无疑是不公平的。事实上，长相思特性十分丰富。长相思是两种法国最著名的白葡萄酒——桑塞尔和普伊芙美的原料，是卢瓦尔河地区无与伦比的新星。只要控制葡萄产量，便能收获大量成熟度极高的果实，新西兰长相思就是一个成功范例。

除了果实成熟快，位于法国中部的上卢瓦尔河谷地区的土壤坚硬，这里的长相思口感更加奇妙，有一种强烈的呛人的味道，以至于许多人都认为这些酒一定是经过橡木陈酿的。最辛辣的长相思甚至有一种燃木的香气，比较温和的长相思会带有浓咖啡的味道。长相思的这种特性还被融入普伊芙美的酒名当中。在 20 世纪七八十年代，纳帕谷的酿酒商罗伯特·蒙大维（Robert Mondavi）将他的长相思酒改名为白芙美（Fumé Blanc）。从那以后，加利福尼亚州许多酿酒商都效仿他，为自己的葡萄酒改名。长相思这种独特的烟熏味有时很浓烈，有时又很寡淡。

在过去的二十几年中，长相思的风格在国内外大不相同。有些白芙美采用橡木陈酿，以模仿上卢瓦尔河谷地区葡萄所特有的烟熏味。而众多加利福尼亚州种植者则采取措施确保葡萄酒中相对较高的残糖量，以此来缓和长相思极高的酸度，并掩盖其中浓重的青草味。但如果长相思需要人们进行如此繁复的后期加工，为什么还要种植这一品种呢？

即使到现在，长相思仍然是加利福尼亚州的薄弱之处。

在波尔多，长相思通常与赛美蓉混合，酿

贝萨克–雷奥良的绿色长相思（右图）。这一地区长相思多与赛美蓉混合酿制波尔多干白葡萄酒。这一品种通常产量较高，但若控制产量也可酿出果味浓郁的葡萄酒

制成干白葡萄酒和甜酒，但现在人们大多只单独用长相思来酿制干白葡萄酒。长相思的种植量大增，显示了这一品种在世界范围内大受欢迎。人们还渐渐用长相思酿制出了更多迷人的味道，如菠萝味和醋栗味。

在帮助长相思确立其国际地位的过程中，新西兰比法国以外的任何地区贡献都大。从总体上看，甚至新西兰的种植者比法国人还了解长相思。马尔堡的葡萄酒拥有一种令人着迷的水果香味，比世界上任何其他的干白都浓郁。但任何一种流行趋势都有消退的时候，最近几年，人们有些厌倦马尔堡长相思浓郁的水果味了。

总体来说，长相思是以适度的清爽果酸而略胜一筹的。因此，在一些炎热地区，长相思就变得松弛无力、果味全无。非常重要的一点是，长相思并不应该是平淡无奇的中性口感，那是灰品乐（Pinot Grigio）的味道。

法国原产地

长相思多产自波尔多，通常与赛美蓉混合，可能还有少许密思卡得。上卢瓦尔河谷地区出产法国顶级的长相思，品质略低的大多产自沿卢瓦尔河向西的都兰地区。

其他种植地

长相思产地还有很多，但主要是新西兰、智利和南非，美国和澳大利亚也有一些。在温暖的法国南部郎格多克和西班牙北部也大量种有长相思，且成绩斐然。

品酒笔记

从长相思中能品出各种果味：从醋栗、青苹果或梨这些又酸又青的水果，到极具异域风味的哈密瓜、百香果和芒果，应有尽有。长相思葡萄酒通常都有黑醋栗的味道，有时蔬菜的味道也十分突出。在新西兰的样酒中，通常能品出青豆、芦笋和红甜椒的味道。在许多气候凉爽地区的样酒中，特别是卢瓦尔河地区，还能品出一股奇特的味道，比如猫尿味或雄性动物的汗味。如果你够幸运，那一股淡淡的辛辣的烟草味也会被你捕捉到。

法国产区长相思

卢瓦尔河

卢瓦尔河地区著名产区普伊芙美晨雾缭绕的长相思葡萄园（上图）

卢瓦尔河位于法国中部，在卢瓦尔河上游的葡萄园中，未混合的长相思白葡萄酒占据统治地位。这种口感清爽、香气迷人的干白葡萄酒，一般应陈酿几年后再饮用。即便在法国，这种酒极受追捧也不过几年时间。随着大众对口感丰富、橡木陈酿的白葡萄酒逐渐失去兴趣，卢瓦尔河长相思，尤其是桑塞尔产区长相思，迅速蹿升至主流地位。

普伊芙美和桑塞尔是长相思最著名的两个产地，它们分别位于卢瓦尔河东岸和西岸，但它们出产的葡萄酒非常相似。品质上乘的普伊芙美和桑塞尔酒都有卢瓦尔河地域白葡萄的典型特征，有种清爽的水果香气、提神的酸味和淡淡的烟熏气味。因此，只有杰出的品酒者才能品出两者的区别。

长相思白葡萄酒的畅销也抬高了它的价格，即便是像一般超市自有品牌一样的品质，也并不难喝，因为它的酿造过程并不复杂。除此之外，还有一个令人不快的事实，许多粗心的普伊芙美种植者酿酒时漫不经心，采用许多过度种植的葡萄，影响了酒的品质。

在桑塞尔西部有3个不太知名的产区，那里生产的葡萄酒拥有长相思白葡萄酒大部分的特质，而且价格十分亲民。其中品质最高的是离桑塞尔最近的产地——默讷图萨隆（Menetou-Salon）。再往西，越过谢尔河（Cher），便到达昆西（Quincy）和勒伊（Reuilly）产区，那里出产口感清爽、香气独特的长相思，比其他地区更纯净、浓度更低。

在卢瓦尔河地区的中心地带——都兰，也出产很多长相思，但那里更著名的是白诗南。这一地区大部分长相思被用做混合辅料，但也有一些被标注为都兰长相思。如果陈酿时间够长，都兰长相思也是不错的选择，其浓郁的水果味集中展示了卢瓦尔河上游地区白葡萄酒的鲜明特色。

桑塞尔村（右图），这一产区也是以此命名的。桑塞尔村位于卢瓦尔河附近的一座山丘上，能俯瞰所有葡萄园

波尔多

20 世纪 80 年代，波尔多干白葡萄酒进入大众视野并成为主流。波尔多干白葡萄酒由于采用过度种植的赛美蓉葡萄，所以大多陈腐变味，但幸亏近年的流行趋势是使用控温不锈钢桶进行冷发酵，这令波尔多葡萄酒受益颇多。

随着长相思在更北的地区越来越流行，零售价格也水涨船高，波尔多区的酿酒商渐渐明白，也许他们应该用自己本地的葡萄来酿制一种白葡萄酒，以在这股长相思热潮中占据一席之地。在众多混合酒中，长相思的比例也大幅上升，随之而来的是葡萄酒的口感也更加清爽饱满。

质量最高的葡萄酒来自格拉夫北端的贝萨克 – 雷奥良产区，那里分布着骑士庄园（Domaine de Chevalier）、奥比昂（Chateaux Haut-Brion）和拉维奥比昂（Laville-Haut-Brion）三大酒庄，这些酒庄出产的葡萄酒品质都很高。有些生产者，如金露桐庄园（Couhins-Lurton），甚至只用长相思一种葡萄酿酒。还有些明智的酿酒商引入了橡木桶陈酿，甚至橡木发酵的方法，使他们的葡萄酒与卢瓦尔河地区未经橡木陈酿的长相思不同，口感更丰富，热带水果风味更浓郁。

昂特尔德梅尔（Entre-Deux-Mers）大产区出产的葡萄大多品质不高，但其中质量最好的也已开始崭露头角。这一地区的酿酒商开始采用橡木陈酿，用不经混合的方法酿制长相思，能与品质最高的贝萨克 – 雷奥良相匹敌。长相思还作为高品质波尔多甜酒的辅料，为赛美蓉贵腐酒平衡酸度。

其他地区

多尔多涅河（Dordogne）畔的贝尔热拉克（Bergerac）地区种植与波尔多相同品种的葡萄，酿成的混合酒以长相思为基础酒，口味清淡、清爽宜人，与南部杜拉斯（Côtes de Duras）出产的葡萄酒类似。由法国西南部出产，酒标上写着加斯科涅地区餐酒（Vin de Pays des Côtes de Gascogne）的白葡萄酒，可能由任何一种葡萄酿成，其中长相思含量很低。

尽管气候炎热，朗格多克地区大量种植长相思，也产出了一些口感清爽、果味浓郁的奥克地区餐酒，其清爽的特质主要来源于不锈钢桶冷发酵工艺。选择正确的收获期很重要，另外还要控制葡萄藤的活力，以防过度生产。

最后，长相思还有一个产区，孤独地坐落在勃艮第北部，靠近夏布利地区。圣比 – 长相思（Sauvignon de St-Bris）葡萄历来都很奇怪，它们的绿色果实极易辨认，口感与以霞多丽风格酿成的长相思差不多，但其果实与卢瓦尔河地区的葡萄相比，外形更平滑。有些夏布利的种植者也在这一地区有葡萄园。这一地区的葡萄酒已在 2003 年全面晋升为 AOC 法定产区酒。

坐落于索泰尔讷地区的 Suduiraut 庄园（下图），其出产的长相思含有清爽的酸性，可中和赛美蓉贵腐酒的甜味

新西兰产区长相思

位于新西兰马尔堡的云雾之湾酒庄（下图），该地区出产新西兰最优质的长相思葡萄

从小就习惯于令人兴奋的新西兰顶级葡萄酒的长相思爱好者们一定不会感到惊讶，长相思最近刚刚超过霞多丽，一跃成为新西兰国内种植最广的白葡萄品种。位于南岛马尔堡的Montana酒厂大规模生产长相思葡萄酒，使得这一品种在20世纪80年代成为主流。长相思在商业上的成功丝毫不逊于葡萄种植者们的大丰收，而这种成功主要源自其丰富的口感，多年未变的出口价格，以及多年来新西兰南部红酒在国际市场上占据的主要地位。

Montana酒厂的例子启发了很多人，之后有许多酿酒商效仿这一做法。这使得马尔堡地区几乎所有酒厂都大量种植长相思，但有时种植者野心太大，会不大注意葡萄的酸性，就像2003～2008年出产了很多劣质葡萄酒。有些种植者喜欢卢瓦尔河地区葡萄的酸度，因此他们生产的葡萄酒口感较硬，与法国红酒口感相似，但他们的葡萄缺乏特性。与赛美蓉混合后，有些葡萄酒质感深沉、口感丰富。

与马尔堡地区临近的南岛尼尔森地区气候凉爽，出产的长相思特点突出，草本植物特征更显著。

北岛霍克湾地区出产口感略轻柔的长相思。这一地区葡萄的颜色较浅，桃子味更浓，一般在酿酒过程中更常用橡木陈酿法，但也不是全部。这一地区葡萄酒品质很高。

其他地区产长相思

南非

和其他地方一样，南非气候凉爽的地区更利于长相思生长，而且现在南非也出产一些香气迷人、浓缩性高的葡萄酒。大部分南非优质葡萄酒都与卢瓦尔河地区葡萄酒的风格相似，只不过更加酸涩、烟熏味更浓，有些甚至能达到优质普伊芙美葡萄酒的水准。南非葡萄的颜色更绿、汁液更多，因此有些葡萄更像典型的新西兰风格，充满丰富多汁的水果味。沃克湾、埃尔金（Elgin）、杜班维尔（Durbanville）和斯泰伦布什是出产长相思的最佳地区。

智利与阿根廷

智利的长相思有一个很棘手的问题，那就是它们大多都不是纯正的长相思。相当多的种植者都把自己的葡萄称为苏维浓纳斯（Sauvignonasse），认为它们是卢瓦尔河地区长相思的一个变种。但事实上，它们是一种原产于意大利东北部地区葡萄的变种，口感低劣、品质一般。但现在，智利长相思品质已有所上升，大多数葡萄酒都与卢瓦尔河地区葡萄酒的风格相似，具有清爽的口感。凉爽的卡萨布兰卡谷地区就出产优质的长相思。

阿根廷门多萨出产特性突出的长相思，其热带水果风味浓重，酸性强烈，并带有一点烟熏味。

澳大利亚

酒区气温越高，其出产的葡萄酒水果风味就越淡，自然的清爽口感也越少。澳大利亚葡萄酒一直努力塑造自己的特性，但效果并不显著。不出所料，澳大利亚西部的玛格丽特河酒区气候凉爽，因此出产清爽多汁的长相思。

美国

Mondavi 酒厂试图提升加利福尼亚州长相思的地位，因此他们将其重新命名为白芙美，但这并没有吸引其他种植者大量种植该品种。如果他们种植长相思，通常也会使用橡木陈酿，或者采取保留较高残糖量的方法来掩盖其强烈的刺激性。华盛顿州通常出产果味浓重的长相思酒，适合年轻人饮用。

位于西澳大利亚州玛格丽特河地区的卡伦斯酒庄，该酒庄出产澳大利亚个性最强的长相思葡萄酒（上图）

智利凉爽的卡萨布兰卡谷（左图），该地区适宜种植个性突出、果味浓郁的长相思

黑品乐

黑品乐很难种植，酿酒难度也高，但世界各地依然有很多种植者喜欢这一"喜怒无常"的品种，想以此与勃艮第经典红葡萄酒相媲美。

种植于世界各地所有的法国葡萄品种中，黑品乐是最能激发热情的。它带给人们的泪水与绝望，以及为其耗费的精力，比其他任何品种都多。总体来说，它并不适合那些安于享乐的人。

在大部分勃艮第红酒中，黑品乐是唯一可入酒的品种。作为品质较低的一个品种，黑品乐是唯一的例外。品质最高的黑品乐被当地最显赫的酒庄用来酿制列级葡萄酒，这种酒充满浓重的异域风情，口感丰富、酒香迷人。这种一生仅一次的品酒体验，当然也价格不菲。科多尔（Côte d'Or）地区的所有酒区都在不同时间出产高品质的黑品乐，毕竟该地区被称为"金丘"，这可不是随口说说的。

那么，为什么这一品种会令人心碎呢？

首先，黑品乐非常不适应炎热的天气。勃艮第气候凉爽、潮湿，经常有春冻和冰雹，但即便在这样的黑品乐的祖籍地，葡萄收成也并不稳定。据估算，平均每三年中有两年，优质葡萄酒的生产量都不足。

低品质的葡萄酿出的葡萄酒清淡，味苦，毫无水果味，在初期有一股强烈的酸味。在这种情况下生产出的黑品乐，属于上乘品质葡萄酒中的次品。如果酒区名气不大，那么，种植这种葡萄所花费的心血就成了其天价的原因之一。

早期在欧洲以外种植黑品乐的尝试通常都以失败告终。在美国和新西兰凉爽地区种植的黑品乐，酿出的酒通常酸性强烈、酒精度高。澳大利亚气候闷热，出产的黑品乐酒有一股泥土气味，而且橡木陈酿方法拙劣。

我们为黑品乐盖上了一层黑色的面纱，然后就继续讨论下一品种了吗？当然不是。

种植黑品乐需要气候适宜、土壤肥沃，比如像勃艮第一样，土壤中含有一些石灰岩。黑品乐天生易感染疾病，如果收获期下雨，果

实就会腐坏，因此需要小心保护。若能做到这些，回报你的将是令人魂牵梦萦的美味独特的葡萄酒，并有极大的陈酿潜质。

黑品乐果皮很薄，这就意味着用它酿制的葡萄酒口感清淡。黑品乐的单宁含量比赤霞珠少，但在生长早期就可获取单宁，虽然要得

成熟健康的黑品乐葡萄（右图）。这一品种果皮很薄，对天气和土壤很敏感，极难种植。黑品乐红葡萄酒具有浓郁的成熟水果的味道，也适宜酿制起泡酒

到其天然的高酸性需要较长时间。将浓缩度最高的葡萄酒贮藏几年，对于这样一种相对清淡的葡萄酒而言，其成熟度可谓惊人。黑品乐还拥有一股强烈的略微腐坏的味道，介于熏肉和黑松露之间，而其原始的红葡萄果味则深化为可口的草本气味或烤肉味。

从20世纪90年代开始，越来越多法国以外的葡萄农开始掌握种植黑品乐的窍门。在加利福尼亚州（尤其是卡内罗斯）和俄勒冈（Oregon）地区，以及新西兰部分地区，黑品乐的种植已十分成功。这些地区的葡萄酒通常颜色鲜亮，初品时水果味比勃艮第葡萄酒更浓，类似树莓和红樱桃的味道，气味芬芳，而其酸性随着陈酿年份的增加而显著提高。黑品乐可能不比中等勃艮第葡萄酒便宜，但绝对物有所值。

另外，黑品乐对酿制香槟和其他起泡葡萄酒十分重要。它能增加霞多丽的醇厚和年代感，也能加深桃红葡萄酒的颜色。黑品乐红葡萄酒为许多玫瑰香槟酒增加迷人的香气。一般都用传统的西班牙红葡萄酿制优雅的玫瑰起泡酒，但由于黑品乐更精致，用它酿制的一种西班牙开胃酒取得了巨大成功。

法国原产地

黑品乐原产于法国勃艮第和香槟。

也用于酿制一些卢瓦尔河地区清淡的葡萄酒和桃红葡萄酒，以及阿尔萨斯红葡萄酒。

其他种植地

黑品乐的其他产区包括美国（加利福尼亚州、俄勒冈州）、澳大利亚、新西兰、智利和南非。黑品乐在欧洲中部是一种主要种植品种，包括德国南部、瑞士及以东地区，但在地中海一带还十分罕见。任何用传统香槟法酿造的起泡酒，通常都会用到黑品乐。

品酒笔记

酿制初期，黑品乐有一种红色水果的淡淡香气，典型的树莓、草莓、红醋栗和樱桃的味道。在美国加利福尼亚州和澳大利亚的部分地区，它还拥有淡淡的咖啡豆或摩卡气味。大多数黑品乐都有一股肉的味道。初期的葡萄酒有牛肉的味道，随着陈酿时间的推移，慢慢变成腊肉的味道，优质的葡萄酒还会有一股别致的黑松露气味。成熟的黑品乐葡萄酒究竟是经典的，还是失败的，取决于你的个人品味，因为黑品乐成熟后会有一股强烈的臭味。有人说这种味道像是农场的味道，但其实指的是你很可能在农场踩到的动物粪便的味道。

法国产区黑品乐

在 Bollinger 香槟酒庄，工人在传统的木桶中挤压黑品乐葡萄（上图）

路易拉图庄园传统柳条筐中新摘的黑品乐葡萄（下图）。路易拉图庄园位于科多尔区的阿罗克斯 – 科尔登，它是许多勃艮第名酒的故乡

　　猜测勃艮第地区收获时期的酿酒条件，比玩俄罗斯轮盘简单一点，但也只是一点点。大多数时候，这一地区白葡萄品种之一的霞多丽表现良好。这是有迹可循的，因为只有在采摘期遇到暴雨，才会真正在最后时刻毁了收成。黑品乐作为红葡萄酒领域里的唯一品种，则完全是另外一码事了。

　　至少直到 20 世纪 90 年代末期，黑品乐的产量都是令人失望的。正是因为要取得巨大成功太困难，勃艮第红葡萄酒被许多人视为法国经典红酒中的翘楚。勃艮第葡萄酒声望极高，主要就是因为它的稀缺性。勃艮第地区葡萄酒的产量只是波尔多地区葡萄酒产量的一小部分。

　　黑品乐葡萄中品质最优的出产于科多尔区，科多尔区是第戎（Dijon）西南面一片狭窄的悬崖，也是许多著名勃艮第红酒的诞生地。北端的尼伊酒区（Côte de Nuits）是一片更狭长的条状地带，那里有著名的热夫雷 – 尚贝坦（Gevrey-Chambertin）、尼伊圣乔治（Nuits-St-Georges）和莫雷圣但尼（Morey-St-Denis）酒区，出产分量最重的勃艮第黑品乐。这种黑品乐肉香浓郁，像是烧焦的鸡皮味，或是盘子里冒泡的肉汁气味。往南的博讷区主要包括阿罗克斯 – 科尔登、波马尔和沃尔奈酒

区，这里盛产质量更轻、口感更柔和的黑品乐，气味像夏日的水果，有时还有花的香味。

　　再往南走你会进入夏隆内酒区，然后是产量巨大的马孔区，那里大多出产普通的黑品乐葡萄酒。这一品类中品质最差的是勃艮第鲁日酒（Bourgogne Rouge），它是由来自不同区域的葡萄混合制成的。以前这种酒质量很差，但现在已逐渐成为一种常用的红酒，质朴但精致。

　　如果葡萄成长季天气相对寒冷，更糟糕的情况是经常断断续续地下雨，就像 2008 年，那一季的葡萄酒不论颜色还是质感都尤其清淡。如果葡萄酒酸性强，有一股未成熟水果的苦味，且质感和稍浓的桃红葡萄酒没什么差别的话，那消费者就没理由花大价钱购买这种葡萄酒了。

　　然而，如果要说勃艮第地区最大的特点，那就非特异性莫属。即便使用不太好的葡萄，一些酿酒商也可以酿出浓缩度极高的葡萄酒，而他们的邻居可能只能独自苦恼。当然了，品质越高的葡萄酒价格也越贵。

　　由于黑品乐通常含糖量较低，不能发酵成浓烈的红葡萄酒，为了保障其优势地位，酿酒师会在新鲜的榨汁中加入一些蔗糖。这一过程称为"加糖"（chaptalization），用来纪念它的发明者让·安东尼·沙普塔尔（Jean-Antoine Chaptal）。加糖可以让酵母更好地发酵，这样成品的酒精含量就会提高，达到当地的平均水平，即 13%。有时，尤其在酿制初期，葡萄酒会散发一种焦糖的气味，这通常说明酿酒师在酿制过程中大量加糖了。

　　在最佳的酿酒年份里，如 2002 年、2005 年和 2009 年，黑品乐成熟度高，所酿的葡萄酒香气浓郁、优雅迷人，当然价格也不菲。这些葡萄酒最适合贮藏起来，在细雨蒙蒙的天气里细细品饮。

　　尽管是一种红葡萄，黑品乐对于香槟酿制也十分重要。将黑品乐去皮酿制，就能得到无色的葡萄汁，这样酿成的葡萄酒就是白色的。但如果与单一霞多丽酿制的香槟酒仔细对比，在含黑品乐的混合香槟酒中，还是能发现一丝较深的、古怪的色调。

　　香槟酿制者认为，黑品乐能使酒体变得更醇厚，陈酿之后效果也更好。有些标有"Blanc de Noirs"的香槟酒完全是由黑品乐或当地另

香槟产区阿伊小镇上秋季的黑品乐葡萄藤（左图）。香槟产区的品乐葡萄坚果味较轻、颜色较浅，但葡萄酒浓厚香醇、适宜陈酿

黑品乐在敞开的木桶中轻发酵，这是酿制勃艮第红葡萄酒的第一步（上图）

一种莫尼耶品乐红葡萄酿制而成的，但仍然是一种白葡萄酒。也有一些红葡萄酒，大体上是勃艮第风格，但口感更清爽、酸性更强。它们通常用来酿制桃红香槟酒或加入白葡萄酒中混合。一小部分桃红香槟酒制作过程极为复杂，需要把红葡萄的果皮融入白葡萄汁中，为其增加一抹深色。

在东卢瓦尔河地区，黑品乐用来酿制桑塞尔红葡萄酒、桑塞尔桃红葡萄酒或默讷图萨隆酒。这些品种比勃艮第葡萄酒更清淡，通常有一点植物的特征。这些酒不是用来陈酿的，它们通常有一点辛辣，十分适合在夏季饮用。

黑品乐也是阿尔萨斯地区唯一一种红葡萄酒，口感轻柔、果味清淡，但越来越多的酿酒商开始重视这一品种，精心的酿制使其在进步过程中击败了一些用橡木陈酿法酿成的葡萄酒。

美国产区黑品乐

加利福尼亚州

除了勃艮第地区，加利福尼亚州无疑是世界上种植黑品乐最成功的地区。虽然极不愿承认，但勃艮第的种植者确实能从这些更认真的美国人身上学到一些东西。

至今为止，加利福尼亚州最成功的葡萄种植区是卡内罗斯AVA种植区。这一区域横跨纳帕县和索诺玛县，得益于来自旧金山湾的海岸雾气。下午和傍晚时分，卡内罗斯地区非常温暖，使得生长期的葡萄成熟度高、果香浓

郁，这是上等黑品乐葡萄酒最大的特点。同时，岸边的大雾通常到翌日早上才会消散，其降温作用确保了新鲜水果恰到好处的酸度，因此葡萄酒口味均衡、陈酿效果好。

由于果实成熟度高，美国加州黑品乐可饮用时间比传统勃艮第葡萄酒更早。当然，如果酿成后贮藏几年会使酸性下降、刺激性更低。如果要说这些顶级葡萄酒有什么瑕疵的话，可能就是它们的酒精含量过高，其结果是饮酒入喉时感觉还很好，但随后就会在喉咙深处有灼烧的感觉。相比20年前，现在葡萄酒的口味更加均衡了，而且很大一部分葡萄酒的酒精度都不低。

除了卡内罗斯地区，海岸南边的圣巴巴拉（Santa Barbara）也是黑品乐的主要产地之一。那里有圣贝尼托（San Benito）葡萄种植区，以及分别位于旧金山南北两侧的圣克鲁斯山脉（Santa Cruz Mountains）和俄罗斯河谷。

俄勒冈州

随着寻找合适的葡萄种植园这一运动逐渐兴起，西北太平洋地区被视为种植黑品乐的最佳地区，因为那里气候凉爽、空气潮湿。与加利福尼亚州相比，西北太平洋地区在气候上与勃艮第地区更为相近，而且现在该地区也确实出产了一些高品质的葡萄酒。艾瑞酒庄的大卫·莱特（David Lett）是这一地区的拓荒者，他在20世纪60年代首次种植了黑品乐。

对于许多种植者来说，种植黑品乐并不是一帆风顺的。虽然产量高，但真正成熟的果实很少，而且由于选择了不适当的种植地，早期的许多努力都白费了。但俄勒冈州确实是一个奇迹，证明只要向着目标不断努力，就一定会成功。20世纪90年代后期，该地区出产了一系列高级甚至顶级的黑品乐葡萄酒，现在一些酒庄已经可以酿制全美顶级的黑品乐葡萄酒。

俄勒冈州的顶级葡萄园在威拉米特河谷（Willamette Valley）地区，位于喀斯喀特山（Cascade Mountain）西面。在整个山谷地区，一系列小的葡萄种植区被分成不同区域，其中邓迪丘（Dundee Hills）和麦克明维尔酒区尤其著名。这一地区的葡萄酒风格总体上都比加利福尼亚州其他地区清淡，肉味较淡，但草莓的水果香气更浓，可饮用时间也更早。

俄勒冈一块新的黑品乐葡萄梯田（下图）。勃艮第的葡萄在太平洋西北部很受欢迎

其他产区黑品乐

新西兰

新西兰是南半球气候最凉爽的地区，也最适宜种植黑品乐，现在黑品乐也确实是新西兰种植量最大的红葡萄品种。尽管早期的努力都不太成功，但现在这一地区已经有许多世界级的酿酒师，可以酿制出顶级的黑品乐葡萄酒了，当然价格也随之飙升。上乘的新西兰黑品乐有成熟的树莓味道，但又有一种丰富迷人的特殊香气。

至今为止，品质最佳的葡萄酒来自怀拉拉帕（Wairarapa）地区，在北岛南部的马丁堡小镇附近。大部分气候凉爽的南岛地区也出产高品质的黑品乐，包括从北端的马尔伯勒和纳尔逊，一直到南部的坎特伯雷，以及中部的电气化城市奥塔哥。如果说新西兰黑品乐有什么缺点的话，可能就是有些葡萄酒萃取度过高、颜色很深、单宁含量过高，其实类似博讷的清淡型葡萄酒就很不错。但毋庸置疑，新西兰黑品乐仍是世界顶级的黑品乐葡萄酒之一。

澳大利亚

就像澳大利亚其他需要凉爽天气的葡萄品种一样，为黑品乐寻找适宜的种植地也十分重要，以免那种黏糊糊的果酱口感毁了这一优

良的品种。维多利亚州的亚拉河谷酒区海拔较高，适宜种植黑品乐。西部的玛格丽特河酒区也发展迅速。塔斯曼尼亚地区气候凉爽，出产与勃艮第黑品乐品质相近的红葡萄酒。

南非

就像澳大利亚一样，这里大多数国家气候炎热，都不适宜酿制优雅的黑品乐葡萄酒。在南非，除了酿制一些精致的起泡酒，这一品种也确实处于次要地位。南非品质最佳的黑品乐来自沿海的沃克湾地区。

智利

智利现在出产一些高品质的黑品乐，大多种植在气候凉爽、海拔较高的地区，如卡萨布兰卡谷，甚至稍微炎热一点的空加瓜谷（Colchagua）的拉佩尔酒区。这一地区的葡萄酒成熟度过高，但果香仍在，令人沉醉。

德国

在德国一些小规模葡萄酒生产中，黑品乐长久以来都被用来酿制红葡萄酒。它们的典型特征是口感轻柔，与桃红葡萄酒类似。巴登州（Baden）南部地区的葡萄酒果香浓郁，而北阿尔（Ahr）地区以红葡萄酒闻名。最奇特的是，在世界葡萄种植区的北部边界地带，黑品乐尤其丰富迷人。

奥塔哥中部班诺克本区的葡萄园（上图）。这一地区是新西兰黑品乐的顶级种植地

维多利亚 Yarra Yering 酒庄的工人正在给一池黑品乐去皮（左图）

赛美蓉

对于许多种植者而言，赛美蓉个性不突出，注定要与其他流行的葡萄品种混合酿酒。但若是用来酿制口感丰富、颜色金黄的索泰尔讷甜酒，或者是品质独特、陈酿多年的澳大利亚干白葡萄酒，赛美蓉则是不二之选。

虽然赛美蓉是世界顶级葡萄品种之一，但它却一直很"低调"。在北半球，通常赛美蓉不会被用来单独酿酒。这主要是因为在其原产地波尔多，赛美蓉通常与长相思混合酿酒。

然而，赛美蓉常被褒扬的一大特点就是其对葡萄孢属菌的敏感性。葡萄孢属菌又称贵腐菌，它能聚集过度成熟的葡萄中的糖分，并使其在葡萄酒中失效。这一特性使赛美蓉成为甜酒酿制过程中的必需品。在索泰尔讷甜酒和巴尔萨克（Barsac）葡萄酒中，赛美蓉的含量几乎能占到 80% 甚至更高，但这两种葡萄酒极高的声誉，掩盖了赛美蓉在酿制该白葡萄酒过程中的重要地位。

如今，在波尔多地区，许多干白葡萄酒生产者放弃了大量的赛美蓉，而种植长相思。正如我们所见，波尔多地区流行的干白葡萄酒大多用长相思酿制，完全不加入赛美蓉。但这正说明了，赛美蓉目前的种植量远远高于长相思。即便这一品种逐渐衰落，所需时间也很长，但许多种植者认为赛美蓉不像长相思那样个性鲜明，缺少迷人的香气和令人愉悦的品质。

如果你这样认为，那就去问问澳大利亚种植者吧。从 19 世纪开始，澳大利亚南部的酿酒师就用赛美蓉来酿制干葡萄酒。赛美蓉的故乡是新南威尔士州的猎人谷（Hunter Valley）。

确实，许多种植者并不知道这一品种是什么。以前它被误称为猎人雷司令（Hunter Riesling），但它并不拥有真正雷司令葡萄那种矿物质的气味，通常赛美蓉比雷司令口感更丰腴。

赛美蓉干白葡萄酒最奇特的特征是，有时它闻起来或尝起来像是经过木桶贮存熟成的，但事实上并不是。通常赛美蓉会有一种强烈的烧烤味，且陈酿年份越长味道越重。赛美蓉颜色变深的速度很快，这使年份久的猎人赛美蓉成为世界白葡萄酒中最奇特、也最令人难忘的品种之一。

在大规模生产廉价葡萄酒的地区，只要种植者还没有沉溺于霞多丽，它们都会选择赛美蓉，因为它很容易种植。在南美的大多数葡萄园，尤其在智利，赛美蓉是种植量最大的品种。表明其地位的一个事实是，赛美蓉葡萄酒并不是智利引以为傲的出口品种。

对于大多数人来说，赛美蓉更适合与其他流行的品种混合酿酒。尽管波尔多的前辈们是将它与长相思混合，但现在人们认为长相思正是时兴的时候，并不需要与其他品种混合。这也是为什么许多种植者，尤其是澳大利亚种植者，大多将赛美蓉与霞多丽混合。

与单一霞多丽葡萄酒相比，混有赛美蓉的霞多丽葡萄酒就成为廉价货了，价格也很低。酿制得当的话，两种葡萄都可酿出口感丰富、丝滑的葡萄酒，将其混合就没有意义了。

另一方面，通常赛美蓉和长相思混合酿酒效果很好。长相思的酸性使赛美蓉的丰富口感更加独特。

甜酒的酿制尤其需要不同品种的混合。索泰尔讷、巴尔萨克和蒙巴齐亚克（Monbazillac）甜酒之所以这么受追捧，可陈酿年份这么长，正是因为酿酒时糖分和酸性十分均衡。与其他地区一些较差的甜酒相比，这种甜酒虽然糖度很高，但不会甜得发腻。

赛美蓉葡萄（右图）色泽金黄、叶子深绿，通常与长相思或霞多丽葡萄混合酿酒，也可用来酿制顶级贵腐酒

法国原产地

赛美蓉原产地为法国波尔多。

其他种植地

赛美蓉的其他产地包括澳大利亚、南美地区、南非的小部分地区、美国、新西兰，以及法国南部零星地区。

品酒笔记

赛美蓉干白葡萄酒有蜂蜜的甜味，有时还有一点长相思的醋栗的味道。通常有一种矿物质的味道，甚至是淡淡的金属味。猎人谷的赛美蓉即便没有使用橡木制法，也有一种木材的气味，随着陈酿年份越长，烧焦的烘烤味越来越浓。若将赛美蓉与霞多丽混合，柠檬汽水的味道会很浓。若在酿制甜酒时遇到葡萄孢属菌，赛美蓉就完全转变成另外一种异域水果的风味。但通常经典的赛美蓉会有过熟的桃子或杏的味道，经过橡木陈酿也会有香草蛋羹或焦糖奶冻的甜味。澳大利亚赛美蓉甜酒也有一点药的味道在里面。

波尔多产区赛美蓉

留在藤上被灰葡萄孢菌感染过的赛美蓉葡萄（上图）。这种皱缩的深色葡萄可榨出浓度极高的甜果汁

在原产地，用赛美蓉酿制的最好的葡萄酒是索泰尔讷和巴尔萨克。品质最高的葡萄酒出产于伊甘酒庄（Chateau d'Yquem），也是世界上最贵的甜酒。

波尔多夏末秋初的气候十分适宜寄居在赛美蓉上的贵腐菌和灰葡萄孢菌的生长，它们使果实在葡萄藤上腐烂风干。果实的水分减少，糖分就随之升高，用这种葡萄酿的酒，甜度高、酒精度高、有黏稠感、适宜陈酿。

顶级的赛美蓉葡萄酒价格很高，主要是由于原料的采收过程极其复杂。它们需要手工挑选全腐的果实，劳动力成本极高。大多数葡萄酒都会用部分新橡木进行陈酿，以增加酒的丰富性。在全世界范围内，这种葡萄酒长期以来都是酿制赛美蓉贵腐酒的灵感来源，获得赞誉也是理所应当的。

近年来，在波尔多其他地区，酿制干型葡萄酒时通常不用赛美蓉了。这一地区的大桶装的干白葡萄酒过去曾因松弛的口感、果味尽失而饱受诉病。但这种风格逐渐衰落了，因为新酿的长相思口感刺激，20世纪80年代开始已逐渐退出历史舞台。消费者可能会认为，在波尔多，赛美蓉并不能酿出优质的干型葡萄酒，但事实上并不见得是这样。

在佩萨克－雷奥良北部的格拉夫地区，一些波尔多干白葡萄酒顶级酿酒商，依然在葡萄酒中大量使用赛美蓉而不是长相思，例如拉维尔－奥比昂酒庄、奥利弗酒庄和拉图玛蒂亚克庄园。混有赛美蓉的葡萄酒比单独用长相思酿成的葡萄酒，口感更硬、更加可口。

格拉夫佩萨克－雷奥良地区的 La Louvière 酒庄（右图），由卢顿（Lurton）家族所有。格拉夫的波尔多干白葡萄酒最为著名

澳大利亚产区赛美蓉

赛美蓉干型葡萄酒是澳大利亚仅有的几个特殊品种之一。它其实是想追求新奇，力图寻求方法避开法式葡萄酒原型的影响。20世纪90年代后期，澳大利亚一直用这种方法酿制赛美蓉，尽管那时赛美蓉被称为猎人雷司令，甚至是更离谱的白勃艮第。

经典的猎人谷风格是简单、质朴的，典型代表是天瑞（Tyrrells）葡萄酒。这种葡萄酒新酿的时候口感清爽、酸性强，即便不使用橡木，陈酿后也会出现一种烤坚果的味道。

有些酿酒师会少量采用橡木来提高一种自然的烘烤味。现在的趋势是消费者倾向于在成酒初期就饮用葡萄酒，因此酿酒师都十分重视初期的水果风味，通常是刺激的绿色水果，如酸橙的味道。其他优秀的猎人谷酿酒商包括Rothbury庄园、Brokenwood酒庄和Lindeman酒庄。

澳大利亚许多地区都出产赛美蓉，而且其他比猎人谷更凉爽的地区收成也很好。例如在克莱尔谷，赛美蓉的油性较低。通常来说，优秀的雷司令种植者也能种好赛美蓉。比

如位于克莱尔谷的兰斯伍德（Lenswood）小镇，气候凉爽。在那里，蒂姆·纳普斯坦（Tim Knappstein）酿造的葡萄酒，酸度适宜，陈酿后更佳。

澳大利亚西部的玛格丽特河地区出产果香浓郁、烟熏味强烈的赛美蓉，相似的特性极易让人联想到长相思。Evans & Tate酒庄就是这一地区的代表。

在澳大利亚大部分地区，用单一长相思酿酒通常品质不高，但如果用波尔多的方式，将赛美蓉和长相思混合，酿出的葡萄酒会有成熟水果的香气，令人难忘，且陈酿后味道更加丰富。玛格丽特河地区的Cape Mentelle酒庄，和巴罗萨山谷地区的St Hallett酒庄都出产高品质的混合葡萄酒。

在澳大利亚，赛美蓉贵腐酒历史悠久，享有盛名。与顶级的索泰尔讷相比，澳式贵腐酒更加高调，但其实也没有必要将两者做对比。新南威尔士地区的De Bortoli酒庄是这一风格的开辟者，代表人物彼德·利蒙（Peter Lehmann）在巴罗萨酿制出了经典的香橙大麦糖贵腐酒（orange-barley-sugar version）。

澳大利亚新南威尔士的德保利酒庄，遍布灌溉河道（下图）

南澳大利亚州克莱尔谷的青葱景象，最前面是兰斯伍德葡萄园（下图）。这一地区是一片山地，出产酸度极高、适宜陈酿的赛美蓉

西拉

西拉既是罗讷河谷北部的一种法国葡萄，也是澳大利亚最名贵的红葡萄品种之———西拉子，传说陈酿几十年之后更加高贵。

西拉这一品种在澳大利亚尤其成功，以至于许多人只知道它在南半球的名字——西拉子。大多数西拉都种植在澳大利亚，比其他任何一种红葡萄数量都多。这一品种特性突出，可与赤霞珠或美乐混合。

顶级的西拉葡萄酒可以完美解释，为何它能在世界葡萄品种第一集团中占有一席之地。澳大利亚最受欢迎的红葡萄酒——彭福德格兰日（Penfold's Grange），大部分都是由西拉子构成，通常只加极少的赤霞珠调味。在法国，西拉被用来酿制一些欧洲最负盛名的单一庄园葡萄酒，这些葡萄酒只少量生产，提供给那些最幸运的顾客。

西拉能酿出世界上最深沉、最醇厚、最浓烈的红葡萄酒，充满黑色水果的丰富果味，味辛辣，酒劲强。但它也可以用来酿制经橡木陈酿、口感柔和的甜酒，这种果酱般的、甜甜的味道，甚至能够吸引忠实的白葡萄酒爱好者偶尔也来上一杯红葡萄酒。

在法国，我们应该称这种葡萄为西拉。它和其他许多种葡萄混合，酿出的酒效果都很好，在罗讷河南部和朗格多克·鲁西荣地区的葡萄酒中，西拉确实和各式各样的葡萄混合。

罗讷河谷是西拉的原产地。在葡萄栽培术语中，罗讷河谷被分成两个区域——北区和南区，分别代表了两种不同的酿酒风格。在南区，各少数品种形成了各自的小集团，从日常用酒罗讷河葡萄酒和旺度葡萄酒到高品质的教皇新堡和其替身吉恭达斯。西拉以其特性在众品种中占据一席之地。新堡地区有多达13个品种的葡萄，西拉和慕合怀特（Mourvèdre）大概排在第二、第三名的位置，第一名是歌海娜（Grenache）。

在北区西拉占据重要地位，它是北区唯一的红葡萄品种，从顶级的埃米塔日和罗第（Côte-Rôtie），到价格亲民、品质也不差的克罗兹埃米塔日（Crozes-Hermitage），这些葡萄酒中都能看到西拉的身影。前两者是经典的红葡萄酒，由于水果浓缩度高、酸性均衡、单宁提取量高，埃米塔日和罗第酒的陈酿年份可与顶级波尔多葡萄酒相媲美。新酿初期口感略紧，渐渐则舒展开来，具有迷人的异域风情，紫罗兰香也增加了它的魅力。

形容罗讷河西拉最常用的词是辛辣，即使是质朴的克罗兹埃米塔日酒也拥有这一特性，但程度不一。有些会使喉咙后部感到柔和的辣味，有些则像刚刚研磨的黑胡椒一样气味强烈，就像种植者在封瓶前真的加了黑胡椒一样。

有些人会争论西拉著名的辛辣特性是一种品种特征，还是由于西拉成熟度不高而引起的。这是一个晚熟的品种，即便在炎热的法国南部，也需要很长时间才能达到全熟，而澳大利亚的西拉子则不同，即使有，其辛辣味也非常清淡。

澳大利亚的西拉子味甜、成熟早，所酿葡萄酒与罗讷河北部的品种相比，很少会有单宁刺激性的酸味。在酿制初期，西拉子主要受橡木的影响，口感丝滑，葡萄酒很快就可以饮用。特定区域的西拉葡萄酒口感细腻、香气迷人，有一丝桉树的味道，而不是皮革、焦油或黑莓的味道。浓缩度最高的西拉葡萄酒呈深黑色，需要舒展很长时间。

由于澳大利亚西拉子数量巨大，因此它常被用来酿制一些基本酒。一种甜度过高、黏糊糊的西拉葡萄酒广泛蔓延开来，令人倒胃口。但另一方面，如果将西拉子用在创新的起泡红葡萄酒中，酿造出既甜美又强劲的干型葡萄酒，则十分引人注目。忘掉任何口感清淡的蓝布鲁斯科（Lambrusco）起泡酒吧，西拉起泡酒是一枚增强了马力的重磅炸弹。我不喜欢单宁含量高的葡萄酒，更喜欢那些残留糖分少的酒。

充满活力的蓝色西拉葡萄（右图）。西拉个性独特，通常有一种辣椒味，适宜橡木陈酿。西拉可酿制罗讷河北区顶级的红葡萄酒。在澳大利亚这种葡萄叫西拉子，成酒可陈酿多年

法国原产地

西拉的原产地是罗讷河北区。

其他种植地

西拉的另一主要产地是澳大利亚。在美国、南非以及南美洲越来越受重视。在瑞士部分地区也有种植。

品酒笔记

西拉拥有深紫色水果的香味，如黑莓、黑醋栗、黑樱桃、李子和梅子。罗讷河北区的西拉有新鲜黑胡椒的味道，其异域风味包括甘草、生姜和黑巧克力的味道，通常也有强烈的花香，如紫罗兰的香气。澳大利亚南部西拉子的头香为薄荷，清爽宜人。陈酿后的葡萄酒有类似黑品乐的野味。

法国产区西拉

罗讷河西拉葡萄的顶级酿酒商，现在已经可以和波尔多或勃艮第的顶级酿酒商比肩了。但这仍是最近几年才出现的新现象。尽管埃米塔日红葡萄酒在英国红酒爱好者中一直

享有盛誉，但这一地区的葡萄酒总体来说品质一般。20 世纪 80 年代，颇具影响力的美国红酒评论家罗伯特·帕克（Robert Parker）认为，Marcel Guigal 酒庄一些顶级的葡萄酒和木桐庄园的佳品相差无几。这个评价使得国际葡萄酒交易市场开始热衷西拉葡萄酒。

西拉的迅速发展促使种植者提高价格，不得不说，过去人们确实低估了顶级西拉的价值。西拉葡萄酒的结构和陈酿能力与以赤霞珠为基础的红葡萄酒相比，有过之而无不及，而且西拉葡萄酒的口味独特，与法国其他红葡萄酒都不同。

在罗讷河北区，西拉很受追捧，其中最热门的就是埃米塔日。尽管构造坚实，但埃米塔日被认为缺少精致、典雅的气质。埃米塔日酒的水果气息可能比传说中的清淡一点，气味更像树莓，而不是黑莓。最优质的埃米塔日酒质感醇厚、令人陶醉，但仍保留了成熟水果原始的果香。罗第葡萄酒近年来广受追捧，其中3 个最令人痴狂的品牌来自吉佳乐世家，分别是 La Mouline，La Landonne 和 La Turque。这几款葡萄酒以顶级西拉支撑，浓缩度极高，价格不菲。根据个人喜好，罗第红葡萄酒中最多能加入 20% 的维奥涅尔白葡萄，在西拉的黑莓味道中加入一股迷人的杏的香气。

圣－约瑟夫（St-Joseph）擅于酿制清淡的葡萄酒，陈酿后黑醋栗气味浓烈。品质较差的酒款是克洛兹埃米塔日，但若是初次接触罗讷河西拉，也值得一试。虽然说克罗兹埃米塔日"品质较差"，但事实上有的种植者如今已经大大提高了这一品种的质量，复杂性、浓度和陈酿年份都可与埃米塔日比肩了。

罗讷河北区最后一款上乘葡萄酒是科尔纳斯（Cornas）。这款葡萄酒很独特，酒中西拉的味道往往到最后才能辨别出来。这款酒通常比较烈，缺少清新的果香，有时尝起来更像是教皇新堡这种南部酒庄的混酿葡萄酒。一些种植者顺应卡尔纳斯西拉的热潮，尝试酿出一些质朴的优良酒款。一般来说，科尔纳斯酒需要陈酿多年才适宜饮用。

从罗讷河南部到郎格多克地区，人们大多将西拉和其他许多种红葡萄混合，包括歌海娜、慕合怀特、神索和佳丽酿。除非酿酒师大量加入西拉，否则西拉的味道很难被品尝出来，但它对加强型葡萄酒的结构十分重要。

澳大利亚产区西拉

长久以来，西拉子都是澳大利亚最重要的红葡萄品种，但直到 20 世纪 70 年代，人们才开始大力推进世界顶级西拉葡萄酒的生产。劣质的西拉葡萄酒由于橡木影响过多而质感黏稠，像李子果酱一样，太妃糖式的甜味回甘非常怪异。但幸亏也有很多优质的西拉酿造者为这一品种挽回声誉。

西拉子收成的好坏完全取决于小气候的不同。在比较炎热的酒区，如猎人谷或巴罗萨谷，那里的西拉子果实重、果味浓，是澳大利亚所有红葡萄品种中的上品。在中部温暖的维多利亚州高宝谷酒区，西拉葡萄酒的浓缩度高、香气浓郁。

库纳瓦拉的红土非常适合西拉子生长，也是孕育赤霞珠的沃土。这里的西拉葡萄酒略带辛辣，果味也很浓，但并非都使用橡木陈酿法。在巴罗萨谷历史悠久的葡萄园中，只有极少部分的西拉子可酿制口感深醇、历久弥香的红葡萄酒，品质仅次于顶级的罗第酒。

Grace 酒庄的葡萄园（右图），归亨施克（Henschke）家族所有。该酒庄位于巴罗萨谷。这里的西拉子葡萄藤有一百多年的历史

其他地区产西拉

南非

就像在澳大利亚一样，种植者要经过一段时间才能看出西拉的重要性。受到其他地区西拉大获成功的启发，南非现在也出现了一些优质西拉。相信西拉最终会在南非成功种植的，因为这种葡萄适应这里闷热的天气。斯泰伦布什的帕尔是出产西拉的主要区域。

美国加利福尼亚州

尽管在西海岸罗讷河葡萄很流行，但西拉生长了很长时间才被人们认可。现在的流行趋势是采用法式红酒的酸度，保留果香，但不像大多数罗第酒那样采用高浓缩度。圣路易斯奥比斯波（San Luis Obispo）是西拉种植最广的区域，圣巴巴拉和纳帕是西拉品质最高的区域。

智利

直到 20 世纪 90 年代智利才开始种植西拉，但现在已经对其着迷。能与罗讷河西拉媲美的智利西拉有很多，来自不同的产区，如孔加瓜谷、圣安东尼奥（San Antonio）和卡萨布兰卡谷。这些产区酿造的优质西拉葡萄酒适于陈酿。

南非帕尔产区 Bellingham 葡萄园种植整齐的西拉（上图）

Joseph Phelps 酒园（左图）。该园是加利福尼亚州优质西拉的潮流引导者。该图摄于春季纳帕谷

雷司令

雷司令是德国高级的白葡萄品种，适合酿制多种葡萄酒，在北欧和南半球地区都很受欢迎。雷司令既能酿制经典的白葡萄甜酒，也能酿制优质的干白葡萄酒。

在所有世界著名葡萄酒所用的葡萄品种中，雷司令是唯一一种原产地不在法国的，它是德国的特产。法国唯一的雷司令种植地是阿尔萨斯地区，这是一块位于东北角的隐蔽的飞地，处于孚日山脉和莱茵河谷之间。和赛美蓉一样，雷司令也适合酿制宜陈酿的干白葡萄酒和优质的贵腐甜酒，但与赛美蓉不同的是，雷司令还能酿制风格介于两者之间的葡萄酒。

近年来，雷司令被认为是顶级葡萄中最被低估的品种。造成这种现象的原因令人费解，因为雷司令酿酒能力很强。原因之一可能是人们毫无理由地会把雷司令和圣母之乳（Liebfraumilch）这种廉价的外来甜酒联系到一起。这种甜酒酒精含量和酸性都很低，是我们这一代品酒者用来学习的初级葡萄酒。

尽管圣母之乳如今与从前口味不同了，但将之与优质的德国葡萄酒混淆还是令人气愤的。圣母之乳的酒瓶和顶级莱茵河雷司令的酒瓶相同，但只要细读酒标就能辨别出来。优质葡萄酒都有共同的特征，晃动时酒色清亮，散发优雅的天然果香。

那么，怎样让大众认识到雷司令是优质葡萄酒呢？只有交给时间和品酒体验了。雷司令有一项非常出众的品种特征，它有一种清新的果香，像挤柠檬时散发出的味道；同时又有一点矿物质的味道，通常还有成熟多汁的桃子味。所有这些都融合在一款葡萄酒中，经过多年陈酿也不失其完整性。同样陈酿10年的情况下，酒精含量7%的雷司令要比酒精含量13%的长相思口感更好。

雷司令葡萄（右图）坚硬抗霜，适合种植在北欧气候凉爽的葡萄园中。雷司令葡萄酒适宜陈酿、香气浓郁，既可酿干葡萄酒又可酿甜酒

德国的葡萄园都在北部地区，品质分级的标准就是收获时果实的成熟度，也就是所酿葡萄酒的甜度。严冬时节的低温会妨碍葡萄发酵，使其酒精含量较低，并残留一些未发酵的糖分，而这正是葡萄酒爱好者们梦寐以求的特性。

20世纪80～90年代，国际上大众口味的变化在德国催生了一场试验性运动，人们将一些葡萄酒继续发酵酿成干葡萄酒，雷司令和其他一些品种就成了试验品。一开始，这种尝试大多失败了，许多这样酿成的葡萄酒极不均衡。后来技术慢慢成熟，但其他品种比雷司令更加适合这种方法，开始出现一些口感饱满的葡萄酒。

雷司令葡萄酒通常酸性较高，但德国葡萄天然含糖量较高，恰好弥补了这一点。因此，即便是偏干性的葡萄酒，如卡比纳（Kabinett）和迟摘型葡萄酒，口感也很柔和。若天气温暖，一般来讲，果实的成熟度和酒精含量较高，足以平衡雷司令的高酸性，酿制出口感极佳、适宜陈酿的葡萄酒。

阿尔萨斯和澳大利亚的凉爽地区是世界上出产顶级雷司令干葡萄酒的两片区域。在其他国家种植雷司令效果通常不太好。有时，气候凉爽的新西兰能够出产一些优质的雷司令干葡萄酒，但目前大多数葡萄酒并不成功，尝起来像硬糖块。这样说可能对莱茵河或摩泽尔（Mosel）产区的种植者不大公平，但事实是，欧洲以外的种植者种植的雷司令越成功，人们重燃起对德国葡萄酒热情的可能性就越大，不再有过去错误的偏见。

甜美饱满的雷司令能酿造出世界顶级的贵腐酒，口感均衡、香气迷人。德国和奥地利的逐粒精选葡萄酒（Beerenauslese）和贵腐精选葡萄酒（Trockenbeerenauslese），以及澳大利亚、南美国家和美国的高级雷司令酒都有一个共同的特点，那就是清新的酸性和多层次的蜂蜜、柑橘的甜味完美结合。

原产地

雷司令的原产地是德国。

其他种植地

雷司令的其他产地包括澳大利亚、新西兰、奥地利、意大利北部、法国阿尔萨斯，以及美国和加拿大的部分地区。

品酒笔记

雷司令一般都有酸橙的味道，或略苦或清新。比较成熟的德国雷司令有淡淡的水果味，像是成熟的桃子或杏，也有一点花香。阿尔萨斯雷司令有一种质朴的矿物质的味道，质感像是打磨过的金属。陈酿几年后，雷司令会有一丝汽油的味道，但一些澳大利亚雷司令新酿初期就有这种味道。

德国产区雷司令

几乎德国所有葡萄园都种有雷司令，从20世纪90年代开始，雷司令就是德国种植量最大的葡萄品种。德国寒冷的气候适宜雷司令生长，因其葡萄藤的主干坚硬，能够抵御恶劣天气。

但这种气候也有缺点，那就是收获葡萄变成了一种赌博。若太早收获，果实未熟透，酸性很高；若等果实全熟再收获，通常要到11月了，那时法国种植者早已采摘、榨汁、发酵，开始酿酒了。而且天气太冷的话，会妨碍自然发酵过程。

由于这些原因，德国人花费大量精力和财力将雷司令和德国其他品种进行杂交，甚至将已杂交过的雷司令再次杂交。这样做的目的是为了让果实保留雷司令清新的味道，以及它对葡萄孢菌的高敏感性，但同时成熟期又比较

摩塞尔地区著名的峭壁葡萄园（下图），这里的雷司令葡萄藤一路向下直到摩塞尔河畔。这种陡峭的地势意味着收获葡萄只能人工采摘

稳定。许多这种尝试效果都不错，但很少有人真的相信这些杂交品种能真正代替雷司令在德国的领先地位。

德国的高品质葡萄酒叫"Prädikatswein"，原意为优质葡萄酒，其等级与法国的法定产区葡萄酒一样。这一级别包含5种葡萄酒，根据天然含糖量来降序排列依次为卡比纳、迟摘葡萄酒、精选葡萄酒、逐粒精选葡萄酒和贵腐精选葡萄酒。德语原词的后缀原意为"采摘"，前缀表明了具体的采摘时间。"迟摘葡萄酒"即采摘期晚于正常收获期，而"贵腐精选葡萄酒"是指采摘期在主要收获期结束之后，将葡萄风干，再用高糖和贵腐菌发酵。

前3种酒都可以极度发酵至全干，成为干葡萄酒，或者半发酵成为半干葡萄酒。有些甜度极高的果实就被留在葡萄藤上直至圣诞节期间，有些葡萄园甚至会留到新年期间，并且它们必须在破晓时分的半冻状态下采摘。在

压榨过程中，代表葡萄水分含量的冰晶体被除去，只留下未冻的纯果汁，然后发酵。用这一方法酿制的酒被称为冰酒。

最丰富饱满、浓缩度最高的雷司令来自莱茵高（Rheingau）地区，那里长久以来一直大量种植雷司令。那里顶级酿酒商酿造的葡萄酒和他们庄园的地理位置一样，令人印象深刻，毫不逊于勃艮第的葡萄酒。

莱茵高地区的雷司令非干葡萄酒一般酒精含量为10%，在德国人眼中已经算高了。优质的非干葡萄酒口感圆润，有蜂蜜的甜味。传说莱茵高地区意外出产了第一瓶贵腐酒，比这一技术用来酿造索泰尔讷早了许多年。

莱茵高地区西部的那赫区（Nahe）附近也大量种有雷司令，但这是近年才兴起的，原因是这一地区的地位近几年迅速上升。这里有一些非常有潜力的年轻种植者。

其他出产雷司令的地区有莱茵河地区的

两个邻居——莱茵黑森（Rheinhessen）和法尔兹（Pfalz），后者在英语中也被称为普法尔茨（Palatinate）。法尔兹地区的雷司令发展迅速，优秀的酿酒师拥有自己独特的风格，葡萄酒中有一种热带风情，香气浓烈，同时又不失雷司令传统的精致与细腻。

德国西北部，以及中部的特里尔（Trier）和摩塞尔（Mosel-Saar-Ruwer）地区出产世界上最轻柔、精致的雷司令。这种葡萄酒的酒精含量只有7%，但香气袭人，往杯中轻嗅便如置身在空气清新怡人的自然山地。这一地区的葡萄园建在河两岸极陡的斜坡上，因此完全不能用机械设备采摘。由于条件所迫，必须采取人工采摘，这也多少解释了为什么这一地区葡萄酒价格偏高。

德国法尔茨地区 Ungstein 小镇的葡萄园（上图）。这里传统的雷司令葡萄酒香气浓郁、精致典雅

莱茵高地区的约翰内斯堡酒庄及其雷司令葡萄园（左图）。莱茵高雷司令传统的风格最为醇厚、浓郁

法国阿尔萨斯产区雷司令

熟悉阿尔萨斯葡萄酒的人可能很容易联想到琼瑶浆、灰品乐浓郁的香气和积极而颓废的特质，大多数人都不会联想到朴素、含铁味的雷司令。然而，一个尽人皆知的秘密是，雷司令才是这一地区最优质的葡萄品种。部分原因是，雷司令酸性很高，使得所酿红酒适宜长年陈酿。早在 15 世纪，阿尔萨斯地区就开始种植雷司令，如今雷司令的比例已达到 20%。这里人人都爱雷司令。

雷司令大部分集中于阿尔萨斯多山的上莱茵省（Haut-Rhin）地区。这一地区品质最好的是那些不受强风侵袭的葡萄，它们的成熟度比较高，而且这一隐蔽地区的天气本来就比德国的天气要好很多。根据产区规定，优质的入酒葡萄，每条藤上可收获的葡萄数量很多，但所酿葡萄酒的质量并不打折扣，都有浓郁的成熟果香。

大多数阿尔萨斯雷司令都采用干燥酿酒法，通常酒精含量为 12%，酸性也较低。这是唯一一种不适宜新酿初期就饮用的阿尔萨斯葡萄酒，通常至少需要陈酿 5 年。这种酒初期口感紧实，有像新榨柠檬汁一样的清新柠檬味为其增色。

除了基本的干葡萄酒，还有两种甜酒类型。其中比较清淡的是迟摘甜白葡萄酒（Vendange Tardive）。酿制这种酒，通常葡萄会被留在藤上直至晚夏，以提高果实的含糖量。如果条件适宜，比如阳光温和，而不是潮湿雾重，雷司令便可发酵成为贵腐酒，就像在德国一样。这种条件下酿成的浓缩度高的糖浆酒被称为粒选贵腐葡萄酒 "Sélection de Grains Nobles"，这几乎是全法国最均衡、最优质的贵腐甜酒了。

从 20 世纪 80 年代中期开始，阿尔萨斯一些优质的葡萄园被授予特级葡萄园的称号。这些葡萄园出产的葡萄酒必须口感丰富、浓烈、富有层次，价格当然也很高。雷司令特级葡萄园包括 Hengst 园、Rangen 葡萄园、Schoenenberg 酒园和 Sommerberg 酒园。这些葡萄园产量略少，但葡萄酒浓缩度极高。

阿尔萨斯于纳维葡萄园中一座 15 世纪的教堂（上图）

陡峭的梯田式葡萄园，前方是 Ribeauvillé 婷芭克世家典型的阿尔萨斯式建筑（右图）

其他产区雷司令

澳大利亚

曾有一度，澳大利亚的雷司令比霞多丽数量还多，这可能令很多人十分惊讶，因为大多数人一想到澳大利亚白葡萄酒就会想到霞多丽温暖的橡木味。若要突出雷司令的个性，必须含有一定的酸性，因此在澳大利亚凉爽的地区雷司令品质更高，比如南澳大利亚州的克莱尔谷和西澳大利亚州的部分地区，如 Barker 山。

澳大利亚雷司令比欧洲品种更饱满、更肥大。这一地区早期的雷司令具有较刺激的水果味，像柠檬或酸橙的味道，质感偏油。有时，尤其是克莱尔谷的葡萄酒中会有一种令人沉醉的汽油味，这种味道只有经过陈酿的阿尔萨斯雷司令才能得到。澳大利亚雷司令不仅口感柔滑，优质的酒款酸性也很均衡，保留了清新的感觉。

许多种植者对待雷司令比其他任何品种都更用心，确保从收获到酿制每个过程都准确无误，力求酿出深沉醇厚、适宜陈酿的葡萄酒。

澳大利亚不仅有著名的雷司令干葡萄酒，也有顶级的雷司令贵腐酒。的确，对许多人来说，包括我自己，雷司令贵腐酒在丰富性和均衡性方面还远不及优质的赛美蓉贵腐酒，但由于浓缩度高，雷司令贵腐酒保留了柠檬的清新，有柠檬果酱的味道。

加拿大安大略省深冬时节收获雷司令的场景（上图），这种冰冻的葡萄专门用来酿制加拿大著名的冰酒

新西兰

新西兰凉爽的天气尤其适合生产优质的雷司令干葡萄酒。事实上，直至最近才有一种趋势，酿酒师想要酿制一种半干葡萄酒，水果特性不是很强烈，有些像硬糖块的口感。南岛最近率先生产了一些极具潜力的雷司令，具有柠檬清新的水果特性。如果酿酒条件允许，许多酿酒师也会酿制雷司令贵腐酒。

北美

在加利福尼亚州凉爽的地区以及华盛顿州开始了试验性的雷司令种植，但不得不说这一品种并不是美国最具商业价值的葡萄品种。华盛顿州迟摘的雷司令品质较高。再往北，在加拿大安大略省出产了一些优质的雷司令葡萄酒。一些加拿大冰酒也会加入雷司令，其中品质最高的可以和德国冰酒相媲美。

检查雷司令的成熟度（左图）。摄于克莱尔谷，这里是世界上最适于种植葡萄的地区之一

美乐

美乐过去常被用于波尔多混合葡萄酒中，与赤霞珠搭配效果最佳。用美乐单独酿酒是在近些年才流行起来的。

对于全世界的酿酒师来说，美乐都是赤霞珠不可或缺的另一半。但不像赤霞珠可以单独入酒，人们一般认为美乐并不能"单飞"，至少在一开始的时候。

美乐在意大利北部曾被单独用来酿制日常葡萄酒，但在原产地波尔多却一直与其他品种混酿。还有一点就是，顶级的上梅多克（Haut-Médoc）和格拉夫都是以大量赤霞珠作为基础进行混酿的。

然而，在波尔多，美乐的种植量却大于赤霞珠，现在美乐是法国种植量最大的葡萄品种。在纪龙德河左岸，美乐只是一种混酿酒，但在河右岸，则是美乐成长为世界顶级葡萄的发源地。在纪龙德河右岸两片最佳种植地——波美侯和圣埃米利永，美乐都是主角。

波美侯的一些酒庄会用美乐单独酿酒，其中的代表是柏翠堡（Chateau Pétrus），几乎只用美乐，只有5%左右用品丽珠。看看柏图斯（Pétrus）的天价就会发现，即便与赤霞珠相比，美乐也完全没必要掩盖自己的光芒。圣埃米利永中的美乐含量稍低，品丽珠含量略高，但仍然是上乘之作，因柔和的口感而备受好评。

所有产区的传统都是酿制混合葡萄酒，因此制酒师会根据酿酒条件，将美乐和赤霞珠按一定比例混合。生长期末的大雨或温度骤降会破坏赤霞珠的生长，但美乐比赤霞珠更早成熟，不受这些因素的影响。因此，在混合时多加入一些美乐能弥补劣质赤霞珠的不足。即便在条件适宜的年份，如1990年，赤霞珠的表现也不如美乐。

一般来说，以梅多克为例，将美乐与赤霞珠混合是为了消除后者的硬物感。如果一款红酒中的美乐含量达到35%，那它的口感就比较柔和，但如果美乐含量只有10%，口感

就比较硬。当然，与单一赤霞珠相比，加入美乐也会稍微提高甜度。

20世纪80年代，美乐走出波尔多，走进了加利福尼亚州。加利福尼亚州在这之前就种

饱满的蓝色美乐（右图）。这是一种早熟的葡萄，用来酿制柔和、丰富的葡萄酒，通常有一种厚实的味道，与层次丰富的赤霞珠相得益彰

植变种的美乐，但就像对待赤霞珠一样，加利福尼亚州的酿酒师习惯过度提取单宁。80年代后期，人们开始酿制柔和的美乐日常饮用酒。其令人愉悦的品质催生了一阵美乐狂潮，在80年代中期到90年代中期这十年间，美乐的种植量提高了4倍。华盛顿州也出产大量质朴、轻柔的美乐。这样一来，资深葡萄酒爱好者不再把美乐当成一种严肃、正式的葡萄酒，也引发了广大酿酒师的反思。

在南半球，美乐在智利取得了巨大成功。像拉佩尔地区出产的顶级美乐深沉醇厚、回味悠长，已经开始威胁波美侯的地位了。阿根廷美乐也逐渐发展起来。南美的优质美乐也越来越多，通常有一点辛辣，还有一点野味。

在澳大利亚，单独用美乐酿酒最近才流行开来。大多数情况下，澳大利亚酿酒师沿用波尔多的模式，美乐还是被用来与赤霞珠混合，在新西兰这种方法也很常见。

法国原产地

法国波尔多，特别是纪龙德河右岸的黎布尔涅地区，包括波美侯和圣埃米利永两大种植地。

其他种植区

包括整个中欧和东欧，从瑞士到保加利亚。另外还有美国、阿根廷、智利、澳大利亚、新西兰，以及南非部分地区。

品酒笔记

全熟的美乐有柔软的紫色水果的味道，像是黑莓或黑李子。在凉爽的气候下，美乐会有独特的蔬菜味道，像是四季豆或芦笋。如果阳光充足，美乐会有一点水果干的味道，像是葡萄干或水果蛋糕。如果采用了橡木酿酒法，如波美侯和加利福尼亚州的顶级美乐，其质感会更丰富，余香像是融化的巧克力或土耳其软糖。

法国产区美乐

位于一片葡萄藤中的欧颂酒庄（上图），这是圣埃米利永地区的一个传奇

波美侯地区传奇的柏翠堡（下图）。在这里燃油器（oil burners）会一直用到5月末，以防早熟的美乐被霜冻破坏

在法国，美乐主要种植在波尔多右岸地区，主要在波美侯和圣埃米利永。典型的圣埃米利永地区的红葡萄酒，一般含有三分之二的美乐，只有极少的赤霞珠。波美侯葡萄酒中的美乐含量则能达到90%，完全不加赤霞珠。

这两个地区的葡萄酒特性大不相同，顶级的波美侯葡萄酒简单质朴，还有一点草本植物的余香，这一点与左岸的赤霞珠比较类似。圣埃米利永葡萄酒则美乐含量较少，口感更柔和，可饮用时间更早。一般认为，以美乐为基础的葡萄酒比赤霞珠葡萄酒成熟更快。波美侯和圣埃米利永的葡萄酒都很适合陈酿，特别是柏翠堡葡萄酒，可与顶级的梅多克相媲美。

1955年是波尔多葡萄酒评级一百周年纪念，圣埃米利永将下属的所有酒庄做了一个积分排名表。与左岸一成不变的评级标准不同，圣埃米利永的酒庄每十年都会更新一下评级标准。可能每次评分标准不见得有多大改变，但这正是因为他们知道每款红酒都会经历严格的二次评定，因此努力保持葡萄酒的品质，以免在评比中降级。圣埃米利永产区两大顶级酒庄是白马酒庄和奥松酒庄（Ausone）。

作为波尔多大区唯一一个顶级产区，波美侯比较离经叛道，并不重视评级。传奇般的柏翠堡在任何评级系统中都能占到领先地位，其后是克里奈堡（Chateaux Clinet）、乐王吉尔古堡（l'Evangile）、里鹏堡（Le Pin）、拉弗尔庄园（Lafleur）、老色丹堡（Vieux-Chateau-Certan）和卓龙酒庄（Trotanoy）。

以美乐为基础的还有一些品质稍差的葡萄酒，这些酒主要来自圣埃米利永的附属产地，由一些小酒庄构成，大多分布在圣埃米利永区的东北边缘。现在这些酒庄也可以大方地亮出自己的名字了。有4个村庄有权生产附属圣埃米利永酒，分别是Montagne Saint-Emilion，Lussac Saint-Emilion，Puisseguin Saint-Emilion 和 Saint Georges Saint-Emilion。优质的圣埃米利永葡萄酒价格高昂，附属产地酒价格则较低。我最喜欢的是吕萨克和毕奢甘的葡萄酒。

在其他地区，如郎格多克，大部分奥克地区餐酒中都含有美乐，西南部的一些传统产区酒中也含有美乐。以卡奥尔酒为例，其中的欧塞尔（Auxerrois）葡萄和丹娜（Tannat）葡萄口感艰涩，加入美乐就可调和这种特性。

其他地区产美乐

美国

加利福尼亚和华盛顿的葡萄酒爱好者喜欢丰富柔和的葡萄酒，但又不想等待漫长的陈酿过程，因此美乐葡萄酒就成了他们的首选。在这一方面，美乐就像赤霞珠对初级品酒者的意义一样。经典的美乐葡萄酒由成熟的红葡萄果实酿成，其中有一丝甜橡木的味道和少量单宁。美国东部凉爽的地区，如长岛葡萄酒原产地，现在出产一些与波尔多葡萄酒结构相似的更复杂的葡萄酒。

意大利

在意大利，美乐并没有获得很高的地位，但若没有美乐，意大利葡萄酒产业中很大一部分，特别是东北部的威尼托（Veneto）、弗留利（Friuli）和皮亚韦河（Piave）地区，都将不复存在了。现在的趋势是酿制果味浓郁、口感清淡的葡萄酒，适合午餐时间用玻璃杯畅饮。然而，在天气炎热的年份，或者种植者想要限制产量的话，葡萄酒的味道就会比较复杂，口感更为香醇。

托斯卡纳是葡萄酒创新的温床，一些有创意的酿酒师酿出了品质极高的美乐葡萄酒。拉多维可 - 安提诺里（Lodovico Antinori）是其中的代表，他所酿制的马赛多（Masseto）是品质极高的美乐变种酒。马赛多色泽鲜红，适于陈酿，与经典的赤霞珠和托斯卡纳顶级桑娇维塞相比也毫不逊色。

智利

现在智利大部分优质红葡萄酒都是由美乐酿成的。有很长一段时间，美乐都被误认为是佳美娜，这一品种在波尔多地区也有种植。通常酒标为美乐的葡萄酒中也有一部分佳美娜。智利美乐中的水果特性不那么明显，这种酒适合陈酿，但贮藏一年左右也适宜饮用。拉佩尔美乐葡萄酒差不多是南半球性价比最高的红葡萄酒。

南半球其他地区

大洋洲国家是美乐变种葡萄酒的后起之秀，在这里美乐通常与赤霞珠混合酿酒。新西兰霍克湾地区主要出产个性突出、有李子味的

美乐是罗马尼亚地区种植最广的红葡萄品种，用来酿制柔和、易饮的红葡萄酒（左图）

美乐葡萄酒。巴罗萨谷和麦克拉伦谷是澳大利亚美乐的优质产区。

在南非，特别是斯泰伦布什地区，过去美乐都是和赤霞珠混合酿酒，但现在美乐也能单独酿制出品质出众、口感醇厚的葡萄酒。

欧洲其他地区

在东欧，特别是保加利亚和罗马尼亚地区，美乐一直以来都是口感柔和的主要日常饮用酒之一。美乐在瑞士的部分地区尤其受欢迎，南部的意大利语区提契诺州（Ticino）出产特色的清淡易饮的美乐葡萄酒。

托斯卡纳拉多维可 – 安提诺里的酒窖（下图）。安提诺里是顶级托斯卡纳酿酒商之一，出产优质的美乐葡萄酒

白诗南

白诗南搭配性极强，是卢瓦尔河谷主要葡萄园中的焦点品种。作为武弗雷（Vouvray）产区的明星品种，白诗南可用来酿制干葡萄酒、甜酒、起泡酒等几乎所有酒类。

也许白诗南是优质葡萄品种中最被人误解的一个。它是卢瓦尔河谷地区白葡萄酒的支柱。尽管个性独特、辨识度高，但有两个原因，使白诗南在葡萄酒爱好者中并不受欢迎。

第一个原因是，像雷司令一样，白诗南的搭配性极强，既能酿制浓烈的极干葡萄酒，也能酿制可陈酿几十年的贵腐甜酒。这种特性只有一点不好，那就是过去卢瓦尔地区酒标为"Chenin"的葡萄酒没有什么自己的风格。

对于初级品酒者来说，另一个问题就是白诗南干葡萄酒不像长相思一样，通常很难迅速取得年轻人的喜爱。更直白地说，就是这种酒的品质通常不是很好。这种酒香气很浓，但构成元素很怪异，像是亚光金属、陈年蜂蜜和潮气组成的混合气味。通常人们把这种味道形容为"湿羊毛"（wet wool）。除了这一点，白诗南另一特色就是基本都带有刺激牙齿的酸性。这就不难理解为什么白诗南通常不会是大家最喜爱的葡萄品种。

与其他葡萄酒不同，想要真正体会到白诗南的美妙，需要对不同品种葡萄酒的饮用时间十分了解。

在卢瓦尔河地区，武弗雷是白诗南最重要的产区。白诗南可酿酒的种类十分广泛，从干葡萄酒到甜酒，再到以香槟制法酿成的起泡酒都可以酿制。最近越来越多的酒都标为干葡萄酒，这种酒新酿初期口感就很好，果味浓郁，其中强烈的酸性就像水果酱汁里的柠檬汁一样，起到调味的作用。陈酿一年之后，果味会消失，带给人一种酒不消散的怒气。五六年后再品尝，酒中会有一种蜂蜜的轻柔口感，使葡萄酒的干性更加突出。

如果酿酒过程中天气炎热，酿酒者会在成酒中留下一些成熟水果的自然糖分。这种微甜（off-dry）或中干（medium-dry）的风格叫半干型（demi-sec）。这样酿成的葡萄酒是同类之中最清新怡人的，法国许多地方都有生产。优雅香甜的气味持久弥香，中和了一些强烈的酸味，口感更好。

如果由于果实过度成熟而过甜，也就是法语中的过熟（surmaturité），那酿成的葡萄酒就叫甜型酒（moelleux）。这种酒不是那种口感最丰富的甜酒，因为这种酒还是有一种强烈的酸味，但确实也有蜂蜜和焦糖的甜味。

在人们能随意培养葡萄孢菌之后，酿酒者就可酿出正宗的贵腐酒。这种酒通常叫粒选贵腐葡萄酒，因为必须从藤上选取最皱缩的果粒，以取得最佳的效果。这种果粒外皮甜度极高，但中心酸味浓烈，总体上味道比较像太妃糖衣苹果（toffee-apple），而不是焦糖蛋奶冻（crème brûlée）。

在世界其他地方，白诗南这种搭配性强的特性使它成为"工作最重"的葡萄品种。在美国和澳大利亚炎热的地区尤其如此。在这些地方，白诗南被广泛用作一种混合酿酒的素材，为葡萄酒添加酸味，防止白葡萄酒口感松弛。在南非，白诗南种植面积很广，通常被叫做斯蒂恩（Steen）。尽管大多数白诗南都因混合而失去了自己的特性，但还是有些白诗南能够酿制清爽怡人、果味浓郁的复合型白葡萄酒。只要气候适宜，这种酒口感非常清脆。

如果葡萄天然的酸性就高，通常适合以香槟的方法酿制起泡酒，因为起泡酒如果基酒清淡、偏中性，则效果最好。在卢瓦尔河地区，除武弗雷外，索米尔（Saumur）也是这种起泡酒的主要产区，主要出产卢瓦尔起泡酒（Crémant de Loire）。

白诗南（右图）这种葡萄酸性很高，适宜种植在天气凉爽的卢瓦尔河谷。白诗南的酸性和对灰孢霉菌的敏感性是其成功的关键，用白诗南酿制的优质起泡酒和甜酒都能保持一丝清爽的酸性

法国原产地

卢瓦尔河谷中部、安茹－索米尔和都兰地区。

其他种植区

包括南非、美国加利福尼亚州、澳大利亚、新西兰，以及阿根廷少部分地区。

品酒笔记

新酿的白诗南干葡萄酒尝起来像青苹果或青梨，好年份酿的酒还有些异域风情，有百香果的味道。品尝时会感到矿物质甚至金属的艰涩感，但又有矛盾的淡淡的蜂蜜甜味。有时会有干坚果的味道，如胡桃味，还有些许潮气的味道，像是旧报纸或湿羊毛。更甜一点的白诗南虽然蜂蜜味更浓，但也不失其原本较强烈的苹果酸味。

卢瓦尔河地区产白诗南

尽管欧洲以外许多地方都种植白诗南，但卢瓦尔河地区是白诗南种植量最大的地区。在河谷两片主要区域，西边的安茹–索米尔和东边的都兰，白诗南都是最重要的白葡萄品种。

特别是在安茹，种植白诗南是很有挑战性的一件事。在偏远的北部，白诗南成熟很慢。这些地区夏天气温不是特别高，许多安茹白诗南尝起来都很生涩、很酸，这种味道在法国以外的地区并不受大家欢迎，但当地人很喜欢这种味道。

安茹邦尼舒法定产区 AC 的诗南葡萄藤，沐浴在天气晴好的夏日阳光中（下图）。邦尼舒法定产区出产卢瓦尔河地区顶级的诗南贵腐酒

到了秋天，气候温暖潮湿，适宜酿制贵腐酒。白诗南贵腐酒最优质的产区位于安茹的莱昂丘（Coteaux du Layon），它包含更小的"飞地"邦尼舒（Bonnezeaux）（邦尼舒本身也是一个法定产区）和卡德绍姆（Quarts de Chaume）。在最好的年份里，这里出产的贵腐酒与顶级的索泰尔讷和巴尔萨克酒品质相当，因为酸度饱满，陈酿后更加均衡。

不太著名的奥本斯山坡（Coteaux de l'Aubance）也出产优质甜酒，但口感不太丰富。这种甜酒主要也用藤上皱缩的葡萄酿成，但这些葡萄并没有感染灰孢霉菌。白诗南适合在酿制初期饮用。

安茹西面是萨韦尼埃（Savennières），这里被认为是白诗南干葡萄酒的最佳产区。新酿初期，这种葡萄酒完全不适于饮用，尝起来口感很硬、很紧。陈酿七八年后，这种酒变得质朴醇厚，充满矿物质、酸苹果的味道，像大西洋清新的空气。形容葡萄酒时，风格独特这个词可能就是为萨韦尼埃量身定做的。在这一产区内，有一个单独所有权的法定产区，叫塞朗古勒（Coulée-de-Serrant），主要遵循生物动力学原则种植葡萄（参见卢瓦尔河地区部分）。

向东进入索米尔地区，我们就到了起泡酒的领地。索米尔起泡酒通过将葡萄酒二次发酵，来制造二氧化碳，过程与酿制香槟类似。这种酒通常只用或几乎只用白诗南这一种葡萄，特性突出、干性极强。在炎炎夏日来上一杯冰镇的白诗南起泡酒，能令人神清气爽、胃口大开。

在都兰，白诗南最重要的产区是武弗雷。武弗雷产区和南边不是很著名的蒙特卢伊（Montlouis）产区，将白诗南根据大众口味，酿成不同的干葡萄酒，如半甜酒、甜型酒、贵腐酒和起泡酒等。与其他地区一样，这类葡萄酒品质参差不一，完全取决于酿制过程。但如果酿制得当，这类葡萄酒品质极高。

来自武弗雷地区优秀酿酒师的葡萄酒，可为这种被低估的葡萄品种正名，表明其值得收藏。但也有一些口味奇怪的葡萄酒，一开始会有一股帕尔马干酪般令人作呕的味道，夹杂着陈腐的坚果味，但突然间，你又会发现酒中青苹果的酸味，又或者是百香果的味道，隐隐有些蜂蜜的气味。成酒后，又有刚去壳的胡桃味。这便是经典的白诗南葡萄酒。

其他产区白诗南

南非

像在卢瓦尔河地区一样，白诗南通常也叫斯蒂恩，在南非用途也很广，甚至被用在一些经典的强化酒当中，比如开普地区（Cape）就以此闻名。尽管近些年白诗南的种植量有所下降，但它仍然是南非种植量最大的葡萄品种。

曾有一度，干葡萄酒并不那么受欢迎，是比较中性、适合家庭饮用的白葡萄酒。但近年来，这种状况完全改变了。开普白诗南干葡萄酒（Dry Cape Chenin），现在的口感像咬一口刚摘的苹果，没有黏腻感。南非白诗南有主要品种，也有变种，通常都有清冽的香气，比凉爽的北部卢瓦尔地区的更加强烈。有些酿酒师会按照自己的方法，采用少量橡木酿制法。

白诗南贵腐酒尤其妙不可言。它似乎把热带水果、蜂蜜、苦橘子皮和麦芽糖的味道都混合在了一起，成为世界上最丰富的甜酒。

澳大利亚和新西兰

欧洲以外的酿酒师，对于白诗南作为混合酒的基酒，通常不会很重视。有些酿酒师通过中和白诗南的强酸性，酿制出浓醇的葡萄酒。虽然新西兰凉爽的气候更适于酿制白诗南，但口感丰满、橡木味道浓郁的白诗南葡萄酒越来越多地出现在西澳大利亚州天鹅谷产区（Swan Valley GI）。有些北岛的白诗南葡萄酒看上去不错，但萃取度都比较高。

美国加利福尼亚州

加利福尼亚州有一两家酒庄能够酿制优质的白诗南干葡萄酒，有一些采用橡木陈酿方法。这里的白诗南与武弗雷风格类似，水果的酸味和适度的蜂蜜甜味非常明显，口感醇厚。除此之外，白诗南被用在日常混合酒中，来增加葡萄酒的酸性。

南非克莱坦亚酒园的白诗南，又名斯蒂恩葡萄藤（上图）。白诗南是南非白葡萄酒的支柱

加利福尼亚州蒂梅丘拉谷绵延的白诗南葡萄藤（左图）。在加利福尼亚州白诗南受众较少

维奥涅尔

维奥涅尔近来才被列为一种国际知名的葡萄品种。可以很确定地说，在 19 世纪 20 年代早期之前，一般的品酒者可能都没听说过这一品种。

维奥涅尔（右图）这种葡萄无疑是世界上最流行的白葡萄品种之一，从法国南部到澳大利亚炎热的地区都有种植，成酒香气迷人、略带辛辣

在过去的几十年中，维奥涅尔迅速蹿升至顶级地位。曾经它只是一个很小众的品种，名字都不太会出现在酒标上。现在维奥涅尔随处可见，有单独酿酒，也有与霞多丽混合酿酒。与霞多丽混酿这一点有点讽刺。大家突然决定种植这一品种的目的是为了满足市场需求，因为有一种趋势就是大家厌倦了浓烈的霞多丽。

维奥涅尔的精神家园是罗讷河北部北端一个很小的产区，叫孔得里约（Condrieu）。孔得里约的葡萄酒曾经是世界上最大的秘密，这种酒丰富的口感、浓烈的香味，完全来源于维奥涅尔葡萄。通常维奥涅尔酿酒时会用到橡木，葡萄酒中既有令人眩晕的麝香气味，也有成熟果园水果的味道（经典的杏的味道）。另外，还有强劲的辣味，像是肉桂或小豆蔻，伴有结实的口感和高酒精含量。

在这一地区的其他地方，维奥涅尔是唯一可加入当地白葡萄酒的品种。代表地区如孔得里约内的小产区格里叶堡（Chateau-Grillet），那里所有葡萄酒都由同一酿酒师酿造。就像西拉一样，维奥涅尔在罗第丘红葡萄酒中也能占到 20%，为葡萄酒加入一种令人陶醉的花香。

20 世纪 80 年代，法国葡萄酒制造业经历了一场革命，朗格多克被视为葡萄酒创新实验的基地。在那之后，维奥涅尔迅速成长为该地区很受欢迎的一个品种。维奥涅尔葡萄酒与罗讷河北区的葡萄酒相差不大，尽管维奥涅尔地区餐酒比孔得里约的葡萄酒更质朴、平实。当然，从价格差距上也能看出这一点。

维奥涅尔种植区大多在法国南部，不难猜出这一品种更适合在温暖的气候下生长。因此，在南半球，以及加利福尼亚州温暖的地区，更适合种植维奥涅尔。这一特性唯一的缺点是，在温暖的酿酒条件下，葡萄酒可能缺少一点酸性，这会导致酒中的水果味有点黏糊。由于清楚这一点，认真的酿酒师会特别注意采摘的时间，以确保葡萄酒保持清新的柠檬味。

我们可以理解为什么大家都想试试霞多丽之外的品种，但为什么会是维奥涅尔呢？自 20 世纪 80 年代以来，罗讷河地区葡萄酒越来越受欢迎，势头不减。特别是在罗讷河北区，西拉和维奥涅尔同样都是葡萄园中的顶级品种，就像赤霞珠和霞多丽在其他地区的顶级地位一样，但两者的口味截然不同。

维奥涅尔与浓郁霞多丽结构相似，但不需要橡木制法来增加香气。它属于那种有自然香气的白葡萄，与琼瑶浆、雷司令和麝香葡萄（Muscat）相似。

在加利福尼亚州，注重品质的酿酒师能酿制出与顶级孔得里约葡萄酒不分伯仲的维奥涅尔葡萄酒。加利福尼亚州的酿酒师比较喜欢采用橡木制法，但集中度和萃取度都控制得很好。

与美国相比，澳大利亚在维奥涅尔种植方面起步较晚，这一品种直到 20 世纪 90 年代中期才开始流行。对维奥涅尔来说，选址很重要，在天气较热的地区，葡萄酒质地太厚重，令人不舒服。但维奥涅尔葡萄酒的潜力无疑是巨大的，在未来的日子里，我们有理由期待更多的优质维奥涅尔葡萄酒。

法国原产地

维奥涅尔的原产地是罗讷河北区。

其他种植地

罗讷河南区，在朗格多克和鲁西永地区越来越受重视。在欧洲以外，如美国加利福尼亚州、澳大利亚、智利和阿根廷也很受欢迎。

品酒笔记

维奥涅尔最显著的水果味是杏的味道，由新鲜成熟的贝尔热龙（Bergeron）水果制成的果汁和果肉的味道，到麝香味罕萨（Hunzas）杏干的味道。酒中也会有白桃和可米梨（Comice-pear）的味道。以上水果味还伴有些许辛辣味，像小豆蔻、肉桂或姜的味道。葡萄酒的质感密实厚重，像是凝结的奶油。炎热地区的维奥涅尔会有柠檬蜂蜜润喉糖的味道。

法国产区维奥涅尔

孔得里约的顶级葡萄酒基本可以作为世界各地维奥涅尔葡萄酒的代表。不像加利福尼亚州的顶级葡萄，只有孔得里约的维奥涅尔才完全保持了这一品种的精华。虽然产区很小，维奥涅尔也有好几个品种。

为数不少的酿酒师都会用橡木法使酒的质感柔和、香气迷人。当然，在温暖的酿酒过程中，适当加入一点香草，确实可以提升成熟果实的奶油味道，但用木桶陈酿太久并不适合。

格里叶堡位于罗讷河上方的维茵（Vérin）产区，这是法国最小的产区之一（右图）

关于天然维奥涅尔葡萄酒的浓度和烈性众说纷纭，有些人喜欢孔得里约精致清淡、富有花香的风格，也有人喜欢简洁不拘的风格，强调酒精度高、质感厚重、香气浓郁。这两种风格都有其代表性的优质的维奥涅尔酒，也正是这种多元的特性，使得维奥涅尔成为整个罗讷河谷最受欢迎的品种。

格里叶堡在孔得里约产区内部，像一些勃艮第优质产区一样，格里叶堡由单一生产者所有。这里葡萄酒的风格与孔得里约大不相同。葡萄酒用大桶陈酿，直到下一批葡萄酒开始酿制时，才会将上一批成酒投放市场。因此，葡萄酒的水果香气较淡、质感厚重。

Coteau de Vernon 的维奥涅尔葡萄藤（下图）。维奥涅尔可酿制 Georges Vernay 酒庄的顶级葡萄酒，该酒庄一直被视为全孔得里约产区最优秀的酿酒商

罗讷河南区许多大规模生产的酿酒商，现在都依靠维奥涅尔为白葡萄酒添加香气，因为过去这些酒味道比较中性且没有特色。即使这样，很少有葡萄酒中是不含维奥涅尔的。

价格较低的单一维奥涅尔葡萄酒大多出现在更南边的朗格多克地区，维奥涅尔在那里是非常时髦的品种。这一地区的维奥涅尔不像孔得里约地区那么复杂，但也并不过时。格里叶堡的维奥涅尔白葡萄酒口感清新，像新摘的杏或桃，通常不用橡木影响。这种酒酒精含量高，通常达到 13.5%，酒中还有些过酸的柠檬汁的味道。这种酒通常适合新酿初期饮用，但陈酿几年可减少酸性。这种酒非常适宜做开胃酒，略易醉。

其他地区产维奥涅尔

美国加利福尼亚州

毋庸置疑，除法国之外，最优质的单一维奥涅尔酒在加利福尼亚州，特别是纳帕谷地区。粗略一尝，这些地区的维奥涅尔与顶级孔得里约葡萄酒非常相似，不仅有成熟黄色水果的果味和罗讷河优质品种所含的印度香料的味道，而且同样也是花香迷人、绵密柔顺的风格。关于要不要采用橡木陈酿法，加利福尼亚州的酿酒师的观点不一，两种风格都有其优质的代表。明星酿酒师有卡莱拉（Calera）的乔希·延森（Josh Jensen），他酿制的高档葡萄酒数量很少，很难找到却极受追捧，与顶级孔得里约葡萄酒相比也毫不逊色。

在葡萄酒价格较低的产区，如门多西诺法定产区，维奥涅尔有一种柠檬蜂蜜润喉糖的味道，而没有了花香和异域香料的味道。这种味道可能丧失了原有的精致，但却取得了巨大的商业成功，在信奉"不要霞多丽"的葡萄酒爱好者中很受欢迎。随着加利福尼亚州维奥涅尔种植量的不断上升，相信品质也会越来越好。

智利与阿根廷

从 20 世纪 90 年代后期开始，阿根廷和智利的维奥涅尔开始在出口市场上崭露头角。像其他地区一样，南美的风格比较放任不拘，酒精含量高，也有点罗讷河维奥涅尔的金银花的味道。两国都不喜欢受橡木影响，而喜欢用大桶陈酿，不喜欢优雅，而喜欢强劲。葡萄酒中除了桃的果味，还有强烈的柠檬香气，成酒通常酒精含量很高。两国都有优秀的酿酒师和顶级的葡萄酒，未来我们必须越来越重视这一地区。

澳大利亚

尽管澳大利亚有很多区域适合种植维奥涅尔，但其柠檬蜂蜜的味道却令澳大利亚种植者头痛。顶级澳大利亚维奥涅尔葡萄酒的结构和浓度都不比罗讷河的差，但缺少浓郁的香气。迈拉仑维尔 GI 产区是最有潜力的产区。

与单一维奥涅尔葡萄酒相比，澳大利亚更吸引人的大概是维奥涅尔与西拉子混合的葡萄酒。这种酒被视为南半球向同样含有维奥涅尔的罗第丘致敬的酒款。强劲的澳大利亚西拉子通常色泽深沉、蓝莓味道浓郁，又有一丝杏的清爽果味，既独特又迷人。亚拉河谷、维多利亚州，南澳的麦克拉伦谷和兰好乐溪产区（Langhorne Creek）的酿酒商，近年来引起了轰动。

Joseph Phelps 葡萄园（上图）位于加利福尼亚州纳帕郡圣赫勒拿岛，是维奥涅尔品种的开拓者之一，现在许多人将其视为维奥涅尔除罗讷河外的第二故乡

御兰堡 Heggies 葡萄园里的一棵桉树（左图），该酒庄位于伊甸谷。该地区气候炎热，出产的维奥涅尔葡萄酒，通常结构层次和酒精含量都与罗讷河葡萄酒类似，但香气略淡

琼瑶浆

在白葡萄品种中，琼瑶浆十分独特，让人非爱即恨。这种酒一尝难忘，那种奢华的香气、丰富的口感，使它与阿尔萨斯永远密不可分。

不管你喜不喜欢，初尝琼瑶浆一定会给你留下深刻的印象。霞多丽品质淳朴、简单低调，而琼瑶浆则完全外向奔放，含有一种非常奇特的香气和味道。由于口味太奇特，许多不经意间头一次尝试琼瑶浆的品酒者，都会怀疑其中是不是加入了其他香料。

琼瑶浆源自意大利北部一种叫特拉米讷（Traminer）的葡萄品种。琼瑶浆是其中香气最浓的一个分支，最早在19世纪被发现，加上了德语意为"辛辣"的前缀。那时，由于自然的突变，这一品种的果皮不是绿色而是粉色，果汁香气浓郁。琼瑶浆在德国很受欢迎，19世纪后期，阿尔萨斯被德国兼并，因此在阿尔萨斯种植也很广。

阿尔萨斯现在无疑是法国领土，也是琼瑶浆的故乡。尽管其他国家和地区越来越多地出产高品质琼瑶浆，特别是德国，但它们通常没有顶级阿尔萨斯琼瑶浆奔放的香气。如果果实成熟度好，阿尔萨斯琼瑶浆会有麝香水果的味道，像荔枝和杏，也有姜、丁香和爽身粉的味道，甚至还有玫瑰、薰衣草和茉莉的花香。通常琼瑶浆酸性很弱，在新酿初期就可饮用，但通常酒精含量极高。因此，琼瑶浆哪怕只尝一点，那些浓烈的味道也会持久弥香。

由于热情奔放的品质，琼瑶浆通常不被一些饮酒者喜爱，因为大多数人习惯于清淡的白葡萄酒。在阿尔萨斯漫长而干燥的夏天，琼瑶浆成熟度很高、口感丰富、酒精含量也很高。但我见过一些葡萄酒，即使发酵达到14%～15%，依然有很高的残留糖分，对于一种干葡萄酒来说，许多饮用者觉得琼瑶浆太甜。

一旦适应了琼瑶浆的味道，你一定会认为它是一个经典的白葡萄品种。在阿尔萨斯顶级酿酒商的高档葡萄园中，琼瑶浆奇特的浓重感十分清爽，正适合调和现在葡萄酒市场上充斥着的霞多丽。优质琼瑶浆适合陈酿，尽管刚开始酸性很高，陈酿后酸性就会下降。想要提高酸性，可以较早采摘葡萄，但这样就有可能失去一些琼瑶浆经典的味道。

在阿尔萨斯，采摘时间是个大问题。如果气候温暖，这一问题更加令人头痛。要正确选择琼瑶浆的采摘时间十分困难，这也是为什么阿尔萨斯以外的地方大多不能酿出优质的琼瑶浆葡萄酒。据说一些法国种植者开始取得一些成绩了，特别是在较温暖的法尔兹和巴登地区。新西兰现在也在努力，智利和美国也有一些优质酒款，南非也有一两种高品质的琼瑶浆。

琼瑶浆似乎更适合酿制甜度稍高的葡萄酒，因此阿尔萨斯酿酒师会用较晚采摘的琼瑶浆酿造桃味迟摘甜白酒，德国酿酒师则酿造华丽的迟摘型和精选葡萄酒。如果条件适宜，琼瑶浆可酿造贵腐酒，阿尔萨斯就有一种全发酵的粒选贵腐葡萄酒。这种甜酒浓度很高，口感丰富，尝起来像橘子和姜制成的果酱，口感很好。这种酒可在瓶中陈酿多年。

过目难忘的琼瑶浆（右图），与其他白葡萄果皮或绿或金的颜色不同，琼瑶浆的果皮呈暗粉色，与其花香浓郁的品质十分相配

原产地

琼瑶浆原产自阿尔萨斯，原始的特拉米讷可能产自意大利北部的南蒂罗尔（Tyrol）地区。

其他种植地

除了阿尔萨斯，琼瑶浆在德国和奥地利也很重要，在西班牙和东欧也是主要品种。试验性种植地遍布南半球，另外在美国，特别是太平洋西北地带也有种植。

品酒笔记

琼瑶浆的味道很多，可能列都列不完。果味包括成熟多汁的荔枝味、过熟的桃味或果肉开始变黏的油桃味。虽然名字里就含有德语的"辛辣"，但许多权威人士质疑琼瑶浆的辛辣味。但琼瑶浆确实一般都有姜的辣味，有时类似肉桂或丁香的味道，甚至有白胡椒的味道。琼瑶浆的花香也很明显，通常是薰衣草或蔷薇花的味道，有时也有像土耳其软糖（Turkish Delight）里的玫瑰花油的味道。琼瑶浆还有各种浴室用品的香味，如香气浓郁的浴盐、香水肥皂或是爽身粉。在阿尔萨斯以外的其他地区，琼瑶浆的各种味道会较淡，对一些品酒人来说倒是件好事。

阿尔萨斯产区琼瑶浆

琼瑶浆在阿尔萨斯各葡萄园中的种植量差不多能占到20%。这一品种在高档产区很受欢迎。尽管私下里种植者都认为雷司令是第一集团的顶级品种，但琼瑶浆也很重要，它直率的特性使该地区许多品酒者欲罢不能。阿尔萨斯葡萄酒爱好者就喜欢这种奔放的、辛辣的，具有异域风情的口味。

阿尔萨斯的上莱茵地区土质黏性很大，但琼瑶浆在这里也生长得很好。这一隐蔽的地区酿制的琼瑶浆干葡萄酒成熟度很高，成酒品质也很高。在阿尔萨斯，琼瑶浆在很多方面都被拿来与雷司令比较，它的酒精含量更高，酸性更弱，酒的风格更直接。

琼瑶浆与其他品种另一个较大的区别是颜色很深。通常琼瑶浆有一种铮亮的金色光泽，与橡木桶陈酿的霞多丽差不多。但琼瑶浆的色泽并不受木桶的影响，而是来自果皮的色

于纳维市 Windsbuhl 园（下图），由鸿布列什家族所有。该地区出产阿尔萨斯顶级琼瑶浆

素沉积。尽管大多数白葡萄都是绿色的，但琼瑶浆是一种类似肝脏的深粉色，这也许正适合其俗丽的特性，有时也表现为深黄色中带一点粉色。

在阿尔萨斯凉爽的年份里，琼瑶浆品质较差，色泽和口感都不太好。例如，2001年的葡萄酒就不太好，酒的平衡性很差，质感太过厚重，缺少优雅的深度。

20世纪80年代，阿尔萨斯开始给葡萄园分级。尽管一直以来，关于分类标准的制定都备受争议，但从那时起，阿尔萨斯的确出现了很多优秀的酿酒师和高品质的葡萄酒。在51个葡萄园中，出产优质琼瑶浆的有 Brand、Goldert、Hengst、Kessler、Sporen、Steinert 和 Zotzenberg 园，除此之外还有很多。

产自这些庄园的葡萄酒是值得多花些钱的。许多酿酒商都喜欢在酒标上标注"珍藏葡萄酒（Cuvée Réserve）"，或者类似的字眼，希望展现其顶级的品质。但这些词语不像"特级

葡萄园（grand cru）"，并不具有法律效力。

在阿尔萨斯，比酒标更重要的是葡萄产量。毫无例外的，优质葡萄酒不论产自哪里，都来自古老、低产的葡萄藤。如果每公顷产量大于5 000升，那葡萄酒通常品质不高，一些顶级葡萄酒产量甚至只是每公顷2 500升。这样可能成本要翻倍，但结果是浓度也翻倍，而阿尔萨斯葡萄酒就是以浓郁的口味而闻名的。

在阿尔萨斯，合作社（Cooperatives）是非常重要的一种形式，出产的葡萄酒品质不一。其中最成功的，出口量极高的一家是图克汉（Turckheim）酒窖，品质可靠。同品质的葡萄酒大多产自一些古老的家族庄园。一些来自亨思特和歌黛园的迟摘甜白葡萄酒，口感尤其细腻，是琼瑶浆这种惹人注目的品种杰出的代表。

留在藤上直到11月的琼瑶浆葡萄（左图），用来酿制桃味的阿尔萨斯晚摘葡萄酒

其他产区琼瑶浆

德国

德国的琼瑶浆种植极广，一些酿酒师成功酿制出了在国内享有盛誉的口感清淡、酒精含量低的琼瑶浆葡萄酒。琼瑶浆在温暖的地区生长得更好，如德国南部的巴登和法尔兹地区，那里的琼瑶浆成熟度高、品质优良。

美国

阿尔萨斯的其他葡萄品种，像雷司令和灰品乐，都已在太平洋西北地区的各州取得了巨大成功，琼瑶浆的成绩也不错。但琼瑶浆只在部分地区比较成功，出口量也不是很高。华盛顿州出产一些口感很好的酒款，包括一些精致的迟摘葡萄酒。

新西兰和澳大利亚

新西兰凉爽的天气更适合琼瑶浆生长，而澳大利亚大部分地区比较炎热，因此琼瑶浆在澳大利亚一般被用作雷司令干葡萄酒的混合材料。新西兰北岛的吉斯本（Gisborne）和奥克兰（Auckland），南岛的中奥塔哥地区都出产品质不错的琼瑶浆，但质感不够厚重，香味

较淡。

其他地区

低调的琼瑶浆在其他国家也有种植，但其实我们并不希望这一品种太过内敛。智利有些葡萄酒香气怡人，南非一些种植者也渐渐掌握了种植琼瑶浆的诀窍。琼瑶浆非常适合与麝香混合酿酒，这种风格在西班牙东北部的佩内德斯很常见，特别是桃乐丝酒庄。

位于新西兰北岛奥克兰地区的 Matua Valley 酒庄（上图）。马腾山谷是新西兰最负盛名的琼瑶浆产地

佳美

佳美是一种经典的葡萄品种，基本都种植在原产地附近。它是博若莱（Beaujolais）葡萄酒的代名词，质地清淡、口感清爽，有草莓的果味。这种酒适合在新酿初期饮用，但陈酿后品质更佳。

佳美葡萄（右图）是红葡萄酒中最为清淡的，充满草莓果味，清爽怡人，酸性低，单宁少

仔细看看世界葡萄品种分布图可能会发现，佳美像是 12 种顶级葡萄中的一个闯入者。在法国东部，佳美的浓度很高，但在其他地区浓度又很低。事实上，佳美被列为顶级葡萄品种，主要因为它是个性最强的博若莱红酒的原料。

佳美是博若莱红葡萄酒的唯一原料。有些佳美也种植在更北边的勃艮第南部地区，如马孔内，在那里它被用来酿制比较普通的品种，如马贡红葡萄酒（Macon rouge）。在其他地区，佳美会与黑品乐混合酿制勃艮第帕斯特拉（Bourgogne Passetoutgrains），一般含量占到三分之二。也有相当一部分佳美种植在卢瓦尔河谷西部，有些叫都兰佳美（Touraine Gamay），有些用来酿制卢瓦尔起泡酒（Crémant de Loire）。在罗讷河中游西侧的阿尔代什产区（Coteaux de l'Ardèche），味道辛辣的佳美红葡萄酒，可与罗讷河流域的歌海娜葡萄酒相匹敌。

在博若莱陡峭的花岗岩山腰，佳美才真正展现了自己的品质。除了基本的博若莱地区酒和博若莱村庄酒以外，有 10 个村庄都能酿制顶级的博若莱特级村庄酒，而且这些村庄都在当地有自己的产区。从北到南，这些村庄依次是：圣阿穆尔（St-Amour）、朱里耶纳（Juliénas）、谢纳（Chénas）、风车磨房（Moulin-à-Vent）、弗勒里（Fleurie）、希露柏勒（Chiroubles）、莫尔贡（Morgon）、黑尼耶（Régnié）、布鲁伊（Brouilly）和布鲁伊区（Côte de Brouilly）。布鲁伊区是一个奇特的蓝色花岗岩小山丘，位于大布鲁伊产区的中部。

这十个村庄的风格略有不同，但其共同点比不同点更重要，那就是都出产光照充足的佳美葡萄。佳美是红葡萄酒中口感最清淡的，充满了草莓的果味，酸味清新，单宁量很少或基本没有。优秀的种植者能使葡萄酒口感丰富，一些顶级的博若莱特级村庄酒陈酿五六年后品质更好。但通常情况下，大多数酿酒师能酿出特点突出，适宜夏季冰镇畅饮的葡萄酒就很满足了。

博若莱清淡的品质源自一种叫二氧化碳浸泡（carbonic maceration）的酿制方法，这种方法尤其适合佳美葡萄。常规酿法是从果皮和果核中提取一些单宁并榨取果汁。但二氧化碳浸泡法与此不同，它是将葡萄完全浸泡在发酵桶中，以二氧化碳代替空气。果汁就在葡萄里开始发酵，直至内部气体越来越多，最后撑破果皮。底部的葡萄被上面的葡萄压破，以正常方式发酵，但程度仍比其他辅助方法要轻。

佳美葡萄尤其适合酿制低价易饮、品质清淡的红葡萄酒，这使博若莱新酒（beaujolais nouveau）在市场上取得了巨大的成功，直到现在也依然很受欢迎。对于那些喜欢发酵适中、酸性较强的红葡萄酒的人，他们可以完全沉浸在 11 月的第 3 周——佳美葡萄酒通常的成酒时间。

现在这一地区正在进行一项运动，人们想要增加酒的深度，破除博若莱那种随便、随性的形象。有些人采用的方法是加入一些正常发酵的果汁，来增加一些单宁。也有人采用新的橡木桶陈酿，这种方法在过去是被深恶痛绝的。这些逆流而上的创新方法取得了很大成功，酿制出了博若莱特级村庄葡萄酒特酿，这种酒通常有姜的味道，浓度较高，与罗讷河北区的西拉酒类似。

外国市场仍被强大的批量生产者乔治·杜柏夫（Georges Duboeuf）主导。但这次，产量并不与质量成反比，因为该公司大部分葡萄酒都品质上乘，它们特殊的鲜花酒标极易辨认。

　　瑞士大概有 10% 的葡萄园种植佳美，通常用来和种植量更大的黑品乐混合。在加利福尼亚州也有一两位酿酒师成绩显著，所酿葡萄酒基本能达到博若莱特级村庄葡萄酒的品质。

　　然而，总体上说，佳美在与原产地土质不同的地区，表现并不太好。另一方面，品质最佳的佳美葡萄酒近年来并不很流行，因此种植者就没有像种植优质黑品乐那样，与法国竞争。这非常遗憾，因为处于最佳状态的佳美是新酿红葡萄酒中非常迷人的一个品种，但佳美酿的桃红葡萄酒一般品质较差。

布鲁伊多雾的秋季（左图），它是博若莱地区十大村庄级产区之一

法国原产地

　　佳美的原产地是博若莱。

其他种植地

　　佳美的其他产地包括勃艮第、卢瓦尔河、罗讷河地区，以及瑞士和一些中欧国家。另外，美国加利福尼亚州也有一小部分。

品酒笔记

　　成熟度最高的佳美有较强的野草莓果味。新酿初期，如博若莱新酒，有一种像硬糖一样的混合味道，清爽的酸性更强化了这种味道。这种味道和梨糖味、香蕉味、口香糖味以及所有发酵的味道，都源自酿酒过程中不接触空气。一些浓重有肉味的特级酒，在陈酿五六年之后会有成熟黑品乐的味道。

第三章
欧洲葡萄酒产区

卢瓦尔河地区众多的河畔顶级酒庄之一（上图），位于 Tours 西南 Indre 支流附近的 Azay-le-Rideau 地区

法国

　　法国作为世界上最重要的葡萄酒生产国，在历史上享有卓越声誉，但其目前正面临着前所未有的威胁。消费者在过去的几十年中发现了新的葡萄酒品种，它们的产地阳光更充足，具备更适合葡萄生长的气候条件，这些酒有可以轻易识别的标签与容易被记住的名字，以及具有浓烈成熟且容易获得的果味，这一切令葡萄栽培史上曾近乎统治世界的法国陷入了危机之中。

法国的法定产区（右图），从气候凉爽的香槟区到天气炎热的南部地区

法国的葡萄酒不仅仅在其最忠实的客户群中不断丢失市场份额（在英国的零售市场份额在 21 世纪初跌破了 15%）；更糟糕的是，整个法国葡萄酒行业都变得恐慌起来：关于质量控制的内部争执让双方两败俱伤，有些时候对国外的酿酒师敌对甚至恐惧的态度，以及一口咬定其他国家的葡萄酒无法与其媲美，都导致法国的葡萄酒行业徘徊不前，这对法国葡萄酒行业本身是一种自我毁灭，必须做出改变。

　　法国葡萄酒最早受到挑战要追溯到 1976 年，当时一位在巴黎做生意的英国酒商举办了一场盲品会，参评的优质葡萄酒分别来自法国和美国。在充足阳光沐浴中成长的美国加州赤霞珠和霞多丽葡萄酒，向法国凭借波尔多和勃艮第葡萄酒建立起的葡萄栽培贵族体系发起了进攻并大获全胜。更具讽刺意味的是，本次品酒团队的成员主要还是由法国专家组成。这一结果虽然在法国媒体中没有得到多少关注，但却预示着对法国葡萄酒行业的挑战已经兴起。

1. 波尔多
2. 卢瓦尔河
3. 香槟
4. 阿尔萨斯
5. 勃艮第
6. 罗讷河
7. 普罗旺斯
8. 朗格多克－鲁西荣
9. 加斯科涅和西南部
10. 汝拉
11. 萨瓦和比热
12. 科西嘉岛

此图为原版书所附示意图

至少在某种意义上，我们不免同情那些法国的葡萄栽培者，因为他们被一遍遍地提醒那次盲品会的结果，他们已对此产生厌倦，但大多数人似乎乐此不疲。这些葡萄栽培者并不想通过酿酒刻意与其他文化中的葡萄酒竞争、模仿甚至将它们击败。这些葡萄酒有独特的身份，而且是对自身成长环境的一种个性化表达，同时体现出酿酒师的哲学和实践。然而，这些也无法挽救法国葡萄酒市场份额急剧下滑的厄运。

法国迟早要开始行动，但要怎么做呢？这场法国葡萄酒的危机引出了针对 AOC 体系的问题。在这项体系中，葡萄酒以质量分级，其最高制度——法国原产地监控命名（法定产区）管理制度（appellation d'origine contrôlée）高高在上，对日渐萎缩的乡村葡萄酒或是以原产地命名的地区葡萄酒，以及自 2009 年以来被允许与不同地区的酒混合的法国葡萄酒不加过问。这一切都太过复杂、太过官僚，仿佛一个大生产联盟在垄断运作。

黄昏降临在朗格多克的 *Corbières*（上图）

我们可以避免这一争论，原因有很多。AOC 监管体系从 20 世纪 30 年代形成以后就产生了非常好的效果。这一体系赋予了法国最好的葡萄酒以合法地位、完整机构及绑定定义。这一体系在很多时候认可了已有名望的葡萄酒，也同时让先前比较单调的葡萄酒产品有了提升产品质量的机会。该项系统的灵活性在于它允许葡萄酒品质的提升（比如说，从乡村葡萄酒这一档次提升），同时也通过经验观察分析出了哪种类型土地适合种植什么品种的葡萄，这些葡萄应该如何酿造等信息。

的确，该系统是复杂的，因为有成百上千的酒产地需要分类，但没有备选方案了吗？把整个法国分成东西南北 4 块后就弃之不管了？这样的话如何让消费者明白呢？我绝不会说整个系统框架是完美无瑕的，因为确实有太多标准以下的葡萄酒无法通过地方品酒委员会的测试，但是更多的挑战只会让这个系统运转得更好，而不是将系统全盘放弃。但很多外界评论员（甚至一些法国葡萄酒行业自身的评论员）还是天真地坚持着错误的想法。

此外，世界上几乎每个酿酒的国家都已经或正在引进法国的这项体系，这强有力地表明了法国原产地监控命名（法定产区）管理制度的有效性和良好作用。当然，相比法国，这些规定可能在澳大利亚的执行相对宽松，但所有种植葡萄的国家均接受用质量原则激励自己前进：只有当葡萄酒品尝起来像产自某地而不是任何地方时，才能算是上品葡萄酒。

我认为法国目前的困难在于不同葡萄酒的质量存在巨大差距，令人不适。值得赞扬的是，在 20 世纪 90 年代，品质最好、全球份额占有率最高的波尔多地区，开始审视其某些地区质量较差的葡萄，并果断替换从南半球引进的更成熟、更有果味的葡萄，葡萄的整体质量逐渐得到提高。

然而很多消费者发现，当他们希望尝试不同的葡萄酒时，往往需要做出一个选择，是选大公司出产的瓶装葡萄酒，还是顶级著名酿酒师的作品。前者口感平淡无奇，后者天价且量少。这产生了一种恶性的商业隔离感，这种感觉比任何一个新世界国家产生的都要强烈。

我将毅然决然地做一位崇尚法国葡萄酒的人。法国葡萄酒位于世界之巅时，总能让全世界为之兴奋，但它们也不得不向新兴的葡萄酒国家低头，这既是不可避免的，也是正确的选择。如果由于不可调和的冷漠和消费者的偏见，造成法国葡萄酒被日益边缘化且从此没落，那我们就会失去一项西方世界优秀的文化成就。

Gaston Huët 庄园（卢瓦尔优质起泡酒生产商）地下酒窖中的传统挤压工艺（上图）

波尔多红葡萄酒

波尔多酒庄位于世界葡萄酒的金字塔尖，酿造高档的红葡萄酒和味甘的白葡萄酒，这里的地形对于种植葡萄藤来说堪称完美。

波尔多的红葡萄酒在英语世界中一直被作为高档酒的代名词。该地区的名气之所以高于其最大的竞争对手勃艮第，原因可能有两个：一方面，波尔多的葡萄酒贸易在世界贸易中扮演着更为重要的角色；另一方面，波尔多的葡萄酒产量本身就比勃艮第要大得多。

顶端是 1855 年珍藏的地区葡萄酒，以及被认为具有同等档次的来自波美侯和圣埃米利永的葡萄酒。正是这些酒产生了"红葡萄酒越久越香醇"的概念，它们被密封于瓶中并贮藏数十年，偶尔出现于私人酒窖的藏酒会上被拍卖，为投资者带来丰厚的回报。

假设你没有私人酒窖（我也没有），这种情况下，你既可以利用车库收藏葡萄酒，也可以从许多独立的酒商那儿购买，他们非常擅长出售一些品质优秀、酒体成熟的葡萄酒。但无论何种方法，你都不能避免一个问题：绝大多数波尔多红葡萄酒都需要时间沉淀。大多数至少需要 10 年，对于顶级品质的葡萄酒来说，

波尔多红葡萄酒

葡萄品种：赤霞珠、美乐、佳美娜、品丽珠、马尔贝克和味而多

波尔多属纪龙德省，梅多克是纪龙德河口左岸的一条狭长地带，顺河而上，加龙河一直用湿润的气候滋润着索泰尔讷的贵腐葡萄酒

1. 圣埃米利永
2. 波美侯
3. 拉朗德 - 波美侯
4. 弗龙萨克
5. 卡浓 - 冯萨克
6. 两海之间
7. 布朗丘
8. 布拉伊
9. 波尔多首丘
10. 卡斯蒂永
11. 佛朗克河谷
12. 格拉夫
13. 佩萨克
14. 索泰尔讷
15. 巴尔萨克
16. 塞龙
17. 卢皮亚克
18. 卡迪拉克
19. 圣克鲁瓦蒙
20. 上梅多克
21. 梅多克
22. 圣艾斯塔夫
23. 波亚克
24. 圣朱利安
25. 玛歌

此图为原版书所附示意图

可能需要比 10 年更长的时间。

在 20 世纪 80 年代的经济繁荣时期，流行一种购酒风潮，即春天在酒装瓶之前直接从庄园购买葡萄酒，并约定之后的一个时间交货——这种交易被称为红酒期货，并成为一种很聪明的投资方式。长远来看，这肯定比等到那些零售商自己购买酒后再支付上涨的价格更便宜。然而，现在这种交易模式在当地已经受到了很大限制，因为葡萄酒制造商被鼓励去生产那些工艺流程更短的酒，它们往往在发酵 6 年后就能具备很好的口感，这与波尔多的葡萄酒传统是格格不入的。

红酒在其"年轻"的时候被喝掉简直是浪费。随着时间推移，它的质地会不断变得结实，单宁酸也会继续升高。五六年后，酒会开始变得柔软，这时赤霞珠、美乐中黑醋栗、青梅的果味就会突显出来。接下来，伴随着奇妙难解的发酵过程，葡萄酒似乎进入一种阴沉的状态（用行话说就是"闷"），但在几年以后又会如鲜花般绽放，所有果味完好无损，还拥有了更多复杂的（或者次级的）香味。

你能负担得起昂贵的价格固然很好，但如果你不能呢？

这就让其他市场被这些大葡萄酒公司的日常餐酒抹杀了，也是问题的根源所在。这些廉价的波尔多葡萄酒根本没有完全呈现葡萄酒的魅力，大批量生产过度成熟、过度种植的葡萄并且投入市场，是非常低劣的一件事。即便如此，波尔多始终关注着自 20 世纪 90 年代以来取得的殊荣，减少该地区整体的葡萄酒产量，那些大葡萄酒公司是可怕的对手。他们甚至开始学习那些非欧洲国家是如何酿造赤霞珠和美乐葡萄酒的，以便自己可以做得更好。

由巴黎博览会 1855 年形成的波尔多等级分类制度，建立在当时产品商业价值的基础之上，共分 5 个等级，仅包括上梅多克（Haut-Médoc）地区，加上格拉夫的红颜容酒庄（Chateau Haut- Brion）。格拉夫产区于 20 世纪 50 年代被划入，同时归入该体系的还有圣埃米利永，但波美侯一直没有被归入该体系。

令人惊讶的是，大部分的分类一直适用至今，不过后来这些土地更换了人手，扩展了新的葡萄园，雇佣了新的酿酒师，发现标准也不可避免地需要随着之后的葡萄酒品质上下

波动。

这让个人消费者可以处在一个有利的立场上自己进行定期评估。我根据他们在过去30年间的表现而得到的普遍共识，制作了如下表格并打分，这30年包括了葡萄酒产业经历的困难时期，如1984年、1991年和2002年，以及繁盛期，如1982年、1989年、1990年、2000年和2005年。

1855 年波尔多等级分类

括号中的称谓：P = 波亚克（Pauillac），M = 玛歌（Margaux），P-L = 佩萨克－雷奥良（Pessac-Léognan），以前的格拉夫（formerly Graves），S-J = 圣朱利安（St-Julien），S-E = 圣爱斯泰夫（St-Estèphe），H-M = 梅多克（Haut-Médoc）。

一级酒庄（First Growth/1er cru）

拉菲堡（Lafite-Rothschild）（P）*****

玛歌酒庄（M）*****

拉图堡（Latour）（P）*****

红颜容（P-L）*****

木桐酒庄（Mouton-Rothschild）（P）*****

二级酒庄（Second Growth/2ème cru）

鲁臣世家（Rauzan-Ségla）（M）****

露仙歌庄园（Rauzan-Gassies）（M）**

雄狮庄园（Léoville-Las Cases）（S-J）******

波菲庄园（Léoville-Poyferré）（S-J）****

乐夫巴顿庄园（Léoville-Barton）（S-J）****

杜霍庄园（Durfort-Vivens）（M）***

力士金酒庄（Lascombes）（M）***

布莱恩酒庄（Brane-Cantenac）（M）***

碧尚男爵庄园（Pichon-Longueville）（P）*****

碧尚拉兰迪女爵庄园（Pichon-Longueville Comtesse de Lalande）（P）*****

宝嘉龙庄园（Ducru-Beaucaillou）（S-J）****

爱士图尔庄园（Cos d'Estournel）（S-E）*****

玫瑰庄园（Montrose）（S-E）****

拉路斯酒庄（Gruaud-Larose）（S-J）****

三级酒庄（Third Growth/3ème cru）

麒麟庄园（Kirwan）（M）***

迪仙庄园（d'Issan）（M）***

拉格朗日（Lagrange）（S-J）****

法国丽冠巴顿庄园（Langoa-Barton）（S-J）

****

美人鱼庄园（Giscours）（M）***

碧加侯爵酒庄（Malescot St-Exupéry）（M）***

贝卡塔纳庄园（Boyd-Cantenac）（M）***

肯德布朗庄园（Cantenac- Brown）（M）***

帕玛堡（Palmer）（M）****

拉古庄园（La Lagune）（H-M）****

狄士美庄园（Desmirail）（M）***

凯隆世家庄园（Calon-Ségur）（S-E）****

费里埃庄园（Ferrière）（不向法国以外供应葡萄酒）（M）**

碧加侯爵酒庄（Marquis d'Alesme Becker）（M）**

四级酒庄（Fourth Growth/4ème cru）

圣皮埃尔庄园（St-Pierre）（S-J）***

大宝庄园（Talbot）（S-J）***

班尼杜克酒庄（Branaire- Ducru）（S-J）***

都夏美隆酒庄（Duhart-Milon-Rothschild）（P）***

宝爵庄园（Pouget）（M）**

拉图嘉利酒庄（La Tour-Carnet）（H-M）**

拉科鲁锡庄园（Lafon-Rochet）（S-E）***

在世界一级酒庄玛歌酒庄宽敞的酒窖中辛苦地搬运橡木桶（上图）

龙船庄园（Beychevelle）（S-J）****

荔仙庄园（Prieuré-Lichine）（M）***

德达侯爵庄园（Marquis-de-Terme）（M）***

五级酒庄（Fifth Growth/5ème cru）

庞特卡奈庄园（Pontet-Canet）（P）***

巴特利庄园（Batailley）（P）***

奥巴特利酒庄（Haut-Batailley）（P）***

拉古斯庄园（Grand-Puy-Lacoste）（P）****

杜卡斯庄园（Grand-Puy-Ducasse）（P）***

靓茨伯庄园（Lynch-Bages）（P）*****

靓茨摩斯庄园（Lynch-Moussas）（P）*

杜扎克酒庄（Dauzac）（M）*

达玛雅克庄园（d'Armailhac）（P）***

杜特庄园（du Tertre）（M）***

奥巴里奇酒庄（Haut-Bages-Libéral）（P）***

百德诗歌庄园（Pédesclaux）（P）**

巴加芙庄园（Belgrave）（H-M）***

卡门萨庄园（de Camensac）（H-M）**

柯斯拉柏丽酒庄（Cos-Labory）（S-E）***

克拉米伦庄园（Clerc-Milon）（P）***

歌碧酒庄（Croizet-Bages）（P）*

佳得美酒庄（Cantemerle）（H-M）***

格拉夫、圣埃米利永和波美侯

格拉夫 这是一块幅员辽阔的次产区，大部分位于波尔多南部加龙河西岸，因其分布广阔的砾土而命名。很多葡萄酒品鉴师坚称那儿的红葡萄酒本身有一种砾土的风味，当然，这相对于梅多克葡萄酒的华丽来说显得朴素很多。然而，它们也需要多年的陈酿，尽管很多

葡萄酒生产商不断尝试生产出更加柔和且能更快品尝的红葡萄酒。

格拉夫于1959年被归入评级体系中（包括其红酒和干白葡萄酒，但1855年的体系仅划入了红酒）。酒庄要么是列级酒庄（cru classé），要么不是，就这么简单。该地区北边的一片土地于1987年被单独划入了佩萨克-雷奥良，所有1959年的列级庄园都如此命名。红颜容酒庄是该地区被划入1855年体系仅有的一个红葡萄酒园。其他红葡萄酒园如下。

宝斯高庄园（Bouscaut）**

高柏丽庄园（Haut-Bailly）****

卡尔邦女庄园（Carbonnieux）***

骑士庄园（Domaine de Chevalier）*****

佛泽庄园（de Fieuzal）***

奥莉薇庄园（d'Olivier）**

马拉蒂克－拉格维尔庄园（Malartic-Lagravière）***

拉图马蒂古堡（La Tour-Martillac）**

史密斯拉菲特酒庄（Smith-Haut-Lafitte）***

红颜容庄园 *****

修道院红颜容庄园（La Mission-Haut-Brion）****

克莱蒙酒庄（Pape-Clément）****

拉图红颜容庄园（La Tour-Haut-Brion）***

圣埃米利永 圣埃米利永位于多尔多涅河（Dordogne）的右岸，以美乐为主，但与波美侯并不相同。红葡萄被更轻、更鲜绿的品丽珠替代，只有一点儿赤霞珠。这种风格最终酿出的红酒较梅多克更为简洁，不过也因品丽珠

在波亚克，世界一级酒庄拉图堡中成熟的赤霞珠葡萄大丰收（右图）

而尖锐。普通的圣埃米利永葡萄酒并不会这么特别，很多生产商对过量生产怀有负罪感，但他们的大名配得上这份高价。

圣埃米利永红葡萄酒于1955年被定级，以后每十年都会重新评估一次。从不好的一面来说，顶级葡萄园包罗万象，以至于都失去了意义。后来，顶级葡萄酒包括60座庄园，其中卡侬嘉芙丽城堡（Canon-la-Gaffelière）和罗哈托尔庄园（Clos de l'Oratoire）引人注目可评四星，顶尖的特级葡萄酒园（Premier Grand Cru Classé）分为A、B两类。

A类仅包括两个庄园：奥松庄园（Ausone）****和白马庄园（Cheval Blanc）*****

2006年，B类包括13家庄园：

金钟酒庄（Angélus）****

博塞留贝戈庄园（Beau-Séjour Bécot）****

博塞庄园（Beauséjour）****

贝莱尔庄园（Bélair-Monange）****

卡农庄园（Canon）*****

飞卓酒庄（Figeac）****

弗禾岱庄园（Clos Fourtet）***

嘉芙丽庄园（La Gaffelière）****

玛德莱娜酒庄（Magdeleine）****

柏菲庄园（Pavie）****

百菲玛凯庄园（Pavie-Macquin）****

卓龙梦特庄园（Troplong-Mondot）****

老托特庄园（Trottevieille）***

波美侯（Pomerol） 波美侯在圣埃米利永的北边，是唯一一个没有被纳入波尔多地区的顶级葡萄酒庄园，其红葡萄酒与波尔多的变种美乐葡萄酒十分接近。大部分的酿造都只是简单地在最后添加品丽珠，使葡萄酒更有陈年价值。酒体本身就口感柔软纯正，犹如干梅子外包裹了一层黑巧克力般甘甜，回味悠长。

任何人想加入波美侯的分级游戏，顶级酒庄都要将柏图斯酒庄（Pétrus）*****作为起点，然后往下再是拉弗尔酒庄（Lafleur）*****和里鹏酒庄（Le Pin）*****。再往在下的四星酒庄有邦巴斯德酒庄（Bon Pasteur）、迪美酒庄（Certan de May）、克里奈酒庄（Clinet）、拉康斯雍酒庄（La Conseillante）、诺茜河庄园（La Croix de Gay）、克里奈教堂庄园（L'Eglise-Clinet）、乐王吉庄园（L'Evangile）、十字庄园（Le Fleur de Gay）、帕图斯酒庄（La

Fleur-Pétrus）、乐加酒庄（Le Gay）、拉图波美侯酒庄（Latour à Pomerol）、小村庄酒庄（Petit-Village）、卓龙庄园（Trotanoy）和克莱格酒庄（Vieux-Chateau-Certan）。

中级酒庄（Crus Bourgeois）/小酒庄（Petits Chateaux）/副牌酒（Second Wines）

中级酒庄 梅多克列级酒庄五级之下也是一批知名葡萄酒，它们为迎合18世纪的社会分层而产生，即我们所知的中级酒庄。为达到分层的目的，不只是上梅多克地区，下梅多克区域至圣爱斯泰夫北部地区均牵涉在内。这里的许多酒庄现在被纳入了1855年的分级体系，包括一大批慕里斯（Moulis）缺乏知名度的酒庄。

波尔多酒庄有其独特的建筑特色，如拉图德比酒庄就是以其特色的尖顶塔楼命名的（上图）

近年来，人们已经生产出了值得信赖且质量卓越的葡萄酒，如四星酒庄丹格鲁邸庄园（d'Angludet）（M）、莎斯布林庄园（Chasse-Spleen）（穆里斯）、拉格庄园（la Gurgue）（M）、马泽特庄园（Haut-Marbuzet）（S-E）、格希宝捷酒庄（Gressier- Grand-Poujeaux）（穆里斯）、拉贝高尔斯庄园（Labégorce-Zédé）（M）、蓝珊庄园（Lanessan）（H-M）、莫卡永酒庄（Maucaillou）（穆里斯）、美娜城堡（Meyney）（S-E）、蒙布里松庄园（Monbrison）（M）、佩兹庄园（de Pez）（S-E）、波坦萨古堡（Potensac）（梅多克）、宝捷庄园（Poujeaux）（穆里斯）和索榭玛莲庄园（Sociando-Mallet）（H-M）。

接下来最好的三星酒庄是奥帕斯酒庄（Patache d'Aux）（梅多克）、雷马士酒庄（Ramage-la-Batisse）（H-M）、塞内雅克酒庄（Sénéjac）（H-M）、拉图德比堡（la Tour-de-By）（梅多克）和拉图红颜容庄园（la Tour-du-Haut-Moulin）（H-M）。

小酒庄和其他产区 虽不是列级酒庄但品质良好的酒庄称为小酒庄，其他重要的优质产区有拉朗德 – 波美侯（Lalande-de-Pomerol）、弗龙萨克（Fronsac）、卡农 – 弗龙萨克（Canon-Fronsac）以及圣埃米利永东北的零星村庄，如吕萨克（Lussac）莉约娜堡（Lyonnat）、普瑟

冈（Puisseguin）和圣乔治（St-Georges）。拉朗德–波美侯东北部连接着波美侯的贝莱尔（Bel-Air）和贝尔帝诺圣维森（Bertineau St-Vincent），弗龙萨克和卡农 – 弗龙萨克西部连接着波美侯的达朗（Dalem）、玛泽里（Mazeris）和特鲁菲耶尔（La Truffière）。近年来，挖掘这些鲜为人知的酒庄成了一次次快乐的探险。

加龙河与多尔多涅河间广阔的昂特尔德梅尔（两海间）出产的红葡萄口感较为粗糙，被冠以最基本的名字：波尔多和优质波尔多。在纪龙德河的右岸是布拉伊酒区（Côtes de Blaye）和布尔丘（Côtes de Bourg），正对上梅多克列级酒庄。前者最好的葡萄园被指定冠名为布拉伊首酒区（Premières Côtes de Blaye），而小得多的布尔丘现在是很多创新者的天堂。加龙河右岸的波尔多首酒区（Premières Côtes de Bordeaux）形如一条长带，出产的红葡萄质感坚实。

圣埃米利永的东部有两块土地，生产高档的法国葡萄酒。品丽珠在波尔多葡萄酒中占据着重要地位，主要生产一些口味较轻的葡萄酒。还有些令人印象深刻的葡萄酒来自卡斯蒂永的德比翠酒庄（Pitray）、爱吉酒庄（d'Aiguilhe）、罗宾酒庄（Robin）、拉高斯庄园（Grand-Peyrou）、巴伦谢酒庄（Parenchère）、贝勒芬庄园（Belcier）和红磨坊庄园（Moulin-Rouge），以及弗朗（Francs）的碧嘉露庄园（Puygueraud）、普拉达罗洛庄园（La Prade）、法兰庄园（de Francs）和玛绍酒庄（Marsau）。这些酒庄的许多酒大多会放入酒窖中继续发酵。

副牌酒 20世纪80年代，当波尔多葡萄酒的价格剧烈上涨时，人们开始关注波尔多副牌酒。大多数生产商会向主要客户提供这些酒，他们使用不够格酿正牌酒的葡萄或那些还太过年幼的葡萄藤上采摘的葡萄，因为低龄葡萄藤生产出来的酒口味不够浓郁。为满足那些无法负担顶级法国葡萄酒而又希望至少也能获得一点品酒享受的客户，一个全新的市场已经逐渐形成，而且该产业利润非常高。

如果要入手波尔多副牌酒，切记只买最好的年份。顶级酒庄即使是使用不好年份的葡萄，也不至于巧妇难为无米之炊，价格相对也更便宜，因此不需要副牌酒。然而，2005年葡萄果实成熟、品质优秀，顶级葡萄酒价格飙

越过圣埃米利永城市的中世纪屋顶远眺葡萄园（下图）

升至天价，副牌酒就成了一种负担得起的最佳选择。

以下就是一些特别出色的酒款（主要的酒庄名称如括号中所列）：

拉图堡垒红葡萄酒（Les Forts de Latour）（拉图）、小拉菲红葡萄酒（Carruades de Lafite）（拉菲）、玛歌红亭（Pavillon Rouge du Chateau Margaux）（玛歌）、百安红颜容干红葡萄酒（Bahans Haut-Brion）（红颜容酒庄）、雄狮庄副牌酒（Clos du Marquis）（雄师庄园）、小碧尚女爵酒（Réserve de la Comtesse）（碧尚拉兰迪女爵城堡）、高美必泽庄园酒（Marbuzet）（爱士图尔庄园）、玫瑰庄园副牌红葡萄酒（La Dame de Montrose）（玫瑰庄园）、小拉露丝庄园酒（Sarget de Gruaud-Larose）（古安拉露丝庄园）、小朗歌巴顿酒（Lady Langoa）（朗歌巴顿庄园）、将军珍藏酒（Réserve du Général）（帕玛堡）、靓茨伯副牌酒（Haut-Bages-Avérous）（靓茨伯堡）、高柏丽拉帕德干红葡萄酒（La Parde de Haut-Bailly）（高柏丽堡）、飞卓干红葡萄酒（Grangeneuve de Figeac）（飞卓酒庄）、小威登红葡萄酒（La Gravette de Certan）（威登庄园）和克里奈教堂副牌酒（La Petite Eglise）（克里奈教堂庄园）。

葡萄酒年份指南

以下是关于近年来葡萄酒的一个概览，有每年比较好的葡萄酒代表，也包括一些早年的明星。

2009 ***** 21世纪头十年的顶级佳酿。成熟度、深度和浓度一流，整体的平衡性无可挑剔。投资者（饮酒客）值得考虑。

2008 *** 葡萄生长艰难的一年，过晚的采摘导致了酒体的不完整，并非经典。

2007 *** 与2008年相似，一个平庸的夏季毁灭了葡萄业繁盛的可能。价格适中的葡萄酒，能较早饮用。

2006 **** 对于美乐酒来说并非好年头，但梅多克葡萄酒普遍不错。

2005 ***** 生产出了美丽成熟、平衡性良好的葡萄酒，不会令那些准备收藏它们的人失望。

2004 **** 采摘较迟，导致葡萄酒丹宁酸和酒精含量高。

2003 ***** 夏天的热浪培育出了极品葡萄酒。对于追求纯粹的人来说，也许不是很好的选择，因为其酒精含量很高，水果成分高，但绝对适合窖藏。

2002 *** 左岸的收成很好，但右岸很多葡萄的发育不是很好。

2001 **** 雨水造成了一些破坏，但最终的葡萄酒比预想的要好些，特别是圣埃米利永的葡萄酒。

2000 ***** 一个极好的葡萄收获季节，已被写入传奇史。

1999 ** 非常沉闷（虽然木桐酒庄的酒非常好）。

1998 *** 挺好的，但不是很突出。

1997 ** 还不错，但基本属于平庸。

1996 **** 在梅多克地区出产了一些有陈年价值的经典美酒。

1995 **** 一个非常成熟、有吸引力的一年，特别是红葡萄酒。

1990 ***** 整体状况很好，波美侯产的酒最好。

1989 **** 一些平衡良好的高档葡萄酒问世，并展现出它们的魅力。

1988 **** 非常经典的葡萄酒，由非常成熟的水果发酵而成，质地坚实。

其他陈年葡萄酒回顾：1986 **** 1983 **** 1982 ***** 1978 **** 1970 **** 1966 **** 1961 ***** 1959 **** 1955 **** 1953 **** 1949 **** 1947 **** 1945 ***** 1970 **** 1966 **** 1961 ***** 1959 **** 1955 **** 1953 **** 1949 **** 1947 **** 1945 *****

格拉夫列级酒庄之一的骑士庄园酿酒历史悠久，与时俱进，是佩萨克－雷奥良顶级酒窖的见证人（上图）

波尔多的干白葡萄酒和桃红葡萄酒

波尔多干白和桃红葡萄酒

葡萄品种：赛美蓉、长相思和密斯卡岱

波尔多桃红酒

葡萄品种：赤霞珠、美乐、佳美娜、品丽珠、马尔贝克和味而多

近几年，波尔多的干白葡萄酒经历了伟大的复兴，摆脱了其粗制滥造的乏味形象，呈现给世人的是那些通常在美国最好的葡萄酒中才能品尝到的果香味。

在过去的三十多年间，波尔多干白葡萄酒酿造业经历了剧变，而这一剧变是早就应该发生的。

某些酒庄，如骑士庄园，因其酿制的优质白葡萄酒而一直受到高度重视。其中一座名为红颜容的 1855 年列级酒庄，既擅长酿制白葡萄酒，又擅长酿制红葡萄酒。然而，大多数酒庄长时间经营方式盲目且不集中，只能列在中级之列。而发展迅猛的却是那些等级最差的酒庄，他们生产的葡萄酒简直就是垃圾。这段时间任何法国经典葡萄酒产区的干白葡萄酒都是最不受人青睐的。

少数的酿酒师使形势出现了好转。其中，丹尼斯·杜波迪欧（Denis Dubourdieu）、安德雷·乐顿（André Lurton）和彼得·文丁-迪埃（Peter Vinding-Diers）在 20 世纪 80 年代早期就开始运用一种更加现代化的方法酿制白葡萄酒。他们在采摘葡萄时挑选更加优质的葡萄，用不锈钢容器恒温发酵，并考虑尝试使用橡木桶陈酿来增加葡萄酒的风味，这些方法都为他们带来了可观的回报。

最重要的是，这些富有革新精神的酿酒师，在观察葡萄品种方面付出了长时间的辛勤

努力。不景气的旧时代酿制的葡萄酒单调乏味，主要是因为原料采用了种植过度的赛美蓉葡萄，现在这种葡萄是役马的饲料。一些最能引起兴趣的葡萄酒是用未经混合的长相思酿制的，但是现在一些有代表性的葡萄酒将这两种葡萄恰到好处地融合在了一起。要寻找顶级的葡萄酒，还是要到佩萨克－雷奥良和更广阔的格拉夫产区，但即使昂特尔德梅尔（两海间）这样庞大的葡萄种植区，目前也在修正其做法，而无人注意到这一点。

对我来说，这些葡萄酒品尝起来偶尔会令人感到不安，尤其是在它们年轻时，常常有太大的橡木香味，否则就尽善尽美了。带有明显的刺激性汽油味是一些顶级葡萄酒的特点，它们可以将热带水果的香味与长相思葡萄中苹果、柠檬的香味混合在一起，形成令人惊讶的水果香。

只有格拉夫地区有干白葡萄酒的分级制度，该制度起草于 1959 年。同干红葡萄酒一样，所有的酒庄都在佩萨克－雷奥良产区，但一共只有 9 家。

宝斯高庄园（Bouscaut）**

卡尔邦女庄园（Carbonnieux）***

骑士庄园（Domaine de Chevalier）*****

歌欣庄园（Couhins）**

金露桐庄园（Couhins-Lurton）****

拉图马蒂亚克古堡（Latour-Martillac）****

拉维尔－侯伯王酒庄（Laville Haut-Brion）*****

马拉蒂克－拉格维尔庄园（Malartic-Lagravière）***

奥莉薇庄园（Olivier）***

来自格拉夫产区未分级的优质干白葡萄酒包括：红颜容酒庄 ***** 佛泽尔酒庄（de Fieuzal）***** 克莱蒙教皇庄园（Pape-Clement）**** 克罗弗洛里带庄园（Clos Floridène）**** 拉卢韦尔堡庄园（La Louvière）**** 和图尔雷奥良庄园（Tour Léognan）****。

在昂特尔德梅尔（两海间），最好的酒庄无疑是爵蕾酒庄（Thieuley）****。在其他地方，包罗万象的波尔多干白是最好的，品质仍然比产地更重要。金巴伦酒庄（de Parenchère）*** 出产非常新鲜活泼的白葡萄酒。一些由该产区各地出产的葡萄混合酿制的品牌葡萄酒也够新鲜、够单纯（在酒标上可以找一找"Dourthe"或"Yvon Mau"）。

在索泰尔讷产区，顶级甜酒酿造商采用并不适合该地区酿制的葡萄，酿造干白葡萄酒并包装成波尔多干白，但私下里被称为索泰尔讷干白。以酒庄名的首字母命名，包括 R（拉菲丽丝酒庄）、G（芝路酒庄）和质量最好的 Y（滴金酒庄），这些葡萄酒口味酸爽、口感浓郁。

波尔多的桃红葡萄酒也有很多改善，因为赤霞珠和美乐都能酿制出优质的桃红葡萄酒。相比更远的北部产区的许多葡萄酒，这里的桃红葡萄酒，酒体更加丰厚，果实更加成熟。值得留意梅奥莱酒庄（Méaume）、贝莱尔酒庄（de Bel）、萨尔斯酒庄（de Sours）、富尔泰酒庄（Clos Fourtet）和洛克明维尔酒庄（Roc de Minvielle）。

在昂特尔德梅尔，古老的风车守卫着 Gornac 的葡萄园（上图）

葡萄酒年份指南

选用高比例长相思酿制的更单纯的白葡萄酒，刚出桶时最好喝。顶级的列级酒庄酒陈酿时间要更长。

2009 ***** 鲜亮且充满活力的葡萄酒，含有大量开胃果实。这种葡萄酒值得保存。

2008 **** 比红葡萄酒好得多，具有迷人的均衡感。

2007 **** 与 2008 年酿制的葡萄酒几乎一样，口味新鲜、复杂，以水果味为主。

2006 ***** 是酿制令人兴奋的葡萄酒的伟大年份，葡萄酒一定会很长寿。

2005 ***** 采用赛美蓉和长相思酿制优质经典混合葡萄酒，在这一年得到了辉煌的体现。

2003 **** 富有异域风情的芳香，柔和大方的葡萄酒，魅力超乎寻常。快点品尝。

2001 **** 来自顶级酒庄非常有吸引力的葡萄酒。

2000 **** 结构完美、口味醇厚的白葡萄酒，适合陈酿。

1996 **** 一些带有迷人奶油味的热带水果型葡萄酒，依然强劲。

1990/1989 *** 葡萄成熟期天气炎热，意味着许多葡萄酒的酸度水平极低，因此很多葡萄酒将难以长时间保存。只有那些最好的酒庄（红颜容酒庄、拉维尔－侯伯王酒庄及其他同类酒庄）才能酿制出真正的经典。

博露古堡位于昂特尔德梅尔与波尔多首酒区交界处，葡萄园顺着缓坡向远处不断延伸（左图）。该地区干白的品质取得了显著的提升

波尔多甜白葡萄酒

波尔多葡萄酒的崇高声誉是建立在灰霉病上的，这是一种由真菌引起的疾病，会在夏末秋初之时侵害已成熟的葡萄。年代久远、味道浓郁的波尔多甜酒是世界上最著名的品种。

无论是波尔多还是其他地方，世界上最甜的葡萄酒是由被葡萄孢属（普遍称之为贵腐病）感染的葡萄酿造的。倘若葡萄的收获季节气候潮湿，葡萄就会慢慢腐烂。烂块呈灰色，在红葡萄上尤为明显，很不雅观，会打破人们酿造好酒的希望。另一方面，灰霉病是在微湿的情况下，而不是在过湿的情况下爆发的。

由于波尔多地区靠近大西洋，在临近秋天之际，清晨此地往往潮湿、多雾，而白天太阳照射时湿气又会得到缓解。这种忽湿忽干的气候会加速灰霉病对赛美蓉葡萄的侵害。当葡萄在葡萄藤上皱缩时，其水分已消失，说明葡萄糖分已高度浓缩。

世界上最著名的甜白葡萄酒产自波尔多南部的索泰尔讷和巴尔萨克。虽然这一酿酒工艺发现于德国（当然正如许多最伟大的发明一样，它是被偶然发现的），但却是在这里，该工艺声名鹊起，得到广泛应用。并不是每一次葡萄收获时期都能遇到适宜的条件，十分注重

波尔多甜白葡萄酒

葡萄品种：赛美蓉、长相思和密斯卡岱

波尔多索泰尔讷产区有一些世界上最宝贵的土地，生产甜酒，其中最好的是伊甘堡（下图）

葡萄酒品质的酒庄是不会在减产年月酿造的。

葡萄酒的品质取决于要费劲地挑选腐烂得最彻底的葡萄。大多数情况下，酿酒商决定采用的唯一办法就是亲自用手挑选，只选那些完全皱缩的葡萄，让剩下的葡萄在覆盖满园的葡萄藤上继续腐烂。像这样反复的工作（法语称之为"tries"）是酿造最浓郁的葡萄酒所必备的。葡萄在橡木桶里经长时间的酝酿才慢慢酿成酒，这就解释了为什么经典索泰尔讷甜白酒能卖出天价，因为它是靠耗费相当大的劳动力才酿造出来的。

格拉夫南部地区的 5 个村庄因用感染灰霉菌的葡萄酿造葡萄酒而出名。这五个村庄分别是索泰尔讷、巴尔萨克、博姆（Bommes）、普雷尼亚克（Preignac）和法尔格（Fargues），它们被归为 1855 年列级酒庄之列。这五个村庄现在共同组成了索泰尔讷列级葡萄酒产地，倘若巴尔萨克出于独立酒庄的愿意，也可以使用它自己的产地名。此外，若想要两全其美，也可以归其为法定产区原产地——巴尔萨克产区（AOC Sauternes-Barsac）。

传说中的伊甘堡排在此分类的前面，像鸭嘴兽一样自成一派，在其众多成就中，最为人称道的当数人工贵腐酒，价格极其昂贵且酒味无比浓郁。伊甘堡最好的葡萄酒可以贮藏一百多年。

特级酒庄

伊甘堡（Yquem）*****

一级酒庄

白塔酒庄（La Tour Blanche）****

拉佛瑞佩拉庄园（Lafaurie-Peyraguey）****

奥派瑞庄园（Clos Haut-Peyraguey）**

海内威农庄园（Rayne-Vigneau）***

苏特罗酒庄（Suduiraut）****

古岱酒庄（Coutet）****

克里蒙酒庄（Climens）*****

芝路酒庄（Guiraud）****

拉菲丽丝酒庄（Rieussec）*****

哈宝普诺酒庄（Rabaud-Promis）***

斯格拉哈宝酒庄（Sigalas-Rabaud）***

二级酒庄

米拉特酒庄（de Myrat）****

多西戴恩庄园（Doisy-Daëne）***

多西布罗卡庄园（Doisy-Dubroca）****

多西威特林庄园（Doisy-Védrines）***

方舟酒庄（d'Arche）**

菲乐酒庄（Filhot）***

布鲁斯特酒庄（Broustet）***

奈哈克酒庄（Nairac）**

宝石庄园（Caillou）***

苏奥酒庄（Suau）**

马乐庄园（de Malle）***

罗曼莱庄园（Romer-du-Hayot）**

拉莫皮约尔庄园（Lamothe-Despujols）*

拉莫特齐格诺庄园（Lamothe-Guignard）***

位于索泰尔讷－巴尔萨克产区其他不错的产地，但不在此分类中的有雷蒙－拉丰庄园（Raymond-Lafon）****、吉莱特酒庄（Gilette）**** 和巴斯特－拉蒙塔格尼酒庄（Bastor-Lamontagne）***。

距离索泰尔讷产区最近的是 4 个不大出名的生产人工贵腐酒的法定产区。若葡萄酒酿造得顺利，这四个产地的葡萄酒味道倒也极像它们邻近的知名酒庄所产的葡萄酒，只是缺少索泰尔讷列级酒庄葡萄酒的那份浓郁感，也正是这份浓郁感使得索泰尔讷如此传奇。鉴于这一点，这里生产的葡萄酒定价才比较低廉。它们分别是塞龙（Cérons）、卢皮亚克（Loupiac）、卡迪拉克（Cadillac）和圣克鲁瓦蒙（Ste-Croix-du-Mont）。所有这些地方，除了塞龙，都位于巴尔萨克西北部，在流向索泰尔讷的加伦河的对岸。最佳产地是塞龙和塞龙的阿香坡庄园（Archambeau），以及卢皮亚克的卢皮亚克堡（Loupiac-Gaudiet）。

加伦河东岸的波尔多首酒区的甜葡萄酒并不都是人工贵腐酒，最近几年，有一种非人工贵腐酒特别值钱，那就是 de Berbec 酒。

葡萄酒年份指南

若波尔多甜白葡萄酒经认真酿造，则很轻易就可贮存长达二三十年，甚至顶级的葡萄酒几乎可以永久贮存。这酒会从深黄色变为亮橙色，接着又变为如暗雪利酒一般的深棕色。酒龄越长，价格越贵。

2009 年 *****9 月底以后灰霉菌十分丰富，酿制了极其浓郁的葡萄酒，且酸度均衡，就像甜葡萄酒一样完美。

2008 年 *** 不是歉收的一年，但没有很多让人兴奋的葡萄酒。

2007 年 **** 一流索泰尔讷甜白葡萄酒。经大量萃取，酿制的酒极其甜美、浓郁，带有清爽的酸涩。还需要再封存几年。

2006 年 ** 极其多变，即使是尚存的最好的葡萄酒也十分平淡，不大甜美。

2005 年 *** 难以总结。伊甘堡、芝路酒庄、苏特罗酒庄、克里蒙庄园所产的酒极好，但其他酒庄的酒口感缺乏层次，不够复杂。

2003 年 ***** 是贵腐酒酿制极其轰动的一年，该酒可贮存很长时间。

2002 年 **** 处于两个传说之间，但是非常优雅。

2001 年 ***** 杰出、复杂、难以忘怀的醇美葡萄酒，是自 1990 年以来最好的葡萄酒。

1990 年 ***** 真正完美的葡萄酒。酒的浓度与纯度达到难以置信的程度。

其他陈年葡萄酒回顾：1989 年 ****1988 年 **** 1986 年 **** 1983 年 **** 1976 年 ****1967 年 ***** 1959 年 ***** 1945 年 ***** 1937 年 ***** 1929 年 ***** 1921 年 ***** 1900 年 *****。

拉菲丽丝酒庄是索泰尔讷杰出的一级酒庄之一。秋天，拉菲丽丝酒庄湛蓝的天空下，大片的葡萄藤甚是绚烂（上图）

卢瓦尔河谷（Loire）

诺扎特庄园（上图）位于卢瓦尔河的上游，普伊－芙美就是在这里诞生的

南特产区

葡萄品种：勃艮第香瓜／密思卡得，白福儿／大普隆

卢瓦尔河谷（下图）的5个葡萄酒产区分布在卢瓦尔河的两岸

卢瓦尔河流经5个葡萄酒产区，西至南特产区（Pays Nantais），东至桑塞尔产区（Sancerre），沿途每一产区的葡萄酒都各有千秋，品质极好。

卢瓦尔河谷位于法国北部，是一个极其多样化的地区，生产的葡萄酒风格各异、包罗万象。清脆可口的干白葡萄酒通常被认为是该地最有名的招牌酒，也有香甜甘美的半干型白葡萄酒，许多清新可口的低度红葡萄酒与桃红葡萄酒，以及除香槟酒以外品质较好的起泡酒。卢瓦尔河是法国最长的河流，发源于法国中部，流入南特区西部的大西洋。想要清晰地了解卢瓦尔河谷产区，可以从西到东将这里细分为5个区域。

南特区

密思卡得　南特市周边地区主要酿造密思卡得白葡萄酒，其产量居卢瓦尔法定葡萄酒产区之首。该酒由单一葡萄品种勃艮第香瓜（Melon de Bourgogne）酿制而成，可视为清脆、爽口、口感均衡的干白葡萄酒的代表。勃艮第香瓜，正如其名，它的原产地在勃艮第，因其具有抗霜冻性，18世纪早期被引入法国西北部的布列塔尼（Brittany）。

这里有4个法定产区。Muscadet de Sèvre-et-Maine 位于这一地区的中心，其生产的密思卡得白葡萄酒占南特区该酒总产量的75%，而且其生产的葡萄酒一般被认为是最有特色的。葡萄种植者的土地位于 St-Fiacre 周边的花岗岩山丘上，或者位于 Vallet 县周边的黏

土地区，这些种植者是上帝恩赐的受惠者。Muscadet Côtes de Grandlieu 是1994年被列入法定产区的，围绕着格兰里奥湖，沙土丰富，所酿葡萄酒也因此具有了沙土本身的芬芳。

再往北一点的一小块产地是 Muscadet des Coteaux de la Loire，只生产少量不知名的葡萄酒和基本的密思卡得法定产区白葡萄酒，总的来说不值得详述。

约有一半密思卡得白葡萄酒酒标上都注有"sur lie"（酒泥陈酿法），是指酿好的葡萄酒盛放在酒糟里（死掉的酵母细胞是发酵后遗留下来的）长达12个月。酒糟酝酿的香槟酒口感更柔、更滑，同样也令密思卡得白葡萄酒带有一种珍贵的复杂质地且口味沉郁。因此，建议挑选使用酒泥陈酿法酿造的葡萄酒。一些酿酒师用木桶封存葡萄酒，这种工艺对于酿造低度葡萄酒来说风险颇高，但也不乏成功之例。

密思卡得白葡萄酒若酿造得好，会带有一种紧绷、极酸的新鲜口感，偶尔会有些水果（青苹果、葡萄柚）味，有时也会有一缕茴香味。然而大量生产的葡萄酒，不管怎样，都闻不出也尝不出任何味道。品质更好的葡萄酒，陈酿过程中会出现卷心菜的味道，但并非是不具吸引力的略次一点的味道，而新酿时的酸感会淡化掉。

生产商：Sauvion、Luneau-Papin、Métaireau、Dom. de l'Ecu、Ch. de la Ragotière 和 Landron。

南特区大普隆（Gros Plant du Pays Nantais）法国当地原产葡萄酒，深受南特人的喜爱，但几乎从不出口。白福儿（Folle Blanche）葡萄大多在其他地方种植并被用于蒸馏白兰地，而

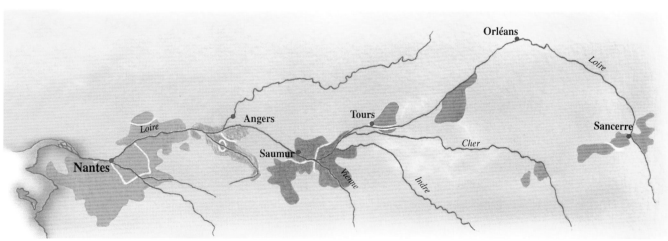

此图为原版书所附示意图

在这里使用的是封存酿造法，酿造出的葡萄酒酸度极高、干净利落。在刺骨严寒的当地吃着贝类海鲜，配上这种葡萄酒是种享受。去寻觅一款使用酒泥陈酿法酿造的密思卡得葡萄酒吧，Dom. de l'Ecu 酒庄的 Guy Bossard 葡萄酒就不错，品质可靠。

安茹（Anjou）

昂热（Angers）南部地区是白诗南葡萄的故乡，卢瓦尔区一些不错的甜葡萄酒就是在这里酿造的。白诗南葡萄得益于这些地区定期爆发的灰霉病，可用来生产口感极其均衡的餐后甜酒，品尝该酒满口都有柠檬酱的味道，但柠檬味的酸感又会让人感到兴奋。

莱昂丘（Coteaux du Layon） 甜葡萄酒最大的法定产区常生产白诗南贵腐酒，该酒虽辛辣但提神。若灰霉病侵害程度不高，则生产的葡萄酒不会那么浓烈，而这些酒通常都是非常可靠的。最好的要数粒选贵腐葡萄酒（Sélection de Grains Nobles）。莱昂丘还有单独划定的 3 个法定产区：位于东部的邦尼舒、西北部的肖姆一级葡萄园，以及在肖姆一级葡萄园中的肖姆 - 卡尔特（Quarts de Chaume），可将其视为特级葡萄园，它在灰霉病到处蔓延时，使用完全腐烂的葡萄作为原料，大部分酒都在此时酿制。这些都是极甜的白诗南葡萄酒，拥有顶级索泰尔讷甜白葡萄酒的特征。

生产商：Ch. de Breuil，Dom. de la Soucherie，Baumard，Ch. Pierre-Bise，Delesvaux 和 Ogereau。

奥班斯区（Coteaux de l'Aubance） 位于肖姆 - 卡尔特葡萄园的东北部，这一较大的法定产区一般生产度数较低的非贵腐甜葡萄酒。灰霉病暴发时，这些葡萄酒就会被标为粒选贵腐葡萄酒。

萨韦涅尔（Savennières） 安茹地区最好的干白葡萄酒是储存期长、极其浓郁、让人难忘的白诗南葡萄酒。该酒刚酿好时，口感清脆、矿物纯度高，但最好的年份酒需要长期陈酿以便成熟，最少也要七八年时间。在这一产区内，有两处极好的飞地，它们都有自己的法定产区，分别为德梅因庄园（La Roche-aux-Moines，关注 Soulez 葡萄酒）和塞兰特酒庄（La Coulée-de-Serrant），这两处全部归尼古拉斯·乔利（Nicolas Joly）所有。塞兰特酒庄是

法国使用生物动力酿酒法的先驱之一，所酿的酒十分纯正浓郁。其他生产商：Pierre-Bise，Ch. d'Epire 和 Dom. du Closel。

安茹干白葡萄酒（Anjou Blanc Sec） 该酒位于日常干白法定葡萄酒列表的最底端。允许在白诗南中加入一点霞多丽或长相思，但有些白诗南葡萄酒采用南非的酿酒方式，即用橡木桶陈酿，Dom. de Bablut 酒庄便是如此。

安茹村庄葡萄酒（Anjou-Villages） 更好些的村庄可用赤朱霞与品丽珠葡萄酿造合格的红葡萄酒。安茹乡村布里萨克（Anjou-Villages Brissac）在奥班斯（Aubance）拥有自己的产区。

安茹干红葡萄酒（Anjou Rouge） 与索米尔（Saumur）有重合之地，可用博若莱产区的佳美和解百纳葡萄酿酒。所酿的佳美葡萄酒十分迷人。

安茹 – 解百纳桃红酒（Cabernet d'Anjou） 这是卢瓦尔产区大量生产桃红葡萄酒的地区中最好的法定产区酒。这些葡萄酒往往是酸口的干型酒，含有黑醋栗的果味。

安茹桃红酒（Rosé d'Anjou） 该酒基本上是由当地葡萄品种果若（Groslot）葡萄酿造的，通常是半甜酒。这些葡萄酒过去是普通的桃红酒，但是一些生产商，如 Ch. de Fesles 酒庄，现在生产更具吸引力、带有夏季水果味的葡萄酒，使得桃红酒变得畅销，值得一尝。

索米尔

索米尔地区有两种很重要的葡萄酒，即

白杨树划过瓦莱（上图）附近密斯卡得 – 塞维曼妮葡萄园的上空

安茹

　葡萄品种：白葡萄为白诗南

在塞维曼尼产区的克利松收获密思卡得葡萄（上图）

在索米尔酒庄高耸的塔楼（上图）上俯瞰流经索米尔的卢瓦尔河

红葡萄酒和起泡酒。索米尔和都兰地区用品丽珠酿造特色葡萄酒，即使品丽珠不是酿制波尔多红酒和主要法定产区红酒的主要葡萄。在气候暖和的年份，这些葡萄酒有讨人喜欢的黑醋栗味，入口时味淡（虽然绝不会像博若莱红酒那样淡）、微酸，可贮存多年。在收成不大好的年份，这酒会酿得让人失望透顶，满是涩口的青单宁酸的酸味。

索米尔 – 尚皮尼（Saumur-Champigny） 索米尔最好的红酒很吸引人，带有水果味，用两种解百纳葡萄酿制，加强了仲夏浆果的味道。在好的年份里，这些酒值得封藏。

索米尔 这是索米尔 – 尚皮尼周围不大出名的地区。这里的红酒更干、更酸，但有时是在夏季酝酿成熟的，如 Filliatreau 庄园的酒还是不错的。Saumur Puy-Notre-Dame 于 2006 年被允许出产自己法定产区的红葡萄酒。白葡萄酒主要原料是白诗南，最多可添加 20% 的霞多丽，使酒的口感顺滑，建议关注 Les Andides 葡萄酒。

索米尔白葡萄酒（Coteaux de Saumur） 在较好的年份酿造的白诗南甜白葡萄酒。

索米尔 – 解百衲桃红酒（Cabernet de Saumur） 这款桃红葡萄酒简单、清新。

索米尔起泡酒（Saumur Mousseux） 索米尔起泡酒的酿造方法与香槟酒相同，原料主要是白诗南，偶尔也会添加一些软化了的霞多丽。一些不错的生产商，如 Gratien & Meyer 也用品丽珠酿制起泡桃红酒，或是 Bouvet-Ladubay，他们生产的葡萄酒酸酸的，但不乏清新、爽脆。

索米尔

葡萄品种：红葡萄为品丽珠；白葡萄为白诗南

索米尔起泡酒

葡萄品种：白诗南、霞多丽和长相思

都兰

葡萄品种：品丽珠、佳美（红葡萄酒）；白诗南、长相思、霞多丽和罗莫朗坦（白葡萄酒）

都兰

卢瓦尔地区采用品丽珠酿制的最迷人、口感最复杂的红葡萄酒，来自都兰西部的三大著名产区。

希农（Chinon） 在都兰西部的三大著名产区中，希农生产的葡萄酒在构成、均衡感和封存期方面都是最好的。希农地区自拉伯雷（Rabelais）时期就十分出名。葡萄酒的原料中最多只允许添加 10% 的赤霞珠葡萄。所产葡萄酒带有复杂迷人的覆盆子和茴香的芳香，还带有些许橡木味。

生产商：Baudry，Couly-Dutheil 和 Druet。

布尔格伊（Bourgueil） 过去这些酒是粗制速酿而成，但现已得到迅速提高，含有很好的红色水果味和质朴感。

布尔格伊 – 圣尼古拉斯（St-Nicolas-de-Bourgeuil） 这是布尔格伊的一块飞地，其葡萄酒的风格相似，在丰收的年份里值得陈酿，也许会带来更成熟、更似李子的果味。

生产商：Pavillon du Grand Clos 和 Taluau 酒庄。

白诗南葡萄酒在都兰东部地区仍在酿造，在那里也出产举世闻名的卢瓦尔葡萄酒。

武弗雷（Vouvray） 这一法定产区所产的酒几乎涵盖了白葡萄酒可以采用的每一种风格——干型酒、中干型酒、半甜型酒、贵腐酒和起泡酒。尽管武弗雷产区很古老，但却能够酿制一些整个卢瓦尔地区最美味的白诗南葡萄酒。酒标说明比以前更加详尽严密，从干、半干、甜到粒选贵腐，应有尽有。干葡萄酒是果仁味的、甘甜的，但同时也是干涩的，而半干型酒果味更重，稍加了些糖，但味道均衡。甜葡萄酒有水果糖浆的滑腻感，而贵腐酒都是起泡酒，极其浓郁。即使是储存干葡萄酒也会因而受益。

生产商：Champalou、Dom. des Aubuisières、Clos Naudin、Pichot 和 Dom. de la Fontainerie 酒庄。

Huët 酒庄生产迄今为止最好的武弗雷起泡酒，该酒酵母香气浓郁、口感复杂，就如品质好的香槟酒一样。

蒙路易（Montlouis） 位于武弗雷南面，卢瓦尔河的另一边。其白诗南葡萄酒与其更为出名的邻产地酿制的酒，风格完全相同，但口感不大细腻。

谢弗尼（Cheverny） 谢弗尼在都兰东北部，其白葡萄酒可以使用霞多丽、赤霞珠或白诗南酿制，但也有一独立的法定产区吉尔-谢弗尼（Cour Cheverny），采用一种高酸度的罗莫朗坦本地葡萄酿造葡萄酒。清爽的谢弗尼红酒可能会使用品丽珠、佳美和黑品乐葡萄。这里也酿造一些起泡酒。

都兰 区域法定产区酒是指其他红、白葡萄酒的，通常会标明所用的葡萄品种。佳美红葡萄酒，酒体轻盈、柔顺清爽，那些由解百纳酿制的酒果味更浓，而长相思白葡萄酒含有极好的果味。

卢瓦尔上游地区（Upper Loire）

在卢瓦尔河的东端，几乎位于法国的正中心，在一些最流行的干白葡萄酒中，这里的长相思白葡萄酒形成了自己的风格。

桑塞尔（Sancerre） 位于卢瓦尔河左岸，这里出产的长相思葡萄酒已成为全世界酿制的参照。长相思确实可以是吸引人的葡萄酒，充满苹果、醋栗、荨麻、芦笋、香菜浓郁的清新味，以及诱人的缕缕烟熏味。酿成后2年以内饮用是最好的。这里也有黑品乐酿制的红葡萄酒和桃红葡萄酒，只不过即使是那些最成熟的葡萄酒，我仍然很难发现它们的特色。红葡萄酒通常是非常稀薄、清新的，桃红葡萄酒勉强好过一口新鲜的空气。

普伊芙美（Pouilly-Fumé） 在卢瓦尔河的右岸，面对着桑塞尔地区，普伊的葡萄酒酿制风格几乎与桑塞尔完全相同，也许其最好的葡萄酒中的烟熏味要更多一点。一些令人兴奋的葡萄是生长在一种火石土壤（flint soil）中的，称为硅石（Silex）（在酒标上寻找这个字眼），该酒注重鲜明的矿物风味而不是果味。最好的酒，鉴于其价格，口感更淡些。从目前来看，桑塞尔地区通常是一个更为可靠的产地。

生产商：Bourgeois、Ch. de Tracy、de Ladoucette 和 Chatelain。

默讷图萨隆（Menetou-Salon） 这一法定产区位于桑塞尔产区的西面，生产清脆爽口的长相思葡萄酒和许多相当好的桑塞尔白葡萄酒，以及黑品乐红葡萄酒和桃红葡萄酒。

生产商：Pellé、Roger 和 Mellot 酒庄。

勒伊（Reuilly） 该地横穿谢尔河，所产的酒是度数更低、辣味稍轻的长相思白葡萄酒，还有黑品乐红葡萄酒和用灰品乐酿制的淡淡的桃红葡萄酒。

坎西（Quincy） 只用长相思酿制的白葡萄酒，是桑塞尔白葡萄酒最不出名的替代品，但新酿出来时仍很清新、活泼。

卢瓦尔河畔普伊（Pouilly-sur-Loire） 不常见的干白葡萄酒，由味道平淡的夏瑟拉（Chasselas）葡萄酿制而成。

其他葡萄酒

上普瓦图（Haut-Poitou） 上普瓦图位于卢瓦尔南面，普瓦捷（Poitiers）古镇的北面，生产不错的简单长相思、霞多丽白葡萄酒和佳美红葡萄酒。

卢瓦尔河科瑞芒（Crémant de Loire） 安茹和都兰地区使用这一名称，采用酿制香槟的方法，用白诗南和霞多丽酿制令人印象深刻的起泡酒，用品丽珠和佳美酿制桃红葡萄酒。

法国花园地区餐酒（Vin de Pays du Jardin de la France） 不在被划定的法定产区生产的地区餐酒，或使用未允许使用的葡萄（经常是品质极好的长相思、霞多丽、白诗南或佳美葡萄）酿制的葡萄酒。

葡萄酒年份指南

大多数干白葡萄酒是在新酿出来时饮用的。无论是密思卡得地区，还是卢瓦尔上游地区，总的来说2009年都是最好的一年，近期红葡萄酒酿造的最好年份是2009年、2008年和2005年。索泰尔讷甜白葡萄酒是卢瓦尔地区最好的餐后甜酒，可以封存相当久。最近几年中，葡萄酒酿造最好的年份是2007年、2005年和2003年。

卢瓦尔上游地区

葡萄品种：白葡萄为长相思

桑塞尔、默讷图萨隆和勒伊地区

葡萄品种：黑品乐、佳美（红葡萄酒/桃红酒）

储存在索米尔格拉提安-迈耶的酒窖中，用品丽珠酿造的起泡酒（左图）

香槟区（Champagne）

香槟，单独这一名字就能让人想到一幅庆祝的画面，甚是浪漫。香槟区位于法国优质葡萄酒产区的最北部，是世界上最好、最具吸引力的起泡酒的源头。

世界上没有任何一种葡萄酒能像香槟一样，带有一种内在的、现成的光环。香槟酒包装精致、享誉世界、泡沫丰富，是庆典与奢华的象征，代表着好消息的降临、新年的到来，也是庆祝生日、纪念日和婚礼的首选。香槟酒可以舒缓低落的心情，唤醒冒险刚开始时的希望。英国前首相温斯顿·丘吉尔（Winston Churchill）是香槟酒最热衷的崇拜者与消费者之一。正如他所说："胜利的时候，我们用它来庆祝，失败的时候我们更需要它。"

过去3个世纪以来，法国最北部葡萄园生产的葡萄酒一直是世界上酿造起泡酒的典范。的确，除了西班牙的卡瓦酒，几乎其他所有的酿酒商在开始酿造起泡酒时，都参考了这里起泡酒的酿造法，如 ciampagna 酒、champanski 酒或诸如此类的酒。

为了不让香槟之名像其他产品一样被大肆盗用，近年来香槟地区的诉讼纠纷不断。因此，可能不会有英国接骨木花"香槟"（elderflower 'champagne'），也没有以"香槟"命名的香水。即使其他香槟酒采用同样的葡萄品种与酿造方法，其酒标上曾为人熟知的"champagne method"（香槟制造方法）都没有任何官方参照。香槟区是法国北部的一个地区，它将无可避免地承受诉讼之苦。

消费者天真地把所有起泡酒都称为"香槟"，而香槟地区的人们为保护自己的品牌而努力，这是可以理解的。倘若一种称谓体系要代表某事物，它必须界定葡萄酒产地的地理位置。而具有讽刺意味的是，香槟区是唯一一个没有在酒标上注明其地理位置的法定产区，许多生产商只是在酒标上用字母C代替。

然而，知名品牌会遇到这样一个问题，其生产的葡萄酒要比不如它的竞争者受到更严格的审查。香槟酒（而非其他法国葡萄酒）定期就会陷入热门政治争议。过去30年，大多数争议都是涉及香槟酒的品质，以及究竟谁有权利品饮此酒的问题。

随着"二战"后大繁荣的到来，香槟酒的社会规模逐渐扩大。20世纪80年代，香槟酒产业曾迷失了方向，但在经济出现短暂繁荣之时，英国（香槟酒的第一大市场）香槟酒的销量达到了前所未有的高度。法国香槟酒行业委员会的一些人员（此委员会的控制主体）认

香槟区的四大葡萄园（下图），温暖的奥布河谷隐匿其中，一路向南

1. 马恩河谷
2. 兰斯山脉
3. 白丘区
4. 奥布河谷

此图为原版书所附示意图

为，葡萄酒会因社会名流负担不起而失去其耀眼的光环。利用物价上涨的巨大影响，尝试定量配给葡萄酒消费量的做法刚刚开始奏效，而经济大衰退的到来更促成了此事。

令人甚是烦恼的是，突然出现了大量劣质的香槟酒。经过多场激烈的争辩之后，20世纪90年代引进了一种新的质量管理体系，这一地区的名誉开始恢复。1999年末，假装没有足够的香槟酒供应千禧年庆祝活动的企图，迅速遭到抱怨，人们对区域委员会的印象极差，无论它发表什么样的官方声明都对其表示怀疑。

其他地区对其所酿葡萄酒的纯正度与信誉度的挑战，是香槟酒生产商现在面临的第一大难题，这一难题对香槟而言如同一场风暴。过去其他起泡酒若质量出现问题，会被看成是极其大胆的，无论特定的大香槟生产商相信与否，试图仿造正品葡萄酒的高雅之态完全已经过时了。从英格兰南部到南非，仍有地区用传统方法继续酿造起泡酒，而且品质卓越。我最近刚品尝过马耳他（Malta）地区酿造的霞多丽起泡酒，至今印象深刻。

2008～2009年爆发的全球金融危机，致使西方经济未来之路坎坷曲折，像香槟酒这样昂贵的产品，需要尽其所能招揽顾客。拥有

装着未混合、没有发酵的葡萄汁的木桶（上图）。标记展示了这些葡萄产自哪个地方，如VZY代表兰斯山脉的韦尔兹奈

满是围墙的美尼尔葡萄园（左图）归库克家族所有。葡萄园专门种植霞多丽，这种葡萄奠定了该葡萄园的威望

兰斯山区山坡上的黑品乐葡萄藤（上图）。远处正在焚烧修剪下来的葡萄藤，飘来缕缕青烟

在香槟酒生产过程中，用手扭转瓶子使沉淀物从瓶壁转移到瓶塞处（下图），要花费数周的时间

自主品牌的香槟酒质量上乘、价格适中，将其供应给大型超市零售商，使消费者买得起，这是香槟酒得以在市场中占据一席之地的一种方法。然而当消费者意识到，相对于人们的平均收入来说，香槟酒产业已永远失去其市场价值，那就很难得到人们的偏爱了。他们是否还希望我们继续品饮香槟酒？当我们品饮香槟酒时是否还会有优越感？

17世纪中期，品饮起泡酒之风在英国开始兴起，这事纯属偶然，但却自此成为一种习惯。在此之前，葡萄酒不被看作是一种饮料。重复发酵在当时是由自然灾害引起的，在香槟区北部的气候条件下是要尽力避免的。香槟区天气寒冷，可能会抑制葡萄汁初期的转变，难以形成酒精。第二年开春，若所酿葡萄酒再次发酵，该酒就酿造失败了。

那时香槟区的著名葡萄酒大量出口到英国。葡萄酒装在木桶里用船装运，到达英国后，商贩们立即将其装瓶。葡萄酒要经过长时间的海上运输才可抵达目的地，为防止其变质，英国商人习惯在进口的酒中加入白兰地和一点糖。尽管香槟区的白葡萄酒运输时间不长，但还是要加入些许糖，以便迎合英国人惯饮甜葡萄酒的偏好。

鉴于这些酒酿成初期生物属性不稳定，加入糖后接着装瓶，开启酒瓶时几乎可使酒水如潺潺细流或像火山喷发般涌出。酒窖中发生爆炸对英国酒商而言是一种灾难，因此所受的损失会被认为是活该如此，而且很快会成为英国最新的笑谈。爆炸后碎玻璃横飞，一点酒都不会剩下，英国人便研制了更结实的酒瓶来应对爆炸。

香槟区的人们适时主动地迎接挑战，他们获知英国人的口味后，开始改良酿酒工艺，生产可自行冒泡的葡萄酒。这一工艺发展如此广泛，已载入史册，香槟区的人们逐渐相信是他们自己发明了起泡酒。还有一种传说：香槟酒是奥特维耶（Hautvillers）修道院的修道士唐·培里侬（Dom Pérignon）于1668年发明的。

即使培里侬并不是起泡香槟酒的发明者，他也是一位坚持不懈的创新者，我们应称赞其在完善酿酒工艺方面的努力，例如用红葡萄酿造白葡萄酒之法，改善澄清的方法，混酿各葡萄园的酒以便找到最佳的葡萄酒酿造工艺。

香槟酒起初是一种淡淡的、酸口的低度白葡萄酒。在初次发酵之后，香槟酒便酿好了，这时会加入更多的糖，然后再次封上金属瓶盖。当在酒中应用酵母时，会产生更多的酒精和二氧化碳，但是由于酒瓶是封住的，里面的气泡排不出去，因此只能暂时留在酒中。

葡萄酒在瓶中经历二次发酵，会产生一层死酵母细胞。就像盛放在木桶中的麦芽酒一样，随着酵母的自溶，酒液与酵母长时间的接触会别有一番复杂、顺滑的口感。一般来说，香槟酒在酒槽中陈酿的时间越长（无年份香槟酒法定陈酿最短时间为15个月，年份酒则为3年），就会越浓郁、柔滑、复杂。

当然，必须要先除去这层酵母再出售。慢慢转动、倾斜酒瓶，直至沉淀物全部转移到瓶盖下面，这一过程被称为转瓶（remuage）。现在大多数香槟酒庄都采用自动化设备，将酒瓶装入大型板条箱里，但许多酒庄仍然运用传统方法。这一传统方法在18世纪晚期首先运用于凯歌酒庄，要用手费力地将酒瓶装入货架，使其瓶口向下。

在去除葡萄酒中的酵母泥渣时，要把酒瓶颈部浸入冰冷的盐溶液中，这样葡萄酒中含有沉淀物的那部分就会瞬间结冰。当金属瓶盖被敲掉时（少数手工生产者仍然用手敲掉瓶盖），沉淀物也会随着瓶盖从瓶中飞出，

然后加满糖水，所加的糖水决定了葡萄酒的最终类型，从干型酒到甜度酒各种类型都有。最后再封上传统的香槟软木塞，这样很快就能出售了。

香槟的种类

香槟酒的生产受格兰德斯－马克斯俱乐部（Club des Grandes Marques）成员的掌控，大型俱乐部有法国酩悦香槟（Moët & Chandon）、博林格酒庄（Bollinger）、玛姆酒庄（Mumm）、泰亭哲酒庄（Taittinger）、凯歌香槟（Veuve Clicquot）和宝禄爵香槟（Pol Roger）。这些酒庄声誉最好，生产的酒卖得价格也最高。另外，这一地区有许多重要的合作社，他们也经常生产自主品牌的香槟酒并出口销售。更让人兴奋的是，越来越多的葡萄种植者也在小规模酿造自己的香槟酒，这些酒喝过后令人印象深刻。

这一地区分为五大区域：马恩河谷（Vallée de la Marne），这是沿河最近的区域；兰斯山区，一座巨大的山脉，这里种植着大量的黑品乐葡萄，在这里可以俯瞰该区北部的主要城市；布朗酒区（Côte des Blancs），位于埃佩尔奈（Epernay）工业中心南部，是霞多丽葡萄集中种植的地方；再往南一点是塞泽讷酒区（Côte de Sézanne）；位于东南部的是奥布河流域（Aube valley），与其他区域完全分离，倾向于生产最具乡土特色的葡萄酒，这一地区遍布白垩土壤（chalky soils），酿造的香槟酒口感细腻。

虽然大多数大庄园都拥有自己的葡萄园，但他们主要还是向不同葡萄园的合约种植者购买葡萄，这些种植者可以自由交易自己收获的葡萄。也有一些庄园完全没有任何土地。其他庄园会在自己独立的葡萄园酿造特殊的单一酒槽酒（cuvées），最著名的是库克名下的美尼尔园（Clos du Mesnil vineyard）所产的极为罕见的葡萄酒。另一方面，小型种植者会用其所产的葡萄单独生产葡萄酒，尤其是在塞泽讷酒区和奥布河流域。

尽管大多数香槟酒是白色的，但允许在酒中使用的3种葡萄中有2种是红葡萄。黑品乐为调和酒带来了厚重感和浓郁感，也使其可大量陈酿。而那些掺入更多比例霞多丽的香槟酒，则是优雅的、口味更淡的。

莫尼耶品乐葡萄本身不大出名，但它确实可以立刻让许多调和酒拥有一种水果味。有些酒庄减少了莫尼耶品乐的使用；另一些酒庄（包括库克香槟）却公然赞美它的作用。事实上，莫尼耶品乐不能在最好的葡萄园，即指定的特级葡萄园种植，因此再如何赞美也不能帮助其提高声誉。

为保证香槟酒的品质，20世纪90年代的《规范与质量宪章》（Chartre de Qualité）规定，酿制此酒只用挤压收获的葡萄的第一遍汁，接着轻轻挤压出的果汁，现在也许会被用在认同该规定生产商的葡萄酒中。以前，第二次挤压出的更为粗糙、涩口的果汁也会掺入酒中，使得许多香槟酒的口感变得粗糙。

大多数香槟酒都标有极干（Brut）的字样，这是标准的干型酒。香槟酒的类型在盖上瓶塞之前的最后一刻才能决定，这时会加入一定量溶解了的糖（dosage），来调和酒的最后口味。即使干型酒也含有一些糖，纯香槟酒却是一种自然的、极酸的葡萄酒。极少数葡萄酒不加糖，也许会被标为零甜度酒（Brut Zéro）。这些酒对我来说品尝起来总觉得还未成熟，只有罗兰百悦香槟还可以接受。

此外，也可以在酒中加入超过平均水平剂量的糖，使其成为一种更甜的类型——中干型（medium-dry）酒，标为半干型（Demi-Sec）或是极甜的酒，标为甜香槟（Doux）或浓酒（Rich）。路易王妃香槟就是一种极其不错的均衡浓酒。

兰斯山脉韦尔兹奈的夏天（上图），山坡上阳光普照，主要种植黑品乐葡萄

香槟酒

葡萄品种：黑品乐、莫尼耶品乐和霞多丽

在兰斯山区的 Mailly 葡萄园，人工收获黑品乐葡萄

3月初，修剪葡萄藤（上图），在葡萄园里用便携式火把烧掉修剪下来的葡萄藤

非年份香槟（NV） 基础风格和振兴或摧毁酒庄声誉的酒就是非年份调和酒。酒庄每年要保留一些基础酒，要用少量这种陈酿时间更长、更成熟的葡萄酒，使酸口原始酒有种更为柔和、复杂的口感。年份酒陈酿得很好时，非年份酒的质量也会大大提高。每个生产商所产葡萄酒的风格会大不相同。最好的葡萄酒平衡感好、质感润滑、味道深邃，需要很长时间陈酿。贮存一两种非年份酒，时间为半年到一年，其产生的效果会让你大为吃惊。

顶级酒庄：查尔斯哈雪香槟酒庄、宝禄爵香槟酒庄、博林格香槟酒庄、凯哥香槟酒庄、沙龙帝皇香槟酒庄、泰亭哲香槟酒庄和路易王妃香槟酒庄。

年份酒 年份酒是单一年收获的产物，酒标上会标明生产年份，这种酒要在酒槽中陈酿至少3年（但是更好一点的酒庄陈酿的时间会更长些）。理论上，年份酒，如波特酒，应只在最好的年份酿造，这样的年份十年中才只有三四次。何况酿造年份酒似乎要花费很长时间，因此并不是每个人都可以酿造这种酒。

通常情况下，年份酒至少陈酿5年才出售（但仅仅陈酿刚过3年的酒却不为人知，很是可惜）。年份酒只有经8～10年才酿造成型，买酒时要记住这一点；年份酒不成熟就品饮着实是浪费，代价昂贵。深沉、浓郁的甜型葡萄酒，通常有种新鲜出炉的面包或是奶油蛋卷的味道，最宜吃东西时品饮。

顶级年份酒生产商：泰亭哲、博林格、酩悦香槟、朗松、凯歌香槟、H·布兰河谷、韦诺日和汉诺香槟。

桃红葡萄酒 大多数桃红葡萄酒是在白香槟中加入一点当地红葡萄酒酿制而成的（这种做法在法国其他地方是不允许的）。只加入一点儿，也许只有2%的红色葡萄皮在白香槟中浸泡一会儿，使其染上红色。在最好的时候，桃红香槟酒有种令人愉快的草莓或覆盆子的味道，使其在夏季饮品中熠熠生辉。

葡萄酒的颜色会有很大不同，从好莱坞明星的唇彩色到轻微的褐色（技术术语是"洋葱皮"色），这是那些浸泡时间最短的桃红酒的颜色。

顶级生产商：宝禄爵香槟、凯歌香槟、瑞纳特香槟（Ruinart）、博林格香槟、哥塞香槟（Gosset）、沙龙帝皇香槟（Billecart-Salmon）、

Jacquart香槟、Perrier-Jouët Belle Epoque香槟、路易王妃水晶香槟和凯歌贵妇香槟。

白中白（Blanc de Blancs） 这种香槟酒只用霞多丽葡萄酿制。这些出售的酒是最低度、最优雅的葡萄酒，但是陈酿恰当的年份酒会呈现一种暖和、舒适的浓郁感，反驳了关于低度酒清淡的言论。倘若你们打算购买这种酒，以下是我个人的最爱。

顶级生产商：沙龙香槟、瑞纳特香槟、丽歌菲雅香槟（Nicolas Feuillatte）、沙龙帝皇香槟、卓皮耶香槟（Drappier）、泰亭哲伯爵香槟（Taittinger Comtes de Champagne）和库克罗曼尼香槟（Krug Clos de Mesnil）。

黑中白（Blanc de Noirs） 用黑葡萄（黑品乐和莫尼耶品乐）酿造的白香槟，其颜色虽然从来都不是粉红色的，却通常有种显著的深色基调。这种酒十分浓郁，不一定符合刚开始喝香槟酒的人的口味，但若酿造得好，它们浓郁的风格会令人印象深刻。好的香槟搭配食物更加完美。

顶级生产商：博林格老藤黑中白香槟（Bollinger Vieilles Vignes）、德韦诺日香槟（de Venoge）、Billiot香槟、玛蒂尔香槟（Serge Mathieu）和Alexandre Bonnet香槟。

著名特酿（Prestige Cuvée） 大多数大型酒庄会设计非常高级的特殊酒瓶。这些通常是为（但不完全是）年份酒设计的，为了强调这些酒的品质极好。这些酒陈酿的时间要比普通年份酒时间更长，或是来自特别受青睐的葡萄园。包装通常十分有趣，例如Belle Epoque香槟的瓶子上画着花，Nicolas Feuillatte's Palmes d'Or香槟酒瓶的设计似多面水晶。虽然这些确实是顶级香槟酒，但也必须适当陈酿。假如有人愿意花费一个月的工资来买瓶这种酒，那肯定是有原因的。

顶级佳酿：路易王妃水晶香槟（Roederer Cristal）、丘吉尔爵士特酿年份香槟（Pol Roger Cuvée Sir Winston Churchill）、唐·培里侬香槟王、库克陈年香槟、凯歌贵妇香槟（Veuve Clicquot La Grande Dame）、博林格RD香槟、Perrier-Jouët Belle Epoque香槟、哥塞典藏香槟、Mumm René Lalou香槟、柏瑞皇家香槟（Pommery Cuvée Louise）、罗兰百悦豪华香槟（Laurent-Perrier Grand Siècle）和Nicolas Feuillatte Palmes d'Or香槟。

葡萄酒年份指南

2009 年 ***** 极好的一年，葡萄酒值得贮存。

2008 年 **** 均衡、酸口，有浓郁果味。

2007 年 **** 比预想的要好得多。

2004 年 **** 葡萄酒酿造的好年份，大多数葡萄酒十分柔滑。

2002 年 **** 均衡且有吸引力的葡萄酒。

1998 年 **** 现在许多葡萄酒展现出了令人印象深刻的成熟感。

1996 年 ***** 极其浓郁的甜酒，比 1995 年份酒成熟得更快。

1995 年 **** 这是口味浓郁、结构良好的葡萄酒酿造得不错的年份，现在就可以饮用。酒庄擅于用古老软塞除酵母泥渣的方法酿造葡萄酒，其他值得尝试的更早的年份有 1990 年 **** 1989 年 ***** 1988 年 ****1985 年 **** 1982 年 *****。

秋天，香槟区（下图）绚丽夺目，金黄色的葡萄园遍布山丘

阿尔萨斯（Alsace）

阿尔萨斯是一个盛产葡萄酒的地区，值得得到更大的认可。它是德国与法国葡萄酒文化、各种葡萄品种最好的结合区，生产一些风格最特别的葡萄酒。

在所有法国主要葡萄酒产区中，从政治上讲，阿尔萨斯是历史上最多变的地区之一。在过去的 150 年里，阿尔萨斯曾两度纳入德国，而现在尽管其居民很可能拥有德国名字，但毋庸置疑阿尔萨斯隶属于法国。在孚日山脉和莱茵河的庇护下，阿尔萨斯地区既种植法国葡萄，也种植德国葡萄。

然而，在法国其他地方，甚至是德国，都没有与阿尔萨斯地区生产的葡萄酒相类似的酒。也可以说，与任何地方相比，阿尔萨斯酿造的葡萄酒都是非常特别的。唯一的问题就是不知情的消费者会错把它们当成德国产的。它们与德国酒唯一的关联就是，曾一度像莱茵白葡萄酒（Liebfraumilch）一样，价格便宜且加了糖，但这也没什么。瞥一眼酒瓶，是高高的德国日耳曼长笛瓶形，酒标也许标注了这酒产自波茨坦（Pfingstberg）葡萄园，葡萄品种可能是雷司令，葡萄酒是密封的。有些人就会认定这是一款德国甜葡萄酒，而事实上并非如此。

按理说阿尔萨斯应该是法国境内最容易理解的地区之一，因为它是法国唯一一处葡萄酒以葡萄品种命名，而不以葡萄酒村庄或庄园冠名的地区，同属一个最重要的地域性产区，即阿尔萨斯法定产区（AOC Alsace）。

20 世纪 80 年代新出了关于最好葡萄园，即特级葡萄园（Grands Crus）的划分体系，这使得描绘最好葡萄园的那张图画变得更复杂了，现在这样的葡萄园已有 51 个。最初，阿尔萨斯特级葡萄园只允许种植 4 种葡萄：琼瑶浆、威士莲、灰品乐和麝香葡萄，但是现在 Zotzenberg 特级葡萄园也可以种植西万尼（Sylvaner）白葡萄，黑品乐预计在适当的时候会被有地位的大公司引进。

特级葡萄园的葡萄酒产量，在地区总产量中所占份额不足 5%。但是公平地说，大多数消费者（甚至是该地区的人）不知如何区分各个葡萄园。雨果（Hugel）家族企业乐意忽略整个体系，即使有资格在酒标上冠名，他们也拒绝在酒标上标注葡萄园的名字。

虽然阿尔萨斯相对来说属于法国北部地区，但其闭塞的地理位置使其气候特别干燥，年降雨量如南部酷热的米迪（Midi）部分地区一样少。这就意味着，当法国其余很多地方葡萄收成较差时，阿尔萨斯往往不受影响，而其他地区可能会受到影响。

这些地区有时过于干旱，土壤以黏土为主，而阿尔萨斯一些低洼的葡萄园却是受益的。黏土在气候潮湿时会吸收水分，不像其他类型的土壤会使水分轻易流失掉，在夏季干旱真正爆发的时候，这是一笔宝贵的财富。

消费者对阿尔萨斯葡萄酒心存疑惑的是，许多商业街的商店里只列出该地区许多合作社的最低水准的产品。其实这在很大程度上是完全可靠的，也不应被鄙视，但是阿尔萨斯真正引以为傲的几乎总是那些私人种植者所酿

阿尔萨斯的于纳维村庄坐落着一座 15 世纪的教堂，Rosacker 特级葡萄园就在远处的山坡上（上图）

阿尔萨斯地区毗邻孚日山脉和莱茵河（右图），拥有一整套产区体系和指定的特级葡萄园。图中标出的村庄是这一地区大多数顶级葡萄酒生产商的酒窖所在地

此图为原版书所附示意图

的葡萄酒，其中许多葡萄酒用的是低产葡萄藤上摘下的葡萄，这种葡萄酿出的葡萄酒味道浓郁、芳香四溢，让人难以忘怀。

葡萄酒

几乎所有阿尔萨斯地区的葡萄酒都是干白或中干白葡萄酒，由以下几种葡萄（仅黑品乐除外）酿造而成。这里首先列出的 4 种葡萄是只允许在大多数特级葡萄园中种植的葡萄品种。

琼瑶浆 这是最容易让人们想到的该地区酿造葡萄酒所用的葡萄品种。琼瑶浆葡萄酒芳香浓郁，带有麝香芬芳、果园成熟水果或柑橘的味道，以及香料的甜味，通常是一种深色的酒，酸度低、酒精度低。尽管琼瑶浆个性突出，但却是许多食物的和谐伴侣，例如阿尔萨斯有名的味道浓郁的面食（patés）和砂锅（terrines），还有东亚美食，如中国菜和泰国菜。该酒用酒瓶陈酿会更好，虽然在大获丰收的年份，如 2003 年，成品酒的酸度极低，长时间陈酿只会使其变得稠糊。

生产商：鸿布列什酒庄、雨果酒庄、婷芭克世家、Kuentz-Bas 庄园、温巴赫酒庄、亚当酒庄、Willm 酒庄、图克汉联合酒厂和 Pfaffenheim 合作社。

雷司令 世界上最著名、最纯粹的纯干雷司令葡萄酒产自阿尔萨斯。该酒刚酿好时几乎都是十分酸涩的，在瓶中陈酿一段时间后，大多数酒会变成烈酒，带着酸橙皮和柚子的味道，酸感极强，但比德国的雷司令酒精度要高。该酒是吃鱼和泰国菜时的开胃伴侣。在葡萄酒陈酿成熟后，汽油和湿泥的迷人香气散发出来，但却依然会保留极强的酸感。形容该酒的流行语是"活泼"，一旦品尝就能理解了。

生产商：温巴赫酒庄、婷芭克世家、Schlumberger、Josmeyer、Sipp、亚当酒庄、鸿布列什酒庄和 Beyer 酒庄。

灰品乐 灰品乐葡萄酒是让人误解的酒款，它具备琼瑶浆干白葡萄酒的辛辣口感，水果味更强烈一点，也许是橙子，而不是琼瑶浆干白葡萄酒中熟桃子的味道。此外，该酒具备奶油质地，像抹了一层蜂蜜，看起来像一瓶特别芬芳的霞多丽酒。像琼瑶浆干白葡萄酒一样，一般而言，灰品乐酸度相当低，而且一瓶灰品乐葡萄酒要封存多久应当好好考虑。不要

提那些大规模生产的意大利灰品乐（同一葡萄），这里的灰品乐葡萄酒可是品质出众的。

生产商：鸿布列什酒庄、Schlumberger、Kreydenweiss、Beyer 和 Albrecht 酒庄。

麝香葡萄 麝香葡萄是最为人熟知的一种葡萄，这种葡萄不是单一的葡萄品种，还有许多与它类似的葡萄品种。阿尔萨斯地区现在有两种由麝香葡萄衍生的葡萄品种，一种是大家熟知的阿尔萨斯麝香（Muscat d'Alsace），另一种是奥内托麝香（Muscat Ottonel）。这两种葡萄在酒标上没有什么不同。麝香葡萄是一种极甜的酿酒葡萄，闻起来、吃起来都特别甜，它的甜是唯一得到一致认同的。麝香葡萄酿制的干型葡萄酒有令人兴奋的酸味，它比上

Husseren-les 酒庄（上图）。一个典型的阿尔萨斯村庄，被葡萄园包围，后面的山上有 3 座毁弃的塔

坦恩村庄的 Rangen 特级葡萄园（右图）位于极其陡峭的山坡上。它是阿尔萨斯地区最南端的一个特级葡萄园

面列举的其他 3 种葡萄酒质地更轻盈。相比其他葡萄，麝香葡萄种植得极少。但是，在收成好的年份，用低产的葡萄藤上结出的葡萄酿酒，再加入一些当地人喜爱的麝香料，可酿制爽口的烈性白葡萄酒。

生产商：婷芭克世家、Rolly-Gassmann 酒庄、温巴赫酒庄和 Schleret 酒庄。

白品乐 白品乐不是一种气味特别香的葡萄，但它绝对是被低估的一种葡萄。白品乐可以酿制稍带苹果味的奶油葡萄酒，这酒被引入这一地区毫不令人吃惊，那些爱酒人士极为兴奋，一头扎入了令人眩晕的葡萄酒中。陈酿酒中有时还带有一点儿桃子味。相比许多未盛放在橡木桶中的干白葡萄酒，刚酿出时便饮用这酒，其特色更为明显。这种酒不需要长时间贮存。

生产商：Rolly-Gassmann 庄园、雨果酒庄、Mann 酒庄、Zind-Humbrecht 庄园、婷芭克世家、温巴赫酒庄和 Deiss 酒庄。

西尔瓦纳（Sylvaner） 西尔瓦纳是德国西部弗兰肯（Franken）地区的特色葡萄，在阿尔萨斯地区用其酿制的葡萄酒蔬菜味极浓，

通常是明显的卷心菜味。这种奇怪的口味不是最具吸引力的，但它的味道却甜如蜜，而且有种意想不到的浓郁口感。2006 年，西尔瓦纳葡萄被允许引入 Zotzenberg 特级葡萄园，从而取代了麝香葡萄。

生产商：Zind-Humbrecht 庄园、Becker 酒庄、温巴赫酒庄、Ostertag 庄园和 Seltz 酒庄。

欧赛瓦（Auxerrois） 虽然这种葡萄被大量种植，但是没人去谈及它。它与霞多丽葡萄品种有类似之处，在阿尔萨斯地区倾向于将欧赛瓦掺入白品乐中酿制葡萄酒。因此，如果一瓶酒标注的是白品乐，也可能其中掺杂了欧赛瓦（或者确实并未添加）。单是用这种葡萄酿制的酒口味淡雅，但是特点显著，稍带点泡沫味。不要与法国南部的欧赛瓦红葡萄混淆了，欧赛瓦红葡萄也被称为马尔贝克（Malbec）。

生产商：Mann 和 Rolly-Gassmann 酒庄。

莎斯拉（Chasselas） 在葡萄酒酒标上很少会看到这种葡萄，这一不出名的葡萄可酿制极为清淡、味道一般的葡萄酒。Schoffit 酒庄能用老藤上结出的莎斯拉葡萄，奇迹般地酿制出口感特别浓郁的葡萄酒，非常值得一试。

雪绒花混酿（Edelzwicker） 雪绒花混酿这个名称是指把上面提及的任意几种葡萄混合在一起酿酒（除了白品乐和欧赛瓦）。这样的混酿酒也许十分不错，但鉴于已经十分详尽地介绍了用以上任意一种葡萄酿制的酒，如果你可以买到那些单一葡萄酿制的酒，就没有必要去品尝这些混酿酒了。

黑品乐 这是阿尔萨斯地区唯一的红葡萄品种，可以酿制口味极为清淡的红葡萄酒和少量的桃红葡萄酒。近几年，开始出现与这种葡萄类似的品种，虽不像勃艮第地区的酒，不过还是不错的。其酿制的葡萄酒中通常含有一些浓烈的樱桃味，酿制略显粗糙，气候暖和的年月会有浓郁感。如果想要葡萄酒更为浓郁，可以使用橡木桶贮藏。

生产商：Deiss 酒庄、亚当酒庄、温巴赫酒庄和雨果酒庄。

阿尔萨斯起泡酒（Crémant d' Alsace） 在法国，除了香槟产区外，阿尔萨斯地区也生产一些上乘的起泡酒，通常比勃艮第或卢瓦尔地区所产的要好。最常用的葡萄品种是

白品乐，通常与灰品乐混合，但该地区也发现了少量种植的用来酿造起泡酒的霞多丽。酿造方式与香槟酒一样，都是在瓶中二次发酵。酿成的葡萄酒通常带有迷人的坚果味，口感丰富而深邃。也有一些轻盈的黑品乐桃红葡萄酒。

生产商：Dopff au Moulin、亚当酒庄、Albrecht、Blanck 和图客汉联合酒厂。

迟摘甜白酒（Vendange Tardive） 阿尔萨斯葡萄酒中有两种较甜的葡萄酒，而迟摘甜白酒就是其中一种不大浓郁的葡萄酒。这个名字的意思是"晚收"，表示将葡萄留在藤上使其熟过头，从而产生更高的天然糖分。在阿尔萨斯，该酒只能用上文提到的四大葡萄酿造。这些葡萄美味至极，既有成熟水果的味道，又有辛辣糖浆的口感，在两者之间达到了完美平衡。在 2005 年和 2009 年这样的好年份，这种葡萄生长得特别繁盛，似蜜一样甜，略带些奶油味；在收成不大好的年份，则类似干葡萄酒，但额外带有稍稍可品尝到的深邃的质感。

粒选贵腐葡萄酒（Sélection de Grains Nobles） "贵腐"是指引起贵腐病、灰霉病类真菌在某些年份会在葡萄园中蔓延，使得种植者可以酿造出阿尔萨斯地区最浓郁、最黏稠的葡萄酒。这种酒酒精度高、黏稠、甘甜，理论上应适当陈酿。唯一稍显不足的是（特别是在琼瑶浆和灰品乐中），若腐烂的葡萄留在藤蔓上的时间足够长，酸度（在干葡萄酒中极低）会进一步下降。再次强调，酿制这种酒只允许使用上文提到的四大葡萄，迄今为止使用麝香葡萄是最罕见的。

阿尔萨斯特级葡萄园（Alsace Grand Cru） 除阿尔萨斯以外，这是该地区仅有的另一处法定产区。自 1983 年以来，这里就涵盖了最负盛名的一些葡萄园，其中 51 处现已被单独划分出来。被允许的最大产量是每公顷葡萄酿制 6 600 升葡萄酒，但稍好些的葡萄酒是由产量远比这少的葡萄酿制的。雷司令、琼瑶浆、灰品乐和麝香葡萄酒是允许在大多数指定的地点酿制的四大特许葡萄酒，在 Zotzenberg 酒庄也可以使用西万尼葡萄。由于个体葡萄园在土壤、日照和微气候方面彼此截然不同，所以特级葡萄园的葡萄酒能完全展现出阿尔萨斯的多样性，但目前相比勃艮第葡萄园，这些葡萄园即使是在知识渊博的消费者心目中，仍未留下深刻印象，人们对其观念的转变缓慢。

葡萄酒年份指南

阿尔萨斯地区的葡萄酒，在 21 世纪头十年里，仍然有一系列非常好的年份。2009 年 ***** 绝对轰动的一年，紧随其后的年份都生产出了大量成熟、口感复杂的葡萄酒。在前两年中，2007 年 **** 优势不是那么明显，但 2008 年 **** 无疑仍是不错的一年。满怀自信地购买这些近期的葡萄酒吧。2005 年 ***** 酿制均衡、可长时间储存的葡萄酒的杰出的一年，而 2003 年 **** 即使是干型葡萄酒往往也缺乏均衡感，但天气炎热，仍酿制出了很多不错的餐后甜酒。此前不错的年份酒，尤其对于干型雷司令来说，是 1998 年 ****、1990 年 ***** 和 1985 年 *****。

从 Schoenenburg 特级葡萄园看去，希格维尔的村庄满是教堂尖塔（上图）

砖木结构的阿尔萨斯建筑物（下图），位于希格维尔的雨果酒窖

勃艮第（Burgundy）

尼伊酒区热夫雷－尚帆
丹产区 Charmes 葡萄园
的秋色（上图）

勃艮第著名的地区由南到
北集中于第戎和里昂之
间，而夏布利则在北部
（右图）

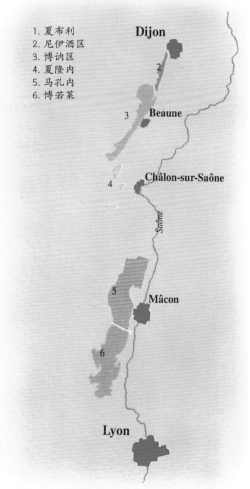

1. 夏布利
2. 尼伊酒区
3. 博讷区
4. 夏隆内
5. 马孔内
6. 博若莱

此图为原版书所附示意图

喜欢极品黑品乐和经典霞多丽的人们，谈起勃艮第时都带着敬畏。勃艮第葡萄酒酿造史可以追溯到几个世纪前，与土地的划分和酒商的作用息息相关。

勃艮第在法国葡萄酒产区中一直是波尔多的"伴侣"。特别是勃艮第红葡萄酒，有大批忠实的爱好者，就像精致的波尔多红葡萄酒那样，而且两者之间一直存在着浪漫的竞争关系。如果波尔多红酒爱好者是一位老派的鉴赏家，他鉴赏葡萄酒时挑剔、理智，也会沉思冥想；而勃艮第爱好者更像是一个野孩子，喜爱享乐主义，自由奔放，更接近自然。

充满激情的争论已经炸开了锅，仍对勃艮第葡萄酒表示愤怒，在某种程度上是因为很多葡萄酒的质量不大可靠。使辩论变得更加尖锐的是，与波尔多的产量相比，优质勃艮第葡萄酒的年产量规模是极小的。勃艮第优质特级葡萄园与一级葡萄园的葡萄酒（大致相当于波尔多列级酒庄酒）几乎完全来自科多尔（Côte d'Or）的狭小石灰岩山脊上，这段山脊从北至南不到 30 千米，最宽处不超过 8 千米。将这与定期存储在波尔多酒窖中的大量未售出的红葡萄酒相比，产量实在少得可怜。

勃艮第的土地可称得上是世界上最昂贵的，这些土地被无情地细分了一代又一代，因为按照拿破仑·波拿巴（Napoleon Bonaparte）制定的一项法典，土地所有者的财产是要他的子孙在其死后平均分配的。如今，许多这样微小的土地要负责生产勃艮第最伟大的葡萄酒。

然而，这不是该地唯一的竞赛。看看那些一座座商人的大房子，这些商人被称为酒商，他们大宗买进葡萄，甚至是成品酒，混入他们自己的瓶装酒中。在过去，若干公司的商业影响力毕竟为建立这一整个区域的声誉付出了很多。如果他们生产的葡萄酒是相当不错的，或是偶尔出众的，那他们几乎可以不用与最具有质量意识的小种植者竞争。事实上，他们也很少尝试与其竞争。

最近勃艮第已经发生了些许变化，其结果是那里的葡萄酒（尤其是红葡萄酒）比法国其他任何地方的葡萄酒都要更为一丝不苟。有一种共识是，黑品乐最自然的风格就应该是这里酿造的那样。有些种植者强调葡萄酒的轻盈、果味和魅力；其他酒的风格颜色更深、更沉郁。不同的产区存在明确的风格差异，但生产商自己的风格是更为关键的。

一般来说，该地区的白葡萄酒比红葡萄酒更可靠些，因为在大多数年份里，霞多丽表现得都比品乐葡萄更亲切。如果说经营理念出现了可察觉到的转变，那就是最优等的产区会一直生产更细腻、更精益的葡萄酒，减少一些橡木的味道，这让我觉得相当可惜。

对于勃艮第葡萄酒爱好者来说（我就是其中之一），相比世界上其他任何葡萄酒，上好的科多尔品乐或霞多丽酒带有产区土壤的味道。大型公司只经营著名村庄的酒，品尝这类不振奋人心的葡萄酒会感到失望。更让人不安的是，根据人们的平均收入，这些可能是他们唯一能买得起的葡萄酒。其实，我们完全应该知道谁是更好的生产商，哪种是更好的葡萄酒，以及哪些才是更好的产区。

本章描写的地点自北向南，穿过传说中的科多尔区到达更大的马孔内地区，但首先，在这么美好的夜晚应该应该先喝上一杯夏布利酒。

夏布利地区

尽管历史上夏布利地区被认为是勃艮第葡萄种植区的一部分，但夏布利的葡萄园位于约讷省（Yonne）主要区域的西北部，相比科多尔，它在地理上更接近香槟区的南端。因此，在世界上仍在生产霞多丽酒的地区中，夏布利的葡萄园是位于最北面的边区村落之一。毫不奇怪，与该地区相关的酿酒风格是质地轻盈的葡萄酒、酸度极高。酿制该酒要么完全不使用橡木，要么只是很谨慎地使用。

这一产区声名鹊起归功于石灰石和黏土的地质构造，英格兰南部的部分地区也有这样的地质构造，这被称为 Kimmeridgian 岩层，晚于 Dorset 村的 Kimmeridge 岩层。这赋予了葡萄酒著名的矿物质，值得陈酿几年。

夏布利葡萄酒的等级结构与勃艮第的其他地区是大致相同的。顶级葡萄园被列为特级葡萄园（grand cru），下一级是一级葡萄园（premier cru），然后是基本产区的葡萄酒。在夏布利地区，还有小夏布利酒这一基础类别。小夏布利酒是在这一产区中心地带以外的土地酿制的，或其使用的葡萄尚未达到被要求适当种植的最低年限。

近年来，一个关于夏布利地区的争论涉及机器收割的问题。当你将大部分或全部精力都集中在酿制一种风格的葡萄酒时，值得好好研究如何收割葡萄。夏布利酒固有的美味得益于人工仔细地采摘最成熟的葡萄藤上的果实。而机械收割，特别是在特级和一级葡萄园里，应该被完全禁止。

夏布利　基本产区是整个葡萄园最广泛的地区。用其经典的评论来说，这里的葡萄酒新酿出时口感细紧，除了酸苹果味或柠檬味外，一般没有其他芳香，之后酒会在瓶中软化，着实迷人。这样经过三四年，酒会呈现出一种油腻之感，这暗示了想象中的橡木影响的存在，使酒有一种淡淡的植物香气，就像扔在融化了的黄油中的绿豆或韭菜的气味。夏布利酒若是苦的或是酸涩的，就非好酒。土地由于过度种植而贫瘠，生产的葡萄可能是酸口的，水分多，就像坏掉的灰品乐一样。将葡萄留在藤架上的时间长久些，可淡化葡萄酒新酿出时的酸涩感，这种做法正在该地区广泛传播开来。这类葡萄酒陈酿的效果不大好。

生产商：Raveneau、R&V Dauvissat、A&F Boudin、Vocoret、Michel、Durup、Defaix、Lupé-Cholet、Leflaive、Brocard、Fèvre（用橡木桶陈酿的最好的夏布利酒）和 la Chablisienne 酒庄。

夏布利一级葡萄园　享有一级葡萄园称号的一共有 40 个，其产量约占总产量的 25%，但它们有许多隐于较大的集团冠名之下。其中 17 个公认的葡萄园中，最好的是 Vaillons、Fourchaume、Beauroy、Montée de Tonnerre、Mont de Milieu、Montmains 和 Vaucoupin 园。从夏布利地区晋升一些葡萄园

夏布利

葡萄品种：霞多丽

夏布利七大特级葡萄园中的 4 处（下图）：从 Grenouilles 眺望远处的 Vaudésir、Preuses 和 Bougros 园

的活动几乎从未终止过，而一些晋升并不是名副其实的，导致过多的夏布利一级葡萄园酒品尝起来与普通的夏布利酒没多大差别。这种情形现已得到改善，有许多更为浓郁的葡萄酒，需花费更多的钱来购买。

夏布利特级葡萄园 官方指定了 7 个特级葡萄园，都位于面向西南的山坡，位于夏布利城镇的北面，其产量只占地区总产量的 3%。它们是 Bougros、Les Preuses、Vaudésir、Grenouilles、Valmur、Les Clos 和 Blanchots 园。第八个为 La Moutonne 园，也算是特级葡萄园，但它并不被官方认可，因为它与普尔斯和渥玳日尔重叠，所以没有归为特级葡萄园。这些都是最为浓郁的夏布利酒，通常都是在橡木桶中陈酿的，以加强葡萄酒的奶油味，质量总体来说是非常不错的。这些酒在饮用前至少应该封存 5 年，直到它们与科多尔区的夏敦埃酒一样甘甜，但却不失其一直保有的核心矿物风味。

小夏布利（Petit Chablis） 很多夏布利的简单区域被提升为一级葡萄园，很多小夏布利地区已经奇迹般地成为夏布利地区，其结果是剩下的小夏布利地区只有不足 25% 的土地在种植葡萄。这些葡萄酒通常缺乏浓郁感，也缺乏培育，缩小这些葡萄酒与夏布利酒的价格差难以让人接受，虽然也有很偶然的例外，如 Séguinot-Bordet 葡萄酒的品质就很不错。

尼伊酒区（Cote De Nuits）

位于科多尔区的北半部，始于第戎南部地区。这个区域对于红葡萄酒来说是尤为重要的，但一些产区也生产少量的白葡萄酒。对于世界各地许多有抱负的红葡萄酒生产商来说，尼伊酒区是黑品乐真正的心脏地带。葡萄酒的高浓度和稀缺性使其在葡萄园中（传奇般的特级葡萄园），以及全世界最受欢迎、最被高度重视的红葡萄酒中价格最高。

以下从北到南具体介绍该产区。一些村庄已分别在自己的产区内指定特级葡萄园和一级葡萄园。在适当情况下，位列每个法定产区之后的是其特级葡萄园（GC）的名称，一级葡萄园（PC）的数量列于括号内。

马沙内（Marsannay） 自 1987 年以来就是法定产区，马沙内曾长期因其草莓味的低度桃红酒而闻名，但这酒可能会有 3 种颜色。

红葡萄酒的品质正在改进，值得购买。

生产商：B Clair、Mortet、Trapet 和亚都酒庄。

菲克桑（Fixin）（5PC）多亏酿造时的巧妙处理，口感香醇的红葡萄酒具有相当好的深度和结构感。白葡萄酒比较普通。

生产商：Joliet、Charlopin 和 Guyard 酒庄。

热夫雷尚贝丹（Gevrey-Chambertin）（26 PC）在极好的产区中位列第一（仅生产红葡萄酒）。这里的葡萄酒强劲、味香、结构结实，达到最佳状态时是浓郁的、可陈酿的，状态不佳时是坚韧且缺乏果味的。GC：Charmes-Chambertin、Chambertin Clos-de-Bèze、Le Chambertin、Mazis-Chambertin、Latricières-Chambertin、Chapelle-Chambertin、Ruchottes-Chambertin 和 Griotte-Chambertin 园。

生产商：Rousseau、Dugat、Mortet、Rossignol-Trapet、Roty、Dujac、Sérafin、Faiveley 和亚都酒庄。

莫雷－圣丹尼（Morey-St-Denis）（20 PC）这酒比热夫雷度数稍低，但仍然口感饱满、味道可口，带有深色青梅味。有少量令人印象深刻的白葡萄酒。GC：Clos de la Roche、Clos des Lambrays、Clos de Tart、Clos St-Denis 和 Bonnes Mares 园。

生产商：Dujac、H Lignier、Lignier-Michelot、Roumier、Rousseau、Ponsot 和 Dom. des Lambrays 酒庄。

尚博勒－穆西尼（Chambolle-Musigny）（25 PC）这酒呈现淡淡的红色，含有香甜的草莓味，在尼依酒区属于非典型的酒款。由小种植者生产的葡萄酒口感更佳。GC：Bonnes Mares 和 Le Musigny 园。

生产商：Roumier、Dujac、Leroy、Rion、Mugnier、Vogüe 和 Drouhin 酒庄。

武若（Vougeot）（4PC）生产少量美味葡萄酒的法定葡萄酒村庄，著名特级葡萄园生产的酒，拥有惊人的强劲口感和陈酿寿命，相比之下这白葡萄酒就显得普通了。GC：武若庄园。

生产商：Leroy、Méo-Camuzet、Mugneret-Gibourg、Gros、Grivot、Mortet 和 Confuron 酒庄。

孚讷－罗马内（Vosne-Romanée）（15PC）特别芳香、味道浓郁的品乐酒，含有多汁的树莓果肉味，层次丰富，需要封存陈酿。承袭

尼伊酒区

葡萄品种：红葡萄为黑品乐；白葡萄为霞多丽，还有少量白品乐

于著名的罗曼尼康帝（Romanée-Conti）的特级葡萄庄园，是勃艮第最好的红酒生产地，其产量小，价格不菲。相邻的 Flagey-Echézeaux 拥有两个特级葡萄园，但其生产的红酒被冠名为孚讷-罗马内（Vosne-Romanée）。GC：Grands Echézeaux、Echézeaux、Richebourg、Romanée-St-Vivant、Romanée-Conti、La Romanée、La Grande Rue 和 La Tache 园。

生产商：Dom. de la Romanée-Conti、Leroy、Méo-Camuzet、Liger-Belair、Lamarche、Arnoux、Grivot、M Gros、Rouget 和 Cathiard 酒庄。

尼伊圣乔治（Nuits-St-Georges）（41PC）
红葡萄酒酿造得最好时，带有经典的香醇口感和樱桃味，味道深沉、复杂，但味道已经变得非常不均衡了。能够敏锐地感知这里缺乏特级葡萄园。这里的白葡萄酒还比较不错。

生产商：Gouges、l'Arlot、Chevillon、Rion、Grivot、Arnoux、Chauvenet、Confuron、Jayer-Gilles 和 Faiveley 酒庄。

上尼伊区（Hautes-Côtes-de-Nuits） 尼伊区西部山上有一些小村庄，这些小村庄集中在这一产区。这里产的葡萄酒对于想要尝试更高级的酒款的人们来说，是比较可靠的开始。红葡萄酒有成熟树莓的果味和结实的结构。日常白葡萄酒柔软，并带有果仁味。

生产商：Jayer-Gilles、Caves des Hautes-Côtes 和 Verdet 酒庄。

尼伊村庄区（Côtes de Nuits-Villages）
这一法定产区汇集了从尼伊区最北部到最南部的许多村庄。红葡萄酒和白葡萄酒制作精良、颜色稍淡，具有长久贮存的潜质。

生产商：Chopin-Groffier、Bachelet 和 Jourdan 酒庄。

博讷区（Cote De Beaune）

这是科多尔向南伸展的地方，虽然这里生产的白葡萄酒闻名遐迩，但是也有很多不错的红葡萄酒。勃艮第用橡木桶陈酿的夏敦埃酒主要来自博讷区的南部，而来自更北部的最好的红葡萄酒则与尼伊区的酒一样出色。这里的葡萄酒更加柔和，更早能被饮用，首先强调红色水果的味道，其次是经典的勃艮第的香醇口感。

佩尔南-韦热莱斯（Pernand-Vergelesses）
（8PC）如果喜欢口味稍淡的葡萄酒，那么精致的白葡萄酒和细腻的红葡萄酒都是富有吸引

力的，但该地一般不算生产正宗勃艮第酒的产区。GC：25% 的 Corton-Charlemagne 园位于这一法定产区。

生产商：Chandon de Briailles、Pavelot、Rollin、Rapet 和 Laleure-Piot 酒庄。

勃艮第-阿里高特（Bourgogne Aligoté）
阿里高特（根据该葡萄命名的）是勃艮第一种不知名的白葡萄酒，来自佩尔南（Pernand）周围地区，除了具有强烈的柠檬酸味和新鲜感，还有更加柔和的酸奶油的口感（夏隆内酒区的勃艮第 Aligoté de Bouzeron 酒也如此）。

拉都瓦（Ladoix） 这是 Ladoix-Serrigny 村极其难得的法定产区，生产的几乎全是简单精益的红葡萄酒。GC：1/8 Le Corton 园（几乎都是红葡萄酒），Corton-Charlemagne 园（只生产白葡萄酒）的一小部分。同样，一些拉都瓦地区的一级葡萄园归阿罗克斯（Aloxe）所有，剩下的 11 处一级葡萄园是独立的。

生产商：Chevalier、E Cornu 和 Loichet 酒庄。

热夫雷-尚贝丹（上图）是尼伊区第一个荣获勃艮第红酒产区的地方

博讷区

葡萄品种：红葡萄为黑品乐；白葡萄为霞多丽、白品乐和阿里高特

著名的 *Hôtel de Dieu*（上图）正对着博讷村的济贫院的入口

阿罗克斯－科尔登（Aloxe-Corton）

（15PC）严格意义上来说，一些酒庄位于拉都瓦村庄。该村庄生产不错的劲头十足的红葡萄酒，还有产量小的未给人留下深刻印象的白葡萄酒。GC：Le Corton（博讷区内生产红葡萄酒唯一的特级葡萄园）可能拥有 21 个葡萄园名，如 Corton-Bressandes、Perrières、Clos du Roi 等。

生产商：Tollot-Beaut、Chandon de Briailles、Bonneau du Martray、Méo-Camuzet、Girardin、Coche-Dury、Rapet 和 Louis Latour 酒庄。

萨维尼莱博讷（Savigny-lès-Beaune）

（21PC）位于该区的西部，这里曾被认为是十分纯朴且容易被忘掉的地区，但现在情况大为改观。葡萄酒的价格也一直颇为稳定。出产上乘的含有红色果肉的品乐酒，还有精致的白葡萄酒。

生产商：Tollot-Beaut、Leroy、Pavelot 和 Jacob 酒庄。

绍黑－伯恩（Chorey-lès-Beaune）

由于这里的红葡萄酒（少许白葡萄酒）受到的评价过低，所以一般价格都很实惠。最好的酒拥有柔软的红色博讷品乐果肉味，口感陈郁，适合封藏。

生产商：Maillard 酒庄、Arnoux 酒庄和 Drouhin 酒庄。

博讷（Beaune）

（42PC）这一村庄将其名字赋予了该产区。这里以柔软的又带有草莓味的极其优雅的红葡萄酒而闻名。所产的夏敦埃酒刚入口时硬硬的，但是最终会令人印象深刻。

生产商：Lafarge、Tollot-Beaut、de Montille、Morot、Drouhin 和 Champy 酒庄。

波马特（Pommard）

（27PC）这是上等的可长期储存的红葡萄酒，像一些尼伊区红葡萄酒一样有名。倘若酿造得不好，会过于厚重。因其质量好，所以价格昂贵。

生产商：Comte Armand、Boillot、de Montille、Lafarge、Girardin 和 Courcel 酒庄。

沃尔奈（Volnay）

（35PC，其中有 5 个位于莫索特）顶级的博讷黑品乐，酿制得最好时会有奶油味和红色水果（覆盆子、罗甘莓）味，可口浓郁。毫无疑问是博讷区最好的红葡萄酒。价格虽贵，但大多数都是非常不错的。

生产商：Comte Lafon、de Montille、Lafarge、Ampeau、Matrot、Potel 和 Voillot 酒庄。

蒙蝶利（Monthélie）

（15PC）位于更为有名的沃尔奈和莫索特之间，蒙蝶利是一个主要生产红葡萄酒的村庄，生产的酒若不是极其优雅的，也是很强劲的。

生产商：Comte Lafon、Roulot 和 Jobard 酒庄。

圣罗曼（St-Romain）

位于博讷区的西侧，既生产白葡萄酒，也生产红葡萄酒，其朴实的夏敦埃干白葡萄酒明显要比清淡的品乐酒好。

生产商：Chassorney、Gras 和 Verget 酒庄。

欧克赛－迪雷斯（Auxey-Duresses）

（9PC）之前有一段酒质不稳定的时期，现已被温和又带有草莓味的品乐酒和黄油味的夏敦埃酒取代。

生产商：Leroy、Diconne、Ampeau、Prunier 和 Comte Armand 酒庄。

莫索特（Meursault）

（19PC，其中布拉尼和桑特诺也生产红葡萄酒，在这种情况下，它们不以莫索特冠名，而桑特诺算是沃尔奈的一级葡萄园）这是第一个五星级的白葡萄酒生产村庄，也是唯一一个没有特级葡萄园的村庄。莫索特酒曾经是极其浓郁的，带有强烈橡木味的金黄色的葡萄酒，充满蜂蜜和奶油糖果的味道。最近这里的酒变得更为精简，其中一部分是由于生产过剩。莫索特酒看上去便宜，会让人觉得品质不佳。

生产商：Comte Lafon、Coche-Dury、Roulot、Jobard、Ente、Girardin、Bouzereau、Fichet 和亚都酒庄。

皮里尼－蒙哈谢（Puligny-Montrachet）

（17PC）村庄产的葡萄酒通常比莫索特的更精简，但也是均衡、精美的，其夏敦埃酒带有奶油榛子味和烤新橡木的味道，口感辛辣。从现在开始，所有的葡萄酒在一定程度上沐浴在最伟大的勃艮第白葡萄酒的荣耀中，特级葡萄园梦拉谢酿制的夏敦埃酒带有烟熏味，味道浓厚饱满，让人难以忘怀，价格昂贵。这里也生产有点暗红色的皮里尼（Puligny）葡萄酒。GC：Le Montrachet、Batard-Montrachet、Chevalier-Montrachet 和 Bienvenues-Batard-Montrachet 园。

生产商：Sauzet、Leflaive、Carillon、Ente、Ramonet 和 Larue 酒庄。特级葡萄园酒生产商：Dom. de la Romanée-Conti、Colin、Bouchard、

Lafon、Leroy 和 Drouhin's Montrachet Laguiche 酒庄。

圣欧班（St-Aubin）（20PC）这一新兴的法定产区位于法国西部，正在酿制一些优良的带有烟熏味的纯正夏敦埃酒，也生产少量价格非常有吸引力的带有草莓味的低度品乐酒。该产区大部分是一级酒庄。

生产商：Bachelet、H Lamy、Thomas 和 Larue 酒庄。

夏瑟尼 – 蒙哈榭（Chassagne-Montrachet）（50 PC）这是该地区生产上乘白葡萄酒的最后一处，也许是生产基本村庄酒中最不壮观的产区。虽然这里的酒仍然有优质勃艮第夏敦埃酒的味道，但这里也生产一些令人难忘的特级葡萄酒。红葡萄酒十分普通。GC：Le Montrachet、Batard-Montrachet 和 Criots-Batard- Montrachet 园。

生产商：Blain-Gagnard、Ramonet、Colin、B Morey、M Morey、Niellon 和 Verget 酒庄。

桑特奈（Santenay）（12PC）位于该地区的南部，主要生产不是十分细腻的红葡萄酒，但该酒也可能是由较好的种植者生产的令人满意的浓郁品乐酒。这里也生产上乘可口的白葡萄酒。

生产商：Girardin、Vincent、Muzard 和 Belland 酒庄。

马朗日（Maranges）（7PC）这一法定产区创建于 1988 年，包括 Dezize 村庄、桑特奈村庄 和 Cheilly 村庄，每个村庄名后面是产区的后缀（Dezizelès-Maranges 等），但它们也可能被简单冠名为桑特奈。绝大多数红葡萄酒相当纯朴，但售价适中。

生产商：Bachelet、Girardin 和 Charleux 酒庄。

上博讷区（Hautes-Côtes-de-Beaune） 正如尼伊产区一样，从山上到该产区的西部，零散分布着一些村庄，都在使用这一产区名称。其葡萄酒的质量总体上是不错的，特别是柔软的带有樱桃果香的红葡萄酒。

生产商：Joillot、Jacob、Ch. de Mercey 和 Caves des Hautes-Côtes 酒庄。

博讷村庄区 红葡萄酒产区覆盖这一产区的大部分地区，名称可被任意一个独立村庄使用，除了四大地区：阿罗克斯 – 科尔登、博讷、波马尔和沃尔奈。由两个或更多村庄混合生产的葡萄酒也能使用（这种做法现已不大存在了）。

生产商：Drouhin、Lupé-Cholet 和亚都酒庄。

博讷区（Côte de Beaune） 这里最简单的产区包括山上的一些葡萄园，这些葡萄园俯瞰着博讷村，但不包括这一产区的其他地方。生产不出名的红、白葡萄酒。

夏隆内产区（Cote Chalonnaise）

马孔内是产量较大的一个大型产区，位于勃艮第南部，带状的夏隆内产区的葡萄园将其与科多尔省分离。夏隆内产区的名字来自索恩河畔沙隆区。除了生产一些基本的勃艮第法定产区红、白葡萄酒外，这里还有 5 个重要的村庄产区，但并不像科多尔省的村庄一样著名。虽然它们没有相同的等级，但其所产的葡萄酒通常品质良好。

布哲宏（Bouzeron） 这一村庄产区创建于 1998 年，被认为是生产勃艮二流白葡萄（阿里高特）最好的产区。这里的酒应在其刚陈酿出来时饮用，以便尝到它富有挑战性的柠檬味与法式酸奶油味。

生产商：de Villaine、Goisot、Mortet 和 Ente 酒庄。

吕利（23PC）这一村庄生产的红、白葡萄酒现已大不如前，不再是既便宜又令人兴奋的起泡酒。这一村庄的白葡萄酒比博讷区的葡萄酒度数更低、更干，但是总的来说酿制得不

夏隆内酒区

葡萄品种：白葡萄为霞多丽和阿里高特；红葡萄为黑品乐

夜幕降临在上尼伊区的葡萄园，该葡萄园位于科多尔的山丘上（下图）

马孔内

葡萄品种：红葡萄为黑品乐、佳美、凯撒和特雷索；白葡萄为霞多丽、阿里高特、白品乐、灰品乐和萨希

霞多丽葡萄被运到了蒙塔尼葡萄酒产区的泊斯合作社的酒窖，蒙塔尼葡萄酒产区位于夏隆内区（下图）

错。这里生产的红葡萄酒风格简单，含有李子的果味。

生产商：Jacqueson、Dureuil-Janthial、Briday、Girardin 和亚都酒庄。

梅尔居雷（Mercurey）（30PC）夏隆内产区的葡萄酒很大一部分来自这个村庄，这就是为什么有时会看到被称为 Région de Mercurey 的一整块区域。大多数情况下，红葡萄酒极其均衡、浓郁，而白葡萄酒也得到了极大的改善。

生产商：Ch. de Chamirey、Juillot、de Suremain、Lorenzon、Raquillet 和 Faiveley 酒庄。

日夫里（Givry）（17PC）这里主要生产红葡萄酒，其酒结构均衡，含有芳香的覆盆子果味，令人难忘。也生产少量辛辣的白葡萄酒，很是迷人。

生产商：Chofflet-Valdenaire、Joblot、F Lumpp 和 Sarrazin 酒庄。

蒙塔尼（Montagny）（49PC）这是一个只生产白葡萄酒的产区，酒的品质参差不齐，有些葡萄酒十分浓郁。许多酒尝起来很像普通的马孔区白葡萄酒。一半的土地都有资格成为一级酒庄，数量是十分多的。

生产商：Aladame、Vachet、Roy、Louis Latour 和 Caves de Buxy 酒庄。

马孔内（Maconnais）

马孔内位于勃艮第的最南部、在马孔城的对面，它在很多方面是该地区的商业中心。大多数勃艮第的合作社都位于这里，以及南部的博若莱。这里主要生产日常白葡萄酒，有一两种明星酒，所生产的酒大批量发往市场，而且多数情况下很容易在来自世界各地的低价夏敦埃酒中胜出。

普伊－富塞（Pouilly-Fuissé） 这里只生产白葡萄酒，总的来说代表着马孔内葡萄酒该有的水准，其葡萄酒的定价根据生产者的野心而定。最经典的葡萄酒浓郁、新鲜，带有橡木味，呈现出些许优雅。

相邻的普伊－凡泽勒（Pouilly-Vinzelles）和普伊-洛榭（Pouilly-Loché）产区，与普伊－富塞不属于同一等级。

生产商：Chateau-Fuissé、Guffens-Heynen、Ch. de Rontets、Valette、Ferret、Robert-Denogent、Lassarat、Merlin 和亚都酒庄。

圣韦朗（St-Véran） 圣韦朗位于马孔内南部，与博若莱有重叠的地方，全部围绕着普伊－富塞法定产区，是夏敦埃干型葡萄酒的产地之一。该产地有些被低估，可生产一定数量的勃艮第好酒。

生产商：Thévenet、Lassarat、Deux Roches、Corsin、Gerbeaux 和亚都酒庄。

维尔－克莱塞（Viré-Clessé） 这两个村庄位于较远的北部地区，1999 年从马孔村庄混杂的产区中分离出来，形成了独立的法定产区。这里只生产夏敦埃酒，还勇于尝试酿制一些使用大量橡木的葡萄酒。

生产商：Bonhomme、Michel 和 Ch. de Viré 酒庄。

马孔村庄（Macon-Villages） 伞形结构的法定产区总共包括 26 个村庄，生产白葡萄酒，所有村庄都有权在酒标上冠名马孔产区。质量更好一些的酒区有吕尼（Lugny）、拉罗什维讷斯（La Roche-Vineuse）、蒙贝莱（Montbellet）、于希济（Uchizy），以及相当不错的夏敦埃酒区。普里谢（Prissé）拥有自己的法定产区酒。

生产商：Thévenet、Merlin、Manciat、Barraud、Bret Brothers 和 Bonhomme 酒庄。

马孔村庄以下是高级马孔区（Macon Supérieur），是生产红、白葡萄酒的基本产区，以及普通的马孔区，只生产红葡萄酒，大多数由佳美葡萄酿制。

其他葡萄酒

整个地区的基本产区酒，从高到低依次是法定产区勃艮第白葡萄酒、勃艮第红葡萄酒或勃艮第桃红葡萄酒。越来越多的生产商在使用这一排名，生产吸引人的用单一葡萄酿制的葡萄酒，在人们能负担的情况下与勃艮第酒竞争。白葡萄酒通常带有一点橡木的味道，红葡萄酒含有恰到好处的水果味，而桃红葡萄酒大多轻盈，并带有微微的水果味。

一些更北一点的村庄，尤其是那些来自欧塞尔（Auxerre）地区（靠近夏布利）的村庄，如希特利（Chitry）、伊朗希（Irancy）和埃皮诺依（Epineuil），现已有权将自己的村庄名添加到勃艮第产区称谓中。在白葡萄酒中，夏敦埃酒可能会加入白品乐和灰品乐的发酵物，而红葡萄酒中也许会在其原材料黑品乐中加入佳美葡萄，以及两种历史上在夏布利附近种植的新奇的葡萄品种——凯撒和特雷索。

勃艮第巴斯红酒（**Bourgogne Passe-toutgrains**）是采用黑品乐和佳美葡萄混合酿制的地域性法定葡萄酒，其中黑品乐葡萄所占比例不少于三分之一。

勃艮第起泡酒（**Crémant de Bourgogne**）这种起泡酒由传统方法酿制而成，可采用该地区的任意一种葡萄，但主要使用霞多丽和黑品乐。这种酒清脆、纯净，有时有一点深邃感。白中白和黑中白分别是指由白葡萄酿制成的白葡萄酒和由黑葡萄酿制成的白葡萄酒。这里也有一些讨人喜欢的桃红起泡酒。

葡萄酒年份指南

在勃艮第，红葡萄酒受酿造期条件的影响要远远超过白葡萄酒。在霞多丽低产的年份，浓郁且完全可以饮用的葡萄酒可能要少些，而未成熟的黑品乐酒颜色淡、质地轻薄、缺少果味。

红葡萄酒

2009 年 ***** 非常好的一年，所酿葡萄酒浓郁且带有极好的果味。这一年酿酒极好。

2008 年 *****2008 年的酒成熟、芳香，应该封存，品质优于尼伊酒区的红葡萄酒。

2007 年 *** 我没有像其他人那样对这些酒痴迷。太多的葡萄酒好像缺少亮点，但也总有例外。

2006 年 **** 的确是尼伊酒区的丰收年。博讷红葡萄酒貌似缺少浓郁感。

2005 年 ***** 难以置信的一年。无论什么时候观察，勃艮第酒都具有多层次的口感，浓郁且迷人。倘若遇到，仍然值得购买。

2003 年 *** 难以总结。极火爆的一年，酿造了太多酒精度过高的葡萄酒，酒中带有艰涩的单宁酸。

2002 年 **** 美味的红酒中带有大量诱人的果味。

1999 年 **** 十分吸引人的一年，呈现出勃艮第酒典型的深邃与饱满。

时间更早些的出彩的酿酒年份：1996 年 **** 1995 年 ****1992 年 **** 1990 年 ***** 1989 年 *****1988 年 ****。

白葡萄酒

近期最好的酿酒年份：2009 年、2007 年、2006 年、2005 年、2004 年和 2002 年。

博讷区阿罗克斯－科尔登的路易拉图酒庄酒窖中的木桶，正准备运往新的村庄（上图）

维尔基松的岩石（上图）俯瞰着普伊－富塞葡萄园，那是生产马孔区最好的勃艮第白葡萄酒的源头

博若莱丘陵地区（上图），是生产勃艮第葡萄酒最南部的产区

博若莱（Beaujolais）

巨大的博若莱产区是勃艮第最南部的葡萄酒产区，致力于种植佳美红葡萄，生产一种酿酒界最独特的红酒风格。这里的酿酒师不只生产新酒（Nouveau），那些用最近时期葡萄季节收获的葡萄酿造的酒。

博若莱葡萄酒从未受到足够的重视。它主要是一种轻质酒，很少有人会刻意储存，而大多数零售商都渴望在新酒酿出之前卖掉上一年积压的酒。当你意识到这里的酒商和葡萄种植者们每年要拿出大约三分之一的博若莱新酒进行甩卖时，你应该同情他们。博若莱新酒几乎从不向人们传达这样一种信息：它是一种值得细品的酒。我认为对于大多数消费者来说，他们每年仍会喝掉一瓶这种酒。

事实上，许多村庄型酒庄的葡萄酒都陈酿得很好，以上那些做法与观点都是值得羞愧的，但无论是生产商，还是倾向性评论家，似乎都没想让你知道这一点。不可否认，这酒新陈酿出来时（比如酿成后的半年到一年）是无比迷人的，酒体轻盈、缺少单宁酸，但酒精度高（通常约为 13%），带有成熟多汁的草莓味。但大多数博若莱酒缺乏单宁酸，即便弥补酸性也无济于事，就像你希望吃到的是一个多汁的梨子，结果却发现它硬如洋葱，这往往会破坏饮酒时的享受。

有一些种植者通过改变酿酒方法（传统法为二氧化碳浸泡法，它会使葡萄发酵），在酒中增加少许的单宁酸，使酒庄的葡萄酒多了些深邃和力量。这些酒有时是令人无忧无虑的夏季红葡萄酒，有时也在橡木桶中陈酿。博若莱酒中通常会有异物，这是对葡萄酒体系的冲击，但它们一直是该地区较为显著的成就之一。

总的来说，博若莱葡萄酒仍是一种卓越又无法挑战的夏季烈酒，易于酿造，很早就装入瓶中，要冷冻后再饮用。大部分这种酒实在是太贵了，但是村庄型酒庄的种植者酿制出的成熟葡萄酒，能够封存六七年时间，变成一种口感复杂、味道浓郁的酒，非常成熟，那消费者就不会再介意价格了。酒商主宰博若莱葡萄酒的酿制，古老而有名的乔治·杜柏夫（Georges Duboeuf）酒庄走在时代的前列，但也有很多精致的小型种植者，值得去拜访。博若莱葡萄

博若莱

葡萄品种：红葡萄为佳美；白葡萄为霞多丽

酒的质量越稳定，陈酿出来的时间越短，越应该在它比较冰的情况下饮用。最好的葡萄园生产的葡萄酒储存时间要更长些，并且完全不需要冷藏。这些酒来自 10 个村庄，这些村庄被认为拥有最好的葡萄园。

圣阿穆尔（St-Amour） 根据传统，这里的酒应该在情人节那天饮用，带有强烈的芬芳，但也有一丝勃艮第的构成。它往往是博若莱最均衡的葡萄酒之一。

生产商：des Ducs、des Billards 和 Côtes de la Roche 酒庄。

朱里耶纳（Juliénas） 不是太有魅力的一种葡萄酒，通常口感是坚硬的，没有太多天然的水果味，但有些却是较为柔软的。

生产商：Ch. de Juliénas、Pelletier、Tête 和 Duboeuf Ch. des Capitans 酒庄。

谢纳（Chénas） 目前，这里的葡萄酒正变得更醒目、更结实。这些酒是最好的陈酿之选，新酿出来时紧绷绷的，但经陈酿会有种香醇、结实的浓郁感。

生产商：Champagnon、Lapierre、Piron & Lafont Quartz 和 Santé 酒庄。

风车磨坊（Moulin-à-Vent） 博若莱人似乎认为这里的酒是一种罗讷葡萄酒，而风车磨坊一直是最大、最坚固的葡萄园。从一个优秀的生产商那里生产出来，也许会耗费十多年时间陈酿，但只陈酿三四年，该酒也仍是令人享受的，带有成熟的黑莓果味和一点单宁酸。

生产商：Janodet、Ch. des Jacques、Duboeuf Tour du Bief、Santé 和 Champagnon 酒庄。

弗勒里（Fleurie） 仍然是最受人喜爱的葡萄园，因此这里的酒往往是非常昂贵的。经典弗勒里葡萄酒充满夏季草莓和玫瑰的香味，轻盈、滑腻、柔软。很多其他酒不是这样的。Guy Depardon 的非典型葡萄酒将震惊纯粹主义者，它们带有紫罗兰花香、姜味和土耳其软糖的诱惑，是酒中杰作。该酒用橡木桶陈酿并瓶装储存 10 年。

生产商：G Depardon、Verpoix、Chignard、Berrod、Clos de la Roilette、Duboeuf La Madone 和 Quatre Vents 酒庄。

希露柏勒（Chiroubles） 富有吸引力的轻盈的葡萄酒，在法国以外的地区很少看到，但倘若你碰到了，值得一尝。

生产商：Cheysson、Desvignes、Passot 和

la Combe au Loup 酒庄。

莫尔贡（Morgon） 莫尔贡的葡萄酒因其能快速陈酿成口感香醇、类似勃艮第风格的低度酒而出名，值得一尝。为了充分利用这一点，一些发售的葡萄酒上都标有莫尔贡陈酿（Morgon Agé）；该酒销售前要窖藏一年半的时间。即使是刚陈酿出来时也很可口，其中的黑加仑往往比草莓味还要浓。最好的酒来自 Côte du Py 的山坡上，这一山坡名会印在酒标上。

生产商：Janodet、Desvignes、Aucoeur、Lapierre、Foillard 和 Duboeuf Jean Descombes 酒庄。

黑尼耶（Régnié） 最新的优质葡萄园，于 1988 年创立，可以说是比较幸运的。这里的酒是最轻盈的。

生产商：Rampon、Durand 和 Duboeuf des Buyats 酒庄。

布鲁伊（Brouilly） 酿造得最好时，布鲁伊的酒如丝般柔滑，含有樱桃味，该酒是优质葡萄园中最易获得的。由于其新鲜水果极其丰富，所以通常不需要封存。

生产商：Ch. Thivin、Ch. de la Chaize、Lapalu、Michaud、Duboeuf Ch. de Nevers 和 Dom. de Combillaty 酒庄。

布鲁伊区（Côte de Brouilly） 布鲁伊中部位于山坡上的葡萄园，拥有蓝花岗岩土壤和充足光照，从而可酿制出独特的葡萄酒，相比布鲁伊的葡萄酒，有更深的樱桃色和更浓郁的质地，往往带一点生姜味。该酒被低估了，并没有太多用于出口。

生产商：Ch. Thivin、Pavillon de Chavannes、Viornery 和 Ravier 酒庄。

该地区北部 39 个村庄中任何一处酿制的葡萄酒，都可能作为博若莱村庄酒（Beaujolais-Villages）售卖，如果完全产自某村庄的葡萄园，那就会提到这一村庄名。这些红酒新酿出来时，带有果味，可大口畅饮，令人愉快。剩下的就是普通的博若莱酒，其品质显著下降。如果你不是买优质葡萄园的酒，那就要买某一村庄的葡萄酒。有少量的博若莱低度桃红葡萄酒，以及一些常令人印象深刻的、由霞多丽酿制而成的简朴的博若莱白葡萄酒。用近期收获的葡萄酿造的酒是新酒，于 11 月份的第三个星期四发售。在某些年份酿制的新酒带有耐嚼的糖果的味道，极有魅力，但通常会因发酵而变臭，满是反胃的酸涩感。

近期最好的酿造年份（博若莱地区鲜有灾害发生）：2009 年、2006 年、2005 年和 2003 年。

朱里耶纳是博若莱偏北的村庄之一，在秋天薄雾笼罩下的佳美葡萄（下图）

罗讷河地区（Rhone）

几个世纪以来，罗讷河谷一直都淹没于波尔多和勃艮第的光环下。罗讷河谷主产西拉葡萄的北部地区与文化交融的南部地区，无疑是辣口、浓郁的红葡萄酒与迷人的白葡萄酒的原产地。

罗讷河谷由两大截然不同的葡萄栽培区组成，这两大产区相隔约 30 千米，从维埃纳向南一直延伸到阿维尼翁，只简单地划分为北罗讷河地区与南罗讷河地区。这里主要生产红葡萄酒，风格经典、浓郁、辛辣、陈酿至成熟时，如最好的波尔多葡萄酒般令人兴奋不已。

在过去 30 年左右的时间里，罗讷河地区的命运已经发生了改变，这里曾经只有埃米塔日和教皇新堡为外人所熟知，后来很多其他不错的产地也受到世界瞩目。这些产地激发了其他地区的酿酒师，他们尝试用罗讷河地区的原产葡萄酿酒，如西拉、慕合怀特、歌海娜和维奥涅尔白葡萄。

顶级葡萄酒的价格也相应地上涨为最贵的级别，但好消息是，不像波尔多或勃艮第葡萄酒那样，这里价格更低的日常葡萄酒是完全可靠的。因此，罗讷河地区仍是一个大众葡萄酒产区，这里的普通消费者不太可能会像在神圣之地梅多克或科多尔地区那样，被不能饮用的劣质酒欺骗。

北罗讷河地区

葡萄品种：红葡萄为西拉；白葡萄为维奥涅尔、马珊和胡姗

罗讷河将自己的名字赋予了漫长的罗讷河谷区的葡萄酒产区（下图），该地区可分为两大葡萄种植区——北罗讷河地区与南罗讷河地区

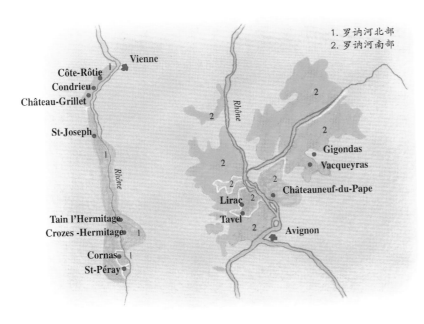

1. 罗讷河北部
2. 罗讷河南部

Vienne
Côte-Rôtie
Condrieu
Château-Grillet
St-Joseph
Rhône
Rhône
Gigondas
Vacqueyras
Châteauneuf-du-Pape
Lirac
Tavel
Tain l'Hermitage
Crozes -Hermitage
Cornas
St-Péray
Avignon

此图为原版书所附示意图

罗讷河北部（Northern Rhone）

罗第丘（Côte-Rôtie） 北罗讷河地区所产的红葡萄酒只由一种葡萄酿造而成，即西拉葡萄，而南罗讷河地区所产的红葡萄酒则总是由多种葡萄混酿而成，通常西拉只是调和酒中较为初级的原料，这是区分南北罗讷河地区红葡萄酒的方法。罗第丘红酒中可以包含多达 20% 的维奥涅尔白葡萄。并不是所有的生产商都使用维奥涅尔，但那些加入一点点维奥涅尔葡萄（很少会达到 20%）的生产商，其酿制的葡萄酒会产生浓度惊人的芳香。

葡萄酒法定产区的名称"烤山坡"（roasted hillside），是指东南部暴露在河流左岸的陡峭山坡，那里的葡萄藤不受恶劣天气的干扰，享受着充足的光照。在炎热的年份，罗第丘葡萄酒是一种不寻常的酒，满是黑莓果和单宁酸的味道，但也有香料和巧克力味，需要等上 10 年才能成熟。

近几年，它比埃米塔日葡萄酒更为珍贵，其必然结果是最好的种植者生产的葡萄酒价格飙升。成就最高的是 Marcel Guigal 酿造的葡萄酒，他不仅酿造罗第葡萄酒，也在单一葡萄园（La Landonne、La Mouline 和 La Turque）酿造 3 种典型的葡萄酒，为此他要价极高。

生产商：Guigal、Jamet、Jasmin、Delas、Rostaing、Cuilleron、Bonnefond、Vidal Fleury、Duclaux、Gérin 和 Ogier 酒庄。

孔得里约（Condrieu） 这一白葡萄酒产区只使用维奥涅尔葡萄，由于这种葡萄可以替代霞多丽，近年来突然在国际上流行起来。孔德里约是维奥涅尔真正的种植区，在其他葡萄品种种植者中持续处于领先地位。葡萄酒最初闻起来十分浓郁，并有股奶油味，但随后便是一种奇妙的带有成熟杏子酱的麝香气味，接着是微妙的香料味，往往让人联想到印度的菜肴，如芫荽粉、肉桂、姜根，但都有浓浓的奶味。

许多生产商没使用橡木就成功酿造出了这种风格的葡萄酒。在最佳时刻品饮这些酒，品酒者的意见会大相径庭。我认为这些酒陈酿时间相当短，只长达 2 年。此外，它们的价格昂贵，但值得至少尝试一次。这里也酿制少量的晚熟甜葡萄酒。

生产商：Vernay、Guigal、Cuilleron、Perret、

Villard、Colombo、Monteillet、Pichon 和 Gaillard 酒庄。

格里叶堡（Chateau-Grillet） 位于孔德里约，是面积约 4 公顷的单一葡萄园，由 Neyret-Gachet 家族全资拥有，并获得了一个自己的产区。这里的葡萄酒在木桶里陈酿，存放期远远长于孔德里约的葡萄酒。经 5 ~ 10 年的陈酿，该酒富含矿物质，充满橙子和杏子的香味，呈现麦秆黄色。

圣约瑟夫（St-Joseph） 这里生产红、白葡萄酒。红葡萄酒可能不及罗第丘红酒有名，但确实有覆盆子的芬芳，拥有不错的陈酿潜力。一些生产商酿造像博若莱红酒般的低度酒，但即使度数较高的葡萄酒，也没有北罗讷河地区的红酒那样浓郁。白葡萄酒是由两种经常组合在一起的葡萄酿造而成的，即马珊和胡姗。圣约瑟夫酒中没有太多东西，却相当厚实，如核桃一样干，但带有香料的味道。

生产商：Chave、Gripa、Coursodon、Graillot 和 Jaboulet's Le Grand Pompée 庄园。

克罗兹 – 埃米塔日（Crozes-Hermitage） 北部地区的葡萄酒大多是红葡萄酒，输出量最大的来自这一法定产区。这里的葡萄酒通常被认为是质量等级的第一梯队，实际上酿造得非常精良，甚至在合作社酿制的也是如此，是杰出的代表。这些酒辛辣、有姜味、质地坚实，需要几年的陈酿。高达 15% 的白葡萄（马珊和胡姗）可以加入酒中，但是很少有这样酿造的。白葡萄酒本身带有花香，但结构坚实。

生产商：Graillot、Ferraton、Fayolle、Combier、Pochon、Les Bruyères、Dom. des Grands Chemins、Darnaud 和 Cave des Clairmonts 酒庄。

埃米塔日 埃米塔日山位于克罗兹法定产区中部，陡峭的葡萄园便是埃米塔日法定产区。通常在法国任一地方生产的产量比例最大的红葡萄酒中，西拉红葡萄酒数量巨大、产地集中，需过滤单宁酸和葡萄汁，要求用 10 年时间且必须在最好的年份酿造。照这样做的话，酒中的水果仍然会是像刚装瓶时一样新鲜，因此即使是陈酿了 12 年，酒中也会有大量黑莓和覆盆子的味道，并带有黑巧克力味和最可口的香草（百里香和牛至）味。白葡萄酒是马珊和胡姗葡萄混合酿造的，浓郁而有分量，带有烤坚果和甘草的味道。

生产商：Chave、Guigal、Delas、M Sorrel、Faurie、Tardieu-Laurent、Chapoutier 和 Jaboulet's La Chapelle 庄园。

科尔纳斯（Cornas） 这里是生产有动物气息、富含单宁酸的西拉红葡萄酒的神秘产区。该酒似乎从来没有享受过充满果味的埃米塔日葡萄酒那样的辉煌。它们往往可以代表比教皇新堡更敦实的葡萄酒，其烤肉味掩盖了西拉葡萄酒中黑胡椒的味道，但酿制这样的酒需要耗费大量时间。

生产商：Clape、Voge、Colombo、Allemand、Courbis 和 Tardieu-Laurent 酒庄。

圣佩雷（St-Péray） 因用埃米塔日白葡萄（另加入相当罕见的胡塞特葡萄）酿造的结实、不亲民的起泡酒而出名。这种酒采用传统的方法酿造，但缺乏优雅。这种酒还是会被酿成白葡萄酒，带有些奇怪的奶油味，但往往是惹人喜爱的，值得一试。

生产商：Clape、Gripa、Thiers 和 Lemenicier 酒庄。

罗讷河南部（Southern Rhone）

教皇新堡 这里出产罗讷河南部最著名的红葡萄酒，以 14 世纪为阿维尼翁一位教皇

罗第丘的"烘烤山坡"葡萄园（上图）位于阳光普照的罗讷河左岸，俯瞰着阿姆培斯村

在面积为 4 公顷的格里叶堡产区（上图）采摘维奥涅尔。格里叶堡是孔德里约的一个单一葡萄园

教皇新堡（上图）的葡萄园，这里出产罗讷河南部最有名的红葡萄酒

建造的一座宫殿命名。教皇新堡葡萄酒的酒瓶上总是有一交叉的钥匙的浮雕式标志。

该葡萄酒风格多样，有像博若莱红葡萄酒那样的低度酒，也有深色的含有大量单宁酸的酒。它们总是有非常高的酒精度（14%是很平常的）。

主要葡萄品种是歌海娜，它拥有13种葡萄变种，但大多数生产商只用三四种品种酿酒。度数较低的酒在陈酿3年后便可饮用，但大多数至少需要2倍的时间来减少单宁酸。如果一定要挑毛病，那经常是葡萄酒中含有的不是真正的水果味，而是一种耐嚼的水果橡皮糖的味道。

白葡萄酒来自多种葡萄酿造的鸡尾酒，这些葡萄不大可能是明星级葡萄，如皮克葡（Picpoul）、布尔朗克、克莱雷特和歌海娜白葡萄。它们的气味往往是相当中性的，入口后有种丰满的、有层次的香醇口感。Ch. de Beaucastel 庄园的白葡萄酒有更多的特色，值

罗讷河南部

葡萄品种：红葡萄为歌海娜、神索、慕合怀特、西拉、佳利酿和佳美；白葡萄为克莱雷特、皮克葡、布尔朗克、白歌海娜、胡姗、马珊、麝香葡萄和维奥涅尔

得保存三四年。

生产商：Beaucastel、Mont-Redon、Clos du Mont-Olivet、Rayas、Vieux Télégraphe、Bonneau、la Janasse、la Charbonnière、Font de Michelle、Chapoutier 和 Fortia 酒庄。

吉恭达斯（Gigondas） 一种劲头十足的暗红色葡萄酒，常常是酒精度高的酸口酒。这种酒需要足够的时间软化，但许多葡萄酒都过于干涩，不值得等待。酿得好时，烈度极高。

生产商：St-Gayan、Clos des Cazaux、Raspail-Ay、Santa Duc、Brusset、Moulin de la Gardette、Amadieu 和 Cassan 酒庄。

利哈克（Lirac） 利哈克与教皇新堡相反，位于罗讷河的另一岸。这一被低估的法定产区酿造的葡萄酒有3种颜色，品质都极其可靠。红葡萄酒中有不错的水果和相当多的物质，桃红葡萄酒成熟、优雅，而白葡萄酒则劲头足且味美。

生产商：Maby、St-Roch、Lafond Roc-Epine、la Mordorée 和 Sabon 酒庄。

塔维尔（Tavel） 这是一个法定葡萄酒产区，不寻常的是它只生产桃红葡萄酒。所产的桃红酒往往看上去米黄色而非粉红色，也并非充溢着水果味。享用调味丰富的甲壳类美食时，搭配该酒很不错。

生产商：Genestière、Aquéria、Montézargues 和 la Mordorée 酒庄。

瓦给拉斯（Vacqueyras） 这里的酒可能是红色、粉红色或白色（很少见）。红葡萄酒都不错，辛辣且带有姜味，值得存放5年。

生产商：Ch. des Tours、Clos des Cazaux、Monardière、Montirius 和 Couroulu 酒庄。

旺度区（Ventoux） 土灰色辛辣的红葡萄酒产自瓦给拉斯南部地区，少量葡萄酒是另外两种颜色。

生产商：Martinelle、Anges 和 Cascavel 酒庄。

特里加斯丹区（Coteaux du Tricastin） 这里主要生产红葡萄酒和桃红葡萄酒，酒中含有许多芳香的果味，在所有产区中，这里发展缓慢，但日后肯定会得到提高。

生产商：Grangeneuve 和 St-Luc 酒庄。

罗讷河谷村庄区（Côtes du Rhône-Villages） 整片村庄，从位于阿尔代什省

和德龙省的罗讷河中部区域到罗讷河南部区域，都属于这一法定产区。这里有 16 个村庄可以把自己的村名加入基本的法定名称中，如 Cairanne、Séguret、Sablet、Chusclun 和 Vinsobres 村。所产葡萄酒质量相当可靠，而且价格基本上也是合理的。

罗讷河谷区（Côtes du Rhône） 这一基本法定产区涵盖所有其他村庄，包括那些在罗讷河北部的村庄。这里有轻盈、果味浓的葡萄酒，也有酸口红葡萄酒，有桃红葡萄酒，也有少量微含奶味的白葡萄酒。这里所有的酒质量都有保障，但价格却不昂贵。特别值得推荐的是 Dom. de la Fonsalette 庄园和 Guigal 世家。

罗讷河南部其他较大的地区每年生产相当规模的葡萄酒。这些酒大多数都是最简单的日常饮品，但偶尔也有酒中之星。吕贝隆区（Côtes du Lubéron）和维瓦莱丘（Côtes du Vivarais）一样，擅长酿造饱满的红酒。从严格意义上讲，罗讷河谷最南边的 Costières de Nîmes 葡萄园在朗格多克的南面，但它却认为自己是罗讷河的一部分，所产葡萄酒可以是上等的调和酒（尤其是来自 Mourgues du Grès 酒庄的酒）。

中部地区有两个葡萄酒产区，即 Coteaux de l' Ardèche 和 Drôme 产区。前者是酿造单一葡萄酒较好的一个产地（Duboeuf 酒园酿造的佳美葡萄酒就很不错）。

Drôme 产区中的 Chatillon-en-Diois 法定产区，其面积虽小但品质不错，这里酿造佳美红葡萄酒、夏敦埃白葡萄酒和勃艮第干白

葡萄酒，以及一种有趣的 Clairette de Die 起泡酒。这种起泡酒混有最低比例为 75％ 的麝香葡萄酒和中性淡红葡萄酒，形成了一种清新爽口的风格，对门外汉来说，该酒酷似意大利阿斯蒂酒。

天然甜酒（Vins Doux Naturels）

这些是法国南部地区的特色甜酒，通过中断成熟葡萄的发酵并加入烈酒的方式（与波特酒的酿造方法基本一样），酿造一种甜味自然的低度加烈酒。

博姆 - 德沃尼斯麝香葡萄酒（Muscat de Beaumes-de-Venise） 最有名的加烈麝香葡萄酒是一种浓郁的金黄色的甜酒，有着甜美的青葡萄和柑橘的味道，以及麦芽糖的甜味。该酒应该在新酿成时极其冰冷的情况下饮用。

生产商：Dom. de Durban、Vidal-Fleury、Jaboulet、Delas 和 Bernardins 酒庄。

拉斯多（Rasteau） 这种葡萄酒或红或白，使用歌海娜不同的葡萄品种酿制而成。红葡萄酒新酿成时，涩涩的，带有波特酒的风格，很不错；当地合作社酿制的红葡萄酒也还算可以。

葡萄酒酿造年份指南

对于北罗讷河红葡萄酒来说，近期最好的年份是 2009 年、2006 年、2005 年、2003 年、2001 年、1999 年和 1995 年。

罗讷河南部近期不错的年份是 2009 年、2007 年、2006 年、2005 年、2004 年、2003 年和 2001 年。

收获的麝香葡萄被运往博姆 - 德沃尼斯当地的合作社（下图），用来生产甜美、浓郁、金黄色的甜酒，该酒就叫博姆 - 德沃尼斯

普罗旺斯（Provence）与科西嘉岛（Corsica）

普罗旺斯

葡萄品种：红葡萄为歌海娜、慕合怀特、神索、西拉、佳利酿、赤霞珠、堤布宏和布拉给；白葡萄为克莱雷特、白玉霓、白歌海娜、侯尔、长相思、马珊和黑铁烈

辽阔的普罗旺斯产区，从密史脱拉风（法国地中海沿岸地带的一种干冷北风）吹拂下阳光普照的地中海海岸一直延伸到较冷的内陆山地（下图）

普罗旺斯的地中海地区一直以其清爽的桃红葡萄酒而著名，目前种植的葡萄品种选择范围更广、品质也更好了，从而生产出了一些不错的红、白葡萄酒。

普罗旺斯位于法国东南部，其备受宠爱的地区极有可能是法国葡萄种植业的摇篮。约于公元前600年，希腊移民建立了古老的马赛港口城市，并随身携带了葡萄酒，这些酒可能起源于他们的殖民地，而他们的殖民地最后演变成了罗马。后来，法国像高卢一样成了罗马帝国的重要组成部分，葡萄种植慢慢从这个位于角落的光照充足的国家开始向西部和北部蔓延。

尽管欧洲游客十分喜爱普罗旺斯，尤以英国人最甚，但普罗旺斯的葡萄酒在该地区以外仍然是鲜为人知的，这一直是一个谜，因为普罗旺斯盛产的桃红葡萄酒，曾是21世纪早期一种奢华、时尚的风格。几乎所有的葡萄酒都掺有少数葡萄品种，其中一些非常不出名，这意味着普罗旺斯本身没有特色。但该地区试着酿制许多健康的葡萄酒，是值得尝试的。

普罗旺斯区（Côtes de Provence） 普罗旺斯区是迄今为止最大的葡萄酒法定产区，覆盖全区，包含许多完全不同的地区，从普罗旺斯艾克斯（Aix-en- Provence）附近开始，经由圣特罗佩（St-Tropez）海岸，一直到尼斯北部的多山地区。所占产量较大的（足足占80%）是桃红葡萄酒，当地人称其"小夏桃红

酒"（little summer rosés），专门面向游客群体，并装在特殊的柱形酒瓶中出售。该酒主要使用米迪的变种葡萄歌海娜和神索。但当地有一种优质的葡萄品种，即堤布宏，一些生产商用其酿造堤布宏葡萄酒，也酿造特色桃红酒，品质超出一般葡萄酒。

虽然自20世纪80年代以来，佳丽酿葡萄可能在调和葡萄酒中所占的比例不足40%，但红葡萄酒一直是使用这种较为枯燥且无处不在的南部葡萄酿造。相反，赤霞珠和西拉已经开始在葡萄园中发挥显著作用。只酿造少量的白葡萄酒，但却意外的芳香、优质。

生产商：la Courtade、Ott、Richeaume、Rimauresq 和 Cressonnière 酒庄。

艾克斯区 在艾克斯区的老大学城周围生产的葡萄酒共有3种颜色，就如同法定产区的葡萄酒的颜色一样丰富多变，其品质却更好些。自从20世纪80年代这一地区被定级后，葡萄酒产业一直处于稳步上升趋势。该地又开始出现赤霞珠和西拉红葡萄酒，一些产自这一普罗旺斯最西端地区的红葡萄酒十分诱人。桃红葡萄酒占总产量的三分之一，而白葡萄酒却是非常稀少的。

生产商：Vignelaure、du Seuil、les Bastides 和 les Béates 酒庄。

雷波－普罗旺斯（Les Baux de Provence） 于1995年从上述法定产区中划分出来。它是多山的边区村落产区，生产极其独特的红葡萄酒和桃红葡萄酒，其中一些酒来自最近建立的葡萄园。在较传统的普罗旺斯葡萄品种中，赤霞珠和西拉混合在一起酿造葡萄酒。鼓舞人心的是85%的产区沿用有机或生物动力酿造法生产葡萄酒。事实上，当地都承诺采用这些方法，种植者正在呼吁将其制定为法定产区一项正式的法规。

生产商：Mas de Gourgonnier、Romanin、Terres Blanches 和 Hauvette 酒庄。

邦多勒（Bandol） 普罗旺斯潜在的最为重要、最值得陈酿的红葡萄酒来自这一沿海产区，该地区也酿造一些优质可口的桃红葡萄酒，以及一些清脆的苹果味的白葡萄酒（部分酒中含有一点长相思）。红葡萄酒必须至少在木桶中陈酿一年半的时间，必须使用至少50%的慕合怀特葡萄，令酒体浓郁。酒中充满黑布林和香草的芳香，这些酒慢慢地

1. 普罗旺斯艾克斯
2. 雷波－普罗旺斯
3. 帕莱特
4. 卡西斯
5. 邦多勒
6. 普罗旺斯区
7. 瓦尔区

Nice
Aix-en-Provence
Marseilles
Cassis
Bandol
St-Tropez

此图为原版书所附示意图

在该地区以外获得了声誉，并成为中档波尔多葡萄酒的替代酒。这主要归功于以下这些生产商。

生产商：Tempier、Pibarnon、Pradeaux、Gaussen 和 Vannières 酒庄。

卡西斯（Cassis） 与同名的黑醋栗利口酒无关，这个小小的法定产区沿着海岸，从邦多尔向西一点，主要使用罗讷河南部诱人的马珊葡萄和长相思白葡萄酿造白葡萄酒。主要在当地销售，这酒相当厚实，但往往酒色漂亮、味道芳香，拥有不寻常的诱惑力。红葡萄酒和桃红葡萄酒同邦多尔的那些酒一样，使用比例一样多的慕合怀特葡萄。最好的生产商是 Clos Ste-Magdeleine 酒庄。

贝雷特（Bellet） 贝雷特栖息在尼斯北部高高的山上，靠近意大利边境，很少在普罗旺斯之外见到贝雷特葡萄酒。该产地海拔高，是一个凉快的地方，生产少量红、白葡萄酒和桃红葡萄酒，酸度更高。贝雷特的白葡萄酒采用的侯尔葡萄对意大利人而言是维蒙蒂诺（Vermentino），而桃红葡萄酒中使用的布拉凯葡萄越过边境后在意大利被称为布拉凯多（Brachetto）。红葡萄酒中会使用歌海娜和神索葡萄。

生产商：Ch. de Bellet 和 Ch. de Crémat 酒庄。

帕莱特（Palette） 位于普罗旺斯地区艾克斯市附近，是历史上著名的飞地，约75%归 Ch. Simone 葡萄园所有。除了常见的南方葡萄品种，还有数量很少的生长在古老葡萄藤上差不多被遗忘的当地葡萄品种，用这些葡萄混合生产红、白葡萄酒和桃红葡萄酒。红葡萄酒和桃红葡萄酒在最好的年份相当不错。

瓦尔区（Coteaux Varois） 以瓦尔省命名，也位于瓦尔省，这一法定产区于1993年从普罗旺斯区划分出来。通常将南部的葡萄品种混酿可产生很好的效果，但白葡萄酒比较无趣。

生产商：Triennes、Miraval 和 Alysses 酒庄。

科西嘉

地中海岛屿科西嘉可能受法国人影响，但它的葡萄酒文化很大程度上要归功于其邻国意大利。当欧洲葡萄酒市场不断波动时，20世纪80年代该地开始从根本上改善其酿造方

被细心照料的 Dom. Clos Ste-Magdelaine 酒庄的葡萄藤（左图）。该酒庄位于卡西斯炎热的沿海丘陵地带

法，迄今为止结果令人备受鼓舞，其风格也在蔓延。科西嘉有许多不同的葡萄，包括罗讷河南部和朗格多克的红葡萄，以及更时髦的国际品种。在维蒙蒂诺白葡萄酒（在普罗旺斯称为候尔）和两种特色红葡萄酒（涅露秋葡萄和夏卡雷罗）中，采用极少数良好的本土葡萄。本地9个AOC葡萄园出产的葡萄酒只占该地葡萄酒总量的一小部分。它们是 Patrimonio、Ajaccio、Vin de Corse（所有酒都充分利用当地的葡萄品种），科西嘉的5个分区 Coteaux du Cap Corse、Calvi、Figari、Porto Vecchio 和 Sartène 区，以及一个生产天然甜酒的独立法定产区，即 Muscat du Cap Corse 产区。约60%的科西嘉葡萄酒由大型合作社生产，如 Vin de Pays de L'Ile de Beauté 酒。

萨尔泰讷科西嘉小镇的房屋沿着山坡向下倾斜（左图），萨尔泰讷将其名字赋予当地的法定产区，即 Vin de Corse Sartène 葡萄酒产区

靠近鲁西荣村庄产区 Caramany 村的被修剪成郁金香形状的葡萄藤（上图），背后是比利牛斯山

朗格多克 – 鲁西荣

朗格多克 – 鲁西荣的生产商正努力摆脱生产劣质酒，转而生产品质更高的干净、时尚的单一葡萄酒，而好的葡萄品种和现代技术可助其一臂之力。

法国中南部的大片土地由朗格多克和鲁西荣（常被称为米迪区）两个区域组成，这里正经历着法国葡萄酒近代史上正在发生的最有活力的变革。这里是法国传统葡萄酒的摇篮，在过去常常是一个简单的、生产过剩的回流区。如今，这里都在疯狂创新，自 20 世纪 90 年代起，从其他国家的葡萄酒顾问那里引进技术，激发酿酒灵感。

这些流动的酿酒师是否该对他们酿制的葡萄酒味道的类同而感到惭愧，关于这一问题的激烈辩论仍在持续。这些酿酒师的技术，即葡萄压榨法和葡萄酒酿造法，从澳大利亚和其他地方传播开来，很长时间后再查看其酿制成果。当地种植者和英语世界的巨星投资者们希望尽量多地购买土地，在法国南部连绵起伏的丘陵上种植类似于加利福尼亚美乐的葡萄品种，目前他们遭到了强烈的反对。

朗格多克的潜力开始发挥出来。在过去的 20 年里，这里一些主要产区升级为法定产区，很多产区是由不受规定制约的种植者经营的。他们已在种植该地区以前不种植的常规品种，如赤霞珠、霞多丽、长相思，甚至是少量的黑品乐。因此，除了阿尔萨斯地区少数的传统白葡萄以外，朗格多克是法国单一葡萄酒爱好者最好的选择。

法国最大的葡萄酒产区（下图），包括朗格多克和鲁西荣产区，曾经被称为密迪区（指法国南部靠地中海一带），与西班牙相邻

奥克地区餐酒（**Vin de Pays d'Oc**）自 20 世纪 80 年代起，朗格多克改变葡萄酒传统，在其最好的葡萄酒的酒瓶上使用包罗万象的地区餐酒这一通用名称。从理论上讲，地区餐酒不如法定产区的葡萄酒，在很多情况下有可能成为"乡村葡萄酒"，在质量方面使产区的葡萄酒蒙羞。当种植者意识到，用橡木桶陈酿的赤霞珠比菲图葡萄酒更受欢迎时，最具野心的桃红酒价格随之快速上涨。

这里的气候比大多数法国经典地区更加可靠，降雨量相对较少，春季霜冻也不太严重。黑加仑味的深色赤霞珠葡萄酒，几乎总是比便宜的波尔多葡萄酒要好，夏敦埃酒从木桶轻微陈酿且带有柠檬味，到充满奶油糖和奶油味的新酿酒，而长相思酒在这样温暖的气候下未必会清脆、新鲜。柔软多汁的美乐，辛辣带有李子味的西拉，成熟带有杏子味的维奥涅尔和少有的近乎消失的黑品乐，这些充实了葡萄酒品种。

生产商：Skalli-Fortant、Clovallon、Val d'Orbieu、Denois 和 Lurton 家族。

埃罗地区餐酒（**Vin de Pays de l'Hérault**）如果南部地区有生产地区餐酒的特级葡萄园，它肯定会被纳入朗格多克东部地区叫 Mas de Daumas Gassac 的地方。这里生产强劲芬芳的白葡萄酒，以山区赤霞珠为基础酿制厚实浓郁的红葡萄酒，以及如马得拉白葡萄酒般可爱的 Vin de Laurence 甜酒。整个埃罗省的葡萄酒质量都在上升，而且明星酒越来越多。

生产商：Mas de Daumas Gassac、Limbardié、Grange des Pères 和 Ch. Capion 酒庄。

朗格多克区（**Coteaux du Languedoc**）这是一个相当不规则的法定产区，酿造一些埃罗省最好的乡村葡萄酒，西面毗邻奥德省，东面毗邻加尔省。把这个葡萄园细分成明显不同的地块是个艰苦的过程，但已经进行了好几年，它们是 Grès de Montpellier、La Clape、Pézenas、Pic-St-Loup、Picpoul de Pinet、Terrasses de Béziers、Terrasses du Larzac 和 Terres de Sommières 产区。在这些产区中，值得留意的是 Quatourze、Cabrières、Montpeyroux 和 St-Saturnin 酒庄。

这里的整体情况一直在改善，使用歌海娜、西拉和慕合怀特葡萄，而非只使用佳丽酿酿酒，以增加调和红葡萄酒的份额，同时酿制一些芳香的淡桃红葡萄酒。Picpoul de Pinet 酒

1. 朗格多克区
2. 福热尔
3. 圣希尼昂
4. 米内瓦
5. 利慕
6. 科比埃
7. 菲图
8. 鲁西荣 / 鲁西荣村庄区
9. 科利乌尔
10. 巴纽尔斯

此图为原版书所附示意图

庄酿制的白葡萄酒口感扎实，令人印象深刻。朗格多克克莱雪特白葡萄酒品种多样、不同寻常，有淡淡的干型酒，也有不同甜度、不同氧化度的葡萄酒。

生产商：Mas Jullien、Prieuré St-Jean-de-Bébian、Clos Marie、Peyre Rose 和 Lacroix-Vanel 酒庄。

沿着卡布里埃以北的西南弧线的方向走，朗格多克 – 鲁西荣非加强葡萄酒的其他产区如下。

福热尔（Faugères） 1982 年从朗格多克区划分出来，用西拉、歌海娜、慕合怀特和最多 40% 的佳丽酿葡萄生产柔软带浆果味的红葡萄酒。也生产少量相当普通的桃红葡萄酒。总的来说，这里的葡萄酒品质卓越。

生产商：Alquier、Barral、Estanilles 和 Lorgeril 酒庄。

圣希尼昂（St-Chinian） 位于 Cévennes 山麓的西边，和福热尔一样拥有相同的历史和葡萄品种，其低度桃红葡萄酒也许比红葡萄酒颜色更红，可以储存很长时间。

生产商：Cazal-Viel、Rimbert、Mas Champart 和 Berlou 合作社。

米内瓦（Minervois） 所产的葡萄酒同福热尔和圣希尼昂一样，外加一点白葡萄酒。自从 1985 年被评为法定产区，这里葡萄酒的质量就开始稳步提升，尤其是红葡萄酒，现在非常芳香，值得储存。最好的葡萄酒来自 La Livinière 葡萄园，可能会在标签上注明，代表其卓越的品质。

生产商：Ste-Eulalie、Villerambert-Julien、Oupia、Senat 和 Clos Centeilles 酒庄。

卡巴尔岱（Cabardès） 在 Carcassonne 的北部，位于朗格多克北部、法国西南部，这一法定产区（自 1999 年开始）可使用密迪区和波尔多地区的葡萄，酿造酣畅淋漓、口感香醇的红葡萄酒和桃红葡萄酒。

生产商：Jouclary 和 Cabrol 酒庄。

马乐贝合酒区（Côtes de la Malepère） 位于 Carcassonne 西部，葡萄酒风格与卡巴尔岱地区非常像，这里在 2005 年成为法定产区。

生产商：Cave du Razès 和 Matibat 酒庄。

利慕（Limoux） 创建于 1993 年，生产白葡萄酒。利慕决心尝试用木桶陈酿的夏敦埃酒为其赚钱，导致用橡木桶陈酿变成了强制性

的措施。这里也种植白诗南和带有清脆苹果味的当地葡萄品种莫扎克（Mauzac）。自 2005 年以来，红葡萄酒可利用美乐、马尔贝克和密迪葡萄酿造。

生产商：Sieur d'Arques 和 d'Antugnac 酒庄。

利穆起泡酒／利慕微沫起泡酒（Blanquette de Limoux/Crémant de Limoux） 前者是该地区用传统方法酿制的传统起泡酒，但比香槟的血统更古老。Blanquette 是当地莫扎克葡萄的同义词，即使酒中可含 10% 的霞多丽或白诗南。自 1990 年以来，任何包含高达 30% 上述葡萄和黑品乐的葡萄酒，就能算是 Crémant 起泡酒。

生产商：Collin、Martinolles 和 bl'Aigle 酒庄。

科比埃（Corbières） 一个更大且更著

Mas de Daumas Gassac 酒庄的古老农场房（上图），是生产地区餐酒的明星酒庄

朗格多克 – 鲁西荣

葡萄品种：红葡萄为佳丽酿、歌海娜、神索、慕合怀特、西拉、美乐、赤霞珠和马尔贝克；白葡萄为克莱雷特、侯尔、黑铁烈、布尔朗克、皮克葡、麝香、马家婆、马珊、维奥涅尔、长相思和霞多丽

在鲁西荣区的山丘上，灌木丛般的葡萄藤蔓长得很高（上图），还有白雪皑皑的比利牛斯山脉，在不远处是西班牙边境

名的朗格多克法定产区，生产一系列不错的坚实、辛辣的红葡萄酒，以及少量用南部地区葡萄酿制的白葡萄酒和桃红葡萄酒。该地拥有一个村庄级产区——布特纳克（Boutenac）。这些酒如今都是一些迷人、价格公道的法国现代葡萄酒酿造的范例。满怀信心地购买吧。

生产商：les Ollieux、Voulte-Gasparets、Voulte-Gasparets、Lastours 和 l'Anhel 酒庄。

菲图（Fitou） 朗格多克最古老的法定产区位于朗格多克与鲁西荣的边境上，形成由科比埃部分地区分隔开的两个不同的区域。目前仍生产大量不出名的菲图葡萄酒，但现在最好的葡萄酒与科比埃酒一样好，是一种含有香草味的强劲红葡萄酒。

生产商：Mont-Tauch、Bertrand-Bergé、Roudène、Nouvelles 和 Lerys 酒庄。

鲁西荣／鲁西荣区／鲁西荣村庄区（Roussillon/Côtes du Roussillon/Côtes du Roussillon-Villages） 位于 Perpignan 南部，与加泰罗尼亚接壤的地区，这里是许多非精选酒的产地。这三个产区中最好的是鲁西荣村庄区，包括鲁西荣北部，最接近菲图，只生产红葡萄酒。值得留意的个别村庄是 Caramany、Latour-de-France、Lesquerde 和 Tautave 村。

生产商：de Jau、Gauby、Mas Amiel 和 Cazes 酒庄。

科利乌尔（Collioure） 一个极其陡峭的沿海法定产区，酿造一些著名的原装红葡萄酒，风格极其成熟、豪爽，主要使用歌海娜和慕合怀特葡萄酿制。也生产一些桃红葡萄酒和白葡萄酒。

生产商：Mas Blanc、la Rectorie 和 Clos de Paulilles 酒庄。

其他葡萄酒

该地区生产许多天然甜酒（vins doux naturels），既有白葡萄酒，也有红葡萄酒。与博姆-德沃尼斯麝香葡萄酒酿造技术相同，这里的白葡萄酒都使用两种麝香葡萄中的一种酿制。Frontignan 酒和其他 3 种麝香葡萄酒（后缀分别是 de Mireval，de Lunel 和 de St-Jean-de-Minervois）全部使用白麝香葡萄，酿造成不同强度带麦芽糖味但并不芳香的甜酒。体型较大但缺乏吸引力的亚历山大-麝香葡萄（Muscat d'Alexandrie）可用于酿造 Muscat de Rivesaltes 酒，该酒在 Perpignan 北部酿造。

生产商：la Peyrade、Mas de Bellevue、Clos Bagatelle 和 Cazes 酒庄。

甜型红葡萄酒，通常完全或主要是用歌海娜酿造，在韦萨尔特（Rivesaltes）、莫里（Maury，在菲图的西边）、巴纽尔斯（Banyuls，鲁西荣海岸以南，与科利乌尔重叠）生产。其中，巴纽尔斯地区也许是最好的，那里生产的葡萄酒有甜甜的草莓味和令人陶醉的芳香，有时让人联想到优质的宝石红波特酒，但在口感上不够浓烈。莫里地区的葡萄酒也别具特色。

生产商：Mas Blanc、la Rectorie 和 Mas Amiel 酒庄。

加斯科尼（Gascony）与法国西南部

这些小型葡萄酒产区，散布在波尔多到西班牙边境这片地区，所产的葡萄酒多种多样，令人兴奋不已，略受目前潮流的影响。这里的酿酒师以他们自己的传统而感到自豪。

朗格多克地区大多数产区利用相同的红、白葡萄酿造葡萄酒，酿酒工艺更加多样化，在西南地区盛行。这里有关于西南地区葡萄酒的保护贸易组织，而每个法定产区都保留自己一直守护的身份，许多法定产区有一种或两种本地葡萄品种，他们自豪地称这些葡萄品种是他们自己的。

他们也有值得骄傲的烹饪传统。继勃艮第葡萄之后，这可能是法国最有名的美食角落，是上好的猪肉、家禽肉、Toulouse 香肠、油封鸭、鹅肝酱、羊奶乳酪、西梅干和阿马尼亚克酒的原产地。相比东部地区，这些地方的生产商已经不容易受外国技师的影响。他们更害怕自己不熟知的葡萄酒与已征服世界市场的葡萄酒相比，会继续被扫地出门。然而，至少还有一次机会，即下一代人会发现小满胜（Petit Manseng）和聂格列特（Négrette）葡萄，西南地区终究会有其辉煌的一天。

我们迂回地前进，从波尔多南部地区到遥远的西南角落，主要产区如下。

贝尔热拉克 / 贝尔热拉克区（Bergerac/ Côtes de Bergerac）

最初几个紧邻波尔多的法定产区，曾一度被认为是整个下游区的一部分。它们使用相同的葡萄品种（主要使用赤霞珠、美乐和品丽珠酿造红葡萄酒和桃红葡萄酒，使用长相思和赛美蓉酿造白葡萄酒）。贝尔热拉克及理论上稍稍优等的贝尔热拉克区在波尔多卡斯蒂永的东部，位于多尔多涅河上。虽然很多葡萄酒是当地合作社生产的非常基础的产品，但这里也有几款明星产品。

生产商：la Jaubertie、Bélingard、Tour des Gendres 和 l'Ancienne Cure 酒庄。

蒙哈维尔 / 蒙哈维尔区 / 上蒙哈维尔（Montravel/Côtes de Montravel/Haut-Montravel）

这是贝尔热拉克西部传统的白葡萄酒法定产区，主要种植赛美蓉白葡萄。这三个产区分别生产干型葡萄酒、半甜葡萄酒和极甜葡萄酒。

蒙哈维尔的干型葡萄酒是最好的，得到了大大的改进。蒙哈维尔葡萄酒现在也可能是红葡萄酒，由至少 50% 的美乐酿造而成。

生产商：Jonc Blanc、du Bloy 和 Puy-Servain 酒庄。

佩夏蒙（Pécharmant）

贝尔热拉克生产的红葡萄酒，用波尔多葡萄酿造，其中美乐占主导。综合品质高，像波尔多红葡萄酒。

生产商：Tiregand 和 Chemins d'Orient 酒庄。

罗塞特（Rosette）

甜酒的法定产区与

雄伟的 De Crouseilles 酒堡凝视着马第宏飞地 Cascon 的红酒产地葡萄园（上图）

1. 贝尔热拉克 / 贝尔热拉克区
2. 蒙哈维尔 / 蒙哈维尔区 / 上蒙哈维尔
3. 佩夏蒙
4. 罗塞特
5. 迪拉斯酒区
6. 蒙巴济亚克
7. 马蒙德产区
8. 布泽特
9. 卡奥尔
10. 加亚克
11. 芬顿莱山坡
12. 马第宏
13. 贝阿恩
14. 维克-比勒-帕歇汉克
15. 朱朗松
16. 伊卢雷基

加斯科尼和法国西南部分散的产区（左图），从贝尔热拉克（靠近波尔多）向南到伊卢雷基地区（与西班牙边界相邻）

此图为原版书所附示意图

加斯科尼与法国西南部

葡萄品种：波尔多葡萄品种（更朝南的地区大范围种植当地葡萄品种）

佩夏蒙地区重叠，使用赛美蓉白葡萄，但令人悲哀的是，该酒现已趋向灭亡。

迪拉斯酒区（Côtes de Duras） 迪拉斯位于多尔多涅省南部，以简单的波尔多风格酿造一些品质尚可的葡萄酒。最好的是清脆爽口的长相思白葡萄酒。

生产商：Chater 和 Petit Malromé 酒庄。

蒙巴济亚克（Monbazillac） 西南地区有种默默无闻的明星酒，那就是极好的蒙巴济亚克贵腐酒。虽然索泰尔讷甜白葡萄酒价格飙升，但这一法定产区酒价合理，是不错的餐后甜酒，其产区位于多尔多涅省再往东的地方。在 20 世纪 80 年代末，更多人知道了这里有许多著名的葡萄酒。最好的葡萄酒由极好的贵腐赛美蓉白葡萄、长相思和芬芳的密斯卡岱酿制而成，色泽金黄、蜜蜂般甜美、十分浓郁。

生产商：Tirecul-la-Gravière、Grande Maison、Haut-Bernasse 和 Theulet 酒庄。

索西涅克（Saussignac） 这是一很小的法定产区，采用赛美蓉葡萄酿造白葡萄酒，就在蒙巴济亚克的西边。虽然 Ch. Court-les-Mûts 酒庄没有伟大的葡萄酒血统，但却生产一种相当不错的葡萄酒。

马蒙德产区（Côtes du Marmandais） 在 1990 年被定为法定产区，横跨位于南波尔多的加仑河。这里主要生产红葡萄酒（也有少量桃红葡萄酒和白葡萄酒），呈现出一种口感率直、容易入口的风格。混合红葡萄酒中可包含高达 75% 的波尔多葡萄品种，其余的由西拉、佳美，以及西南地区的天然葡萄品种费尔一塞瓦都（Fer Servadou）和马蒙德产区的一种特色葡萄品种阿布修（Abouriou）组成。几个合作社生产量很大。

布泽特（Buzet） 虽然位于马蒙德南部，但它也采用波尔多葡萄品种，生产各种颜色的葡萄酒。合作社在这里占主导地位，其生产的各种各样的酒（值得关注 Baron d'Ardeuil 红酒）还是不错的。极其浓郁的红葡萄酒往往如中级酒庄的红葡萄酒一样，结构良好。

卡奥尔产区（Cahors） 位于 Agen 东北部，横跨 Lot 河。在历史上，它是较为著名的西南地区的产区名之一，曾一度以"黑葡萄酒"闻名于世，这种酒是因为葡萄汁被煮沸而加深了酒的色泽。现在葡萄酒酿制更有选择性，由最低 70% 的波尔多葡萄品种马尔贝克（在当地被称为欧塞瓦）辅以美乐和当地葡萄丹娜，这种酒只在正式用餐时品饮。如今淡红的色泽和微弱的丹宁酸是葡萄酒的标志，但很多酒都有迷人的紫罗兰色和挥之不去的辛辣味。

生产商：Triguedina、Clos de Gamot、Haute-Serre、Lamartine 和 les Rigalets 酒庄。

加亚克（Gaillac） 位于图卢兹东北部的一大法定产区，生产的葡萄酒风格多样，有极干的白葡萄酒，也有略带甜味的白葡萄酒，通过使用古老单一发酵的乡村酿制法，将一些起泡酒酿制成饱满的红葡萄酒。加亚克靠近利慕地区，这意味着莫扎克葡萄是这里重要的品种，而且干白葡萄酒和起泡酒一样酸口，带有青苹果味。当地葡萄连德勒依（Len de l'El）和翁东克（Ondenc），以及长相思是该酒的补充原料。起泡酒可能只是加亚克起泡酒，或是完全重新发酵且酵母沉淀物仍在酒中晃荡。红葡萄品种包括当地的杜拉斯（Duras）和费尔－塞瓦都，以及西拉和佳美，还有三大波尔多葡萄品种。目前有生产浓郁橡木味（葡萄酒在橡木桶中陈酿而获得的一种香气）红葡萄酒的趋势，这种酒需要封存。

生产商：Plageoles、Labarthe 和 la Ramaye 酒庄。

弗朗顿（Fronton） 特色红葡萄酒由当地葡萄聂格列特酿造，带有一种美味、辛辣的口感，因加入赤霞珠和费尔－塞瓦都葡萄，其口感变得浓郁。这里的酒浓度高、有特色，比

卡奥尔产区的古老面目（下图），该产区位于因"黑葡萄酒"而出名的乐跃

大多数乡村红葡萄酒要好。这一地区也生产少量桃红葡萄酒。

生产商：Baudare、Bellevue-la-Forêt 和 Cahuzac 酒庄。

图尔桑（Tursan） 用坚实的丹娜和赤霞珠葡萄酿造日常红葡萄酒，用赤霞珠酿造桃红葡萄酒，用橡木桶陈酿、由当地葡萄品种巴罗克（Baroque）酿制白葡萄酒。

圣－蒙特（St-Mont） 形形色色的葡萄酒，由可靠的 Caves de Plaimont 合作社主导。红葡萄酒和桃红葡萄酒使用费尔－塞瓦都和丹娜，以及主要的波尔多三大葡萄品种酿制；当地白葡萄有吕菲亚克（Ruffiac）、库尔布（Courbu）等。这里的葡萄酒有一些非常有趣的味道，也有用橡木桶陈酿的，但质量仍参差不齐。

马第宏（Madiran） 这里的红葡萄酒采用味浓的丹娜葡萄酿造，总是需要几年软化，但从未完全失去让人倍感震慑的威力。当葡萄酒完全成熟时是辛辣而优雅的。使用两种解百纳是为了提供一些水果口感。

生产商：Montus、Aydie、Capmartin、Berthoumieu 和 Ch. de Crouseilles 酒庄。

贝阿恩（Béarn） 位于马第宏西部，并使用相同的葡萄酿制红葡萄酒和桃红葡萄酒。这些酒比马第宏酒更柔和，但没有什么特色。Lapeyre 酒庄酿制不错的葡萄酒。

维克－比勒－帕歇汉克（Pacherenc du Vic-Bilh） 该地是马第宏一个独立的法定产区，采用当地葡萄品种吕菲亚克、库尔布、大满胜、小满胜以及长相思和赛美蓉，酿造甜型白葡萄酒。根据酿酒年份的条件，帕歇汉克可酿制干型葡萄酒。其更为甜美的葡萄酒使用留在藤蔓上慢慢枯萎的葡萄，这种酒偶尔也能像朱朗松（Jurançon）的甜酒一样有名。

生产商：Aydie 和 Labranche-Laffont 酒庄。

朱朗松 这是被低估的波城（Pau）南部的法定产区，主要采用两种姐妹葡萄品种大满胜和小满胜（后者因有浓重的菠萝和杏子的香气，品质更好），以及一些库尔布葡萄酿制白葡萄酒。葡萄酒无甜味，带有熟透的热带水果味，清爽可口，或因由晒干的葡萄酿制而变得甜美，如 Pacherenc 酒。酒质卓越。

生产商：Uroulat、Cauhapé、Lapeyre 和 Souch 酒庄。

伊卢雷基（Irouléguy） 这个遥远的法定产区位于巴斯克地区的西班牙边境上，拥有一些新建的葡萄园，种植者受强大的地域自豪感驱动，从比利牛斯山的岩石中开辟出这些葡萄园。在红葡萄酒和桃红葡萄酒中使用丹娜葡萄，味道浓郁，赤霞珠的加入使酒的口味得到了调节，而白葡萄酒则采用朱朗松产区的葡萄品种。在其他地方，区域合作社生产相当数量的葡萄酒，但 Arretxea 和 Brana 产区也是不错的。

加斯科丘产区（Vin de Pays des Côtes de Gascogne） 在生产阿马尼亚克酒时，不会使用过剩的葡萄，西南地区的白兰地酒采用本地区名称。很多酒由白玉霓酿造，虽然酒中也使用一些长相思和大、小满胜甜葡萄，以及一点霞多丽和赛美蓉来增加葡萄酒的芳香，但大多数还是极其平淡无味。这些酒都应该在新酿出来还很新鲜的时候饮用。这里也有少量的红葡萄酒和桃红葡萄酒，也有同样广泛的葡萄品种可供选择——三大主要的波尔多品种，再加上马尔贝克、丹娜、聂格列特、杜拉斯和费尔－塞瓦都。酒精度较低、清脆可口，但却不会让人留下深刻的印象。

生产商：Tariquet、Brumont、St-Lannes 和 Caves Plaimont 酒庄。

极好的蒙巴济亚克葡萄园（上图）。最好的蒙巴济亚克甜酒可与索泰尔讷甜酒相媲美

Buzet 合作社的赤霞珠葡萄（上图）。波尔多葡萄品种被用来酿造浓郁的红葡萄酒

汝拉（Jura）、萨瓦（Savoie）与比热（Bugey）地区

勃艮第的东部是汝拉、萨瓦与比热这三个鲜为人知的地区。这些地区靠近法国阿尔卑斯山，主要酿制白葡萄酒，以及具有独特风格的黄葡萄酒和麦秆白葡萄酒。

这三个位于法国东部的产区都是法国葡萄酒产区中最不起眼、最偏僻的。它们生产的葡萄酒没有太多用于出口，也并未根据现代人的口味做出调整。

汝拉

汝拉位于高海拔地区的偏远葡萄园，距离瑞士边境不远，出产一些法国最独特的葡萄酒。只有一些少量的葡萄酒发往出口市场，但往往价格较高。该地区房子的风格不是特别时髦，这里信奉差异万岁（vive la différence）。

这里有两个地方特色——黄葡萄酒和麦秸酒。黄葡萄酒采用类似酿制干型雪利酒的方式制成，倒入木桶中，再盖上一层薄纱或薄膜，加入酵母陈酿 6 年。待酒氧化时，就会变成黄色。约三分之一的葡萄酒会蒸发掉。由此酿成的酒质感沉厚，如粉笔末般干，酒精度高，很像 fino 雪莉酒。麦秸酒又叫"稻草酒"，极其罕见，采用在草席上晒干的葡萄酿造。这些都是浓郁、强劲的葡萄酒，能够装入瓶中陈酿。这两种葡萄酒只在某些年份小批量酿制，因此价格昂贵。大部分麦秆白葡萄酒在阿尔布瓦被发现，而黄葡萄酒数埃托勒和夏龙堡的最好。

阿伯瓦（Arbois） 汝拉大部分葡萄酒都在这一法定产区酿制，该法定产区位于这一地区的北部，在与它名字相同的城镇的中心。这里的酒可能是红葡萄酒、白葡萄酒或是桃红葡萄酒，这里有 3 种重要的本地葡萄：两种红葡萄——特鲁索（Trousseau），若是酒不细腻，该葡萄会为酒带来极其浓郁之感；薄皮的普萨（Poulsard），刚好与特鲁索红葡萄相反，用其酿制桃红葡萄酒是不错的，以及一种白葡萄——带麝香味的萨瓦涅（Savignin），与琼瑶浆有亲缘关系。

这里也种植黑品乐和霞多丽，后者在最近几年种植更为广泛。有些酒采用传统方法酿成起泡酒，并冠名汝拉起泡酒（Crémant du Jura），然而最好的 Pupillin 村庄生产的葡萄酒，可将其村名作为后缀标注于酒标上。

生产商：Puffeney、Tissot 和 Maire 酒庄。

汝拉酒区（Côtes du Jura） 该地区的中部和南部是法定产区，但使用与阿伯瓦地区相同的葡萄品种酿制同样风格广泛的葡萄酒。Ch. d'Arlay 酒庄生产不错的黄葡萄酒。

埃托勒（L'Etoile） 这一小小的产地主要以当地合作社为代表，善于采用萨瓦涅葡萄生产带有榛子坚果味的黄葡萄酒。也有一些优质的白葡萄酒和起泡酒。

夏龙堡（Chateau-Chalon） 这是生产萨瓦涅黄葡萄酒唯一的法定产区，夏龙堡坐落在一个小山顶上，与世隔绝。生产商认为葡萄已足够好，葡萄酒仅在几年内就可酿成。

生产商：Bourdy、Berthet-Bondet 和 Macle 酒庄。

马克凡汝拉香甜酒（Macvin du Jura） 任何颜色的酒都有加强型酒，马克凡在 1991 年获得了其法定产区。这种酒是在未发酵的甜葡萄汁中加入一点 marc du Jura 酒（葡萄皮酿

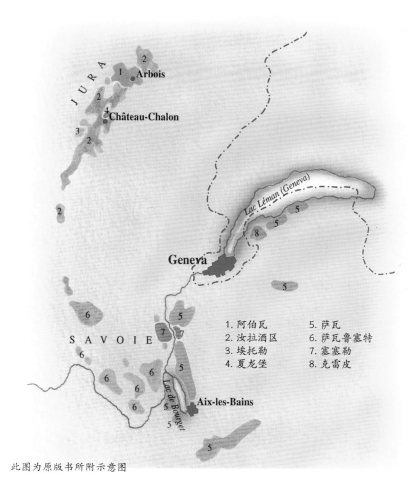

汝拉和萨瓦的葡萄园（下图）位于法国阿尔卑斯山脉较低的斜坡上，靠近瑞士边界

1. 阿伯瓦
2. 汝拉酒区
3. 埃托勒
4. 夏龙堡
5. 萨瓦
6. 萨瓦鲁塞特
7. 塞塞勒
8. 克雷皮

此图为原版书所附示意图

夏龙堡的葡萄园（左图）。小小的产区位于汝拉的中心，只生产黄葡萄酒

制的烈酒）。

萨瓦

萨瓦坐落在日内瓦正南方，是一些本土葡萄品种的原产地。许多葡萄酒富有特色，但没有多少用于出口。

萨瓦酒区　这是萨瓦和上萨瓦（Haute-Savoie）可生产任何一种葡萄酒的法定产区。所产的酒大部分是白葡萄酒，采用当地贾给尔葡萄酿制，松脆、清新，加入些许霞多丽、一些罗纳河北部的胡姗和在瑞士受青睐的口味中等的莎斯拉葡萄。红葡萄酒使用黑品乐和佳美，以及当地一种名为蒙德斯的葡萄品种（这使得所酿的酒比酒体轻的葡萄酒更清新些）。17 个优质村庄可能会把它们的名字增加到基本的产区名字中；它们包括阿普勒蒙、阿比姆、蒙梅利扬和肖达涅。

萨瓦 – 胡塞特　萨瓦人认为胡塞特（又名阿特西）是他们最好的白葡萄。在整个地区中它有自己的法定产区。这里的酒具有花的香味，应该在新陈酿出来时饮用，以便在酒最清新时捕捉住其酸感。在 4 个村庄（弗兰基、莫雷斯泰勒、蒙特米诺和蒙蒂乌）的葡萄酒必须采用百分之百的胡塞特葡萄；在其他地方，酒中可以加入高达 50% 的霞多丽。

塞斯尔（Seyssel）　小法定产区采用胡塞特和当地莫莱特葡萄生产干白葡萄酒。也有一种起泡酒，基于莫莱特葡萄酿制的塞斯尔起泡酒，但其具有包含至少 10% 的胡塞特葡萄。

克雷皮（Crépy）　在这一生产干白葡萄酒的产区，用莎斯拉酿制葡萄酒，酒色极其暗淡。

比热

地处 Ain 省且刚好位于萨瓦省西部的就是比热地区。比热在历史上曾是勃艮第的一部分，它现在自己构成了一个小区域，其葡萄品种使其身份成为萨瓦省和侏罗省之间的结合，虽然有些地区像里昂一样偏远。

比热　主要产区覆盖整个区域。葡萄酒的款式各色各样，有利用细腻的桃红葡萄酒制成的芳香、清脆的干白葡萄酒，也有用佳美、黑品乐和一些蒙德斯葡萄酿制的清淡红葡萄酒。另外，还有两种风格的起泡酒——轻微起泡酒（Pétillant）和充分起泡酒（Mousseux）。该地区用霞多丽这一种葡萄酿制的葡萄酒备受好评。塞尔东（Cerdon）也许是出现在标签上的村庄名中最好的。一个单独的法定产区——比热 – 胡塞特，完全用胡塞特葡萄酿制白葡萄酒。

汝拉

葡萄品种：白葡萄为萨瓦涅和霞多丽；红葡萄为特鲁索、普萨和黑品乐

萨瓦

葡萄品种：白葡萄为贾给尔、胡塞特、莫莱特、胡姗、莎斯拉和霞多丽；红葡萄为蒙德斯、佳美和黑品乐

罗讷河边位于萨瓦的 Seyssel 小镇（左图），这里的白葡萄酒品质不错

地区餐酒

开辟生产地区餐酒的地区是为了鼓励生产更高品质、更易饮用的红、白葡萄酒和桃红葡萄酒，呈现出该区域的特色。

许多法国葡萄酒（产量约占年产量的25%）低于最高类别的优质葡萄酒，即原产地法定区域管制餐酒。地区餐酒（字面意思就是"乡村酒"）是20世纪70年代制定的一个名称，表示具有某种地区特征的葡萄酒。但由于种种原因，也许是因为种植者使用在当地没有得到官方认可的葡萄，也许是因为葡萄藤太年轻，这些地区餐酒没有达到产区规定，没达到获得法定产区的资格，但均好于基本标准。

质量级别最为原始的葡萄酒是劲爽法国葡萄酒（法国优良餐酒），其标签上的信息通常会比名牌名称的信息要少，信息只是来自法国。地区餐酒在以它自己的方式，像产区葡萄酒一样代表着区域特色，应该比法国优良餐酒再上几个等级，而大部分地区餐酒确是如此。

地区餐酒有3个层次，这取决于个体生产者具体怎么想，或是能够怎样。在最广泛、最具包容性的层次上，产区名称可以覆盖整个区域，如盈利突出的奥克地区餐酒，即区域性地区餐酒朗格多克－鲁西荣（现在是世界上地域最广泛的单一葡萄酒名称）。

还有使用省名的地区餐酒，如普罗旺斯的阿尔卑斯－滨海诸省、加斯科尼的热尔省或朗格多克的埃罗省。葡萄酒要使用这些名称，必须完全是由在该省范围内种植的葡萄酿制而成的。在那些范围里，还有当地地区餐酒的产区，它们基于指定的葡萄园土地，特别是山坡、地域特征等（如位于罗讷河谷的阿尔代什葡萄园，规模较大，是更大些的省级阿尔代什地区餐酒产区的细分地区）。在适当的时候，这些是最有资格被提升到法定产区位置的区域，过去二十多年确实有很多已经提升为法定产区。

要有资格成为地区餐酒，葡萄酒必须是由某些葡萄品种酿制的，并且不能与来自其他地区的葡萄酒混合。其中许多葡萄酒是用一种葡萄酿制而成的，实际上是酒标为阿尔萨斯地区以外的仅有的法国葡萄酒。在地区餐酒刚改革之时，它能与世界其他地区生产的酒标标为夏敦埃酒、美乐等的葡萄酒相竞争。然而，这渐渐促进了识别一些鲜为人知的葡萄品种，

使用省名的地区餐酒，如阿尔代什（下图），必须只利用在那个省种植的葡萄酿制

如罗讷河北部地区的维奥涅尔和马珊葡萄，也给消费者鉴别葡萄酒口味带来一些提示，这些口味以前只有孔德里约的饮酒者或是饮用埃米塔日白葡萄酒的人熟悉。

大部分地区餐酒产于法国南部，约75%是红葡萄酒，但第二个最重要的领域是卢瓦尔河地区，这里生产许多白葡萄酒。

区域地区餐酒（Regional vin de pays）

奥克地区餐酒　生产奥克地区餐酒之地横跨法国南部的朗格多克－鲁西荣地区，这是迄今为止最常见的地区餐酒。现已是国际葡萄品种的葡萄在这里种植，有清脆、荨麻味的长相思，也有硕大、结实的赤霞珠。葡萄酒可以由一种以上的葡萄品种混合酿制而成，酒中成分按在瓶中所占的比例以降序排列标明在标签上。有些葡萄品种的组合是第一次这样组合，任何区域的法定产区酒都未允许使用这样的葡萄组合，因此显然这样的组合地位更低些，但其质量最好的也不是绝好的。

法兰西庭园地区餐酒　所谓的法兰西庭园是整个卢瓦尔河谷的区域名称。标签上标有由霞多丽或长相思单一葡萄品种酿制的白葡萄酒是常见的，风格相当简单。

托洛桑孔泰地区餐酒　这酒的产区包括西南部大部分地区，葡萄酒一般都是两个或更多区域葡萄混合酿制而成的。白葡萄酒明显未给人留下深刻印象，有一些红葡萄酒往往度数低。

地中海地区餐酒　这是来自普罗旺斯和法国东南地区的葡萄酒。

罗达酿孔泰地区餐酒　该酒产区遍布整个罗讷河谷。

埃罗省的卡皮翁酒庄的这些葡萄园（上图）种植赤霞珠、霞多丽和美乐，用来生产奥克地区餐酒

省级地区餐酒（Departmental vin de pays）

其中更为重要的省级地区餐酒是热尔地区餐酒（产自加斯科尼）、埃罗地区餐酒、奥德地区餐酒和加尔地区餐酒（在奥克区域内）、瓦尔地区餐酒、沃克吕兹地区餐酒（产自普罗旺斯）和滨海夏朗德地区餐酒（滨海夏朗德是法国西部科涅克地区的一部分）。

当地地区餐酒（Local vin de pays）

阿尔代什地区餐酒　该地区位于罗讷河北部和南部地区之间，已被证明是用一种葡萄酿制的红、白葡萄酒的极其可靠的来源。虽然目前的葡萄品种（西拉、佳美、美乐、赤霞珠、维奥涅尔、霞多丽和长相思）将难以理顺成一套总体葡萄品牌，但该地区不久以后有望晋升为法定产区。

东戈地区餐酒　该酒产区是埃罗省辛辣红葡萄酒的一个不错的来源，位于贝济耶东北部。

卡塔朗地区餐酒　这是南部鲁西荣地区产的强劲白葡萄酒和带有香草味的浓郁的红葡萄酒。

加思科涅地区餐酒　来自西南部阿马尼亚克酒产区清脆、清新，带有香草味的白葡萄酒。

勒伊位于卢瓦尔河上游地区，其附近地区用手采摘的葡萄（上图），用于酿制一种这一地区相对罕见的红地区餐酒

生长在引人入胜的阿尔代什峡谷的葡萄，用于酿制这一地区备受好评的阿尔代什地区餐酒（左图）

意大利

古希腊人称意大利为奥诺曲亚（Oenotria），即葡萄酒之地。意大利在葡萄栽培方面一直是首届一指的，风格多种多样，现在通常比世界上其他任何国家生产的葡萄酒都多。

酿酒葡萄，即酿制葡萄酒的葡萄品种，早在公元前几个世纪就一直生长在意大利本土地区。据考证，罗马帝国兴起之前，入侵的希腊人把葡萄带到了意大利。据目前所知，一些部落文明，特别是伊特鲁里亚人（Etruscans）已经掌握葡萄栽培知识，而希腊人到达意大利南部地区时，确实只是引进了新葡萄品种。

远古时代，古希腊人赋予意大利新的名字，即奥诺曲亚（葡萄酒之地）。随后的几个世纪，古罗马人的聪明才智极大地促进了酿酒的可能性，其酿酒工艺已经远远超过了古希腊。特别年份的葡萄酒开始受到重视，就像特定地区生产的葡萄酒一样，如拉齐奥（Lazio）、坎帕尼亚区（Campania）和托斯卡尼（Toscana，如今的托斯卡纳）。

无论古罗马军队远征何处，他们都会带着葡萄种植专业知识，来为他们的部队供应葡萄酒。他们的酒比西班牙、法国和英国生产的还要好。当古希腊文明进入了漫长的衰退期，意大利成了古代欧洲葡萄酒文化的核心地带。

如今，在产量方面，意大利在大多数年份仍然是世界上最重要的葡萄酒生产国，将法国挤到了第二位。葡萄酒对意大利人民的家庭生活来说仍是至关重要的，这在法国现代城市家庭中几乎已经消失了。从提洛尔（Tyrolean）的北部到卡拉布里亚（Calabrian）的南部，还有西西里岛（Sicily）和撒丁岛（Sardinia），意大利所有地区都适合种植葡萄。现在全国各地有超过100万个葡萄园，数量惊人。从很大程度上来说，意大利的农业就是生产葡萄酒。

意大利正在努力完善并简化现有的葡萄酒等级分类制度，这是进步的标志。20世纪60年代制定的DOC体系，只是明确了哪些葡萄酒（无论其质量如何）在商业上是非常重要的。20世纪90年代初开始发生改变，真正开始关注葡萄酒的品质，限制最高产量并规定最低成熟水平。当葡萄酒在DOCG中的排名下降时，生产商会不断努力以期符合专业品酒小组的标准。

很多意大利葡萄酒一贯的风格，抑制了其在国际市场上的发展。坦白地说，大多数的传统干白葡萄酒是毫无意义、令人厌烦且索然无味的。如果你在度假，午餐时将葡萄酒冰镇好了饮用，尝起来还是很惬意的，但现在这些传统干白葡萄酒在葡萄酒世界没有什么影响力。近年来，突破性的成功是使用灰品乐葡萄（在意大利北部地区种植）酿酒，但也只是改善了意大利北部的白葡萄酒品质。

红葡萄酒以前总是不错的，但往往会生成大量挥发性酸，并非只带有一丝醋酸味。许多红葡萄酒颜色极淡且稀薄，不仅仅是东北地区的美乐红葡萄酒，许多产自基安蒂的红葡萄

意大利的第一农业就是葡萄种植业。葡萄种植遍布全国各地，从北部边境一直延伸到最南部（下图）

1. 皮埃蒙特
2. 瓦莱达奥斯塔
3. 利古利亚
4. 伦巴第
5. 特伦蒂诺–上阿迪杰
6. 威尼托
7. 弗瑞利
8. 艾米利亚–罗马涅
9. 托斯卡纳
10. 马尔凯大区
11. 翁布里亚
12. 拉齐奥
13. 阿布鲁齐
14. 莫利塞
15. 普里亚
16. 坎帕尼亚
17. 巴斯利卡塔
18. 卡拉布里亚
19. 西西里翁
20. 萨丁岛

此图为原版书所附示意图

酒也是如此。

如今，意大利葡萄酒的总体状况出现了惊人的改变。意大利葡萄栽培业的宝藏——优良的本土葡萄品种相当丰富，脱颖而出。不受DOC体系限制的意大利中部酿造的葡萄酒，后来被称为超级托斯卡纳（super-Tuscans），找到了冲出质量困境的出路，即促进生产更好、更经济实惠的葡萄酒。正如在法国高级美食消亡后，意大利国内烹饪对全球食品时尚起着最重要的影响一样，全世界的人都想品饮这种酒。而且，就连番茄意大利面、意大利腌肉、意大利调味饭、土豆团、香蒜沙司、意大利干酪，甚至比萨饼，也要有意大利葡萄酒相伴。

以下将具体介绍意大利葡萄酒的分级体系，该体系自2010年设立，可以肯定的是DOC（denominazione di origine controllata）和DOCG（denominazione di origine controllata e garantita）的葡萄酒最终会归于DOP（denominazione di origine protetta）之列，IGT（indicazione geografica tipica）会归于IGP（indicazione geografica protetta）之列。改革后的体系更为简洁。

皮埃蒙特（Piedmont）

位于阿尔卑斯山山麓的皮埃蒙特西北部地区，是意大利最优质的葡萄酒产区之一。这里有酒精度最低的白葡萄酒，也有精致的起泡甜酒，还有浓烈、复杂的陈年红葡萄酒。以下按英文字母顺序将它们排列出来。

阿内斯（Arneis） 自1989年被定为DOC产区，使用阿内斯葡萄生产阿内斯白葡萄酒。与许多意大利干白葡萄酒相比，它们是用更为结实的原料制成的，带有水果味，如新鲜梨子味，常常混有明显的杏仁味。这些葡萄生长在Alba附近的Langhe丘陵和阿内斯镇西北部的Roero地区。阿内斯镇DOCG产区生产意大利优质白葡萄酒。

生产商：Giacosa、Vietti、Prunotto和Deltetto酒庄。

阿斯蒂（Asti） 著名的起泡甜酒原名为阿斯蒂白葡萄汽酒，在阿斯蒂镇周围生产，是意大利葡萄酒的经典款式，依旧是DOCG酒。该酒由莫斯卡托（Moscato）葡萄酿制，酒精度低（通常约为7%），制作过程包括通过冷

却使其停止发酵，令其充满成熟绿葡萄和甜杏仁的味道。这是世界上最平易近人的一款起泡酒，品质非常可靠。

生产商：Fontanafredda、Contero、Bera和Martini & Rossi酒庄。

巴巴莱斯科（Barbaresco） 巴巴莱斯科葡萄酒和巴罗洛葡萄酒是由优质的内比奥罗葡萄生产的两种最重要的红葡萄酒。巴巴莱斯科DOCG产区集中在与其同名的村庄周围，通常生产比巴罗洛葡萄酒更优雅一点的内比奥罗酒，但两者的差异不大。这些都是单宁丰富、富有异国情调香味的葡萄酒，新酿出来时极为难喝，但陈酿好后会带有巧克力味，非常可口。单一葡萄园的葡萄酒堪称不朽。

生产商：Giacosa、Gaja、Pio Cesare、Sottimano、Rocca、La Spinetta和Ceretto酒庄。

巴贝拉阿尔巴（Barbera d'Alba）/阿斯蒂（d'Asti）/蒙费拉托（del Monferrato） 巴贝拉葡萄酒名称的后缀是这些区域名称中的任意一个，用其酿造一款极其酸口，但带有美味红樱桃味的红葡萄酒，这种酒重量轻且酒精度低，而经木桶陈酿的葡萄酒变得越来越普遍了。此外，最好在新酿出来趁其新鲜时饮用。它作为一种酒种具有不可否认的潜力，并已被引入加利福尼亚的葡萄园。

生产商：Voerzio、Aldo Conterno、Giacomo Conterno、Bertelli、Prunotto和Correggia酒庄。

巴罗洛（Barolo） 巴罗洛是皮埃蒙特的红葡萄酒之王，即使很难知道什么时候是喝这种葡萄酒的最好时机，它还是意大利最流行的DOCG葡萄酒。在这种酒新酿出来时，尽管它的颜色很快开始褪去，但其含有单宁酸，十分硬。该酒拥有各种味道，包括紫罗兰、黑李子、苦巧克力和野生草本植物，但即使陈酿

巴巴莱斯科DOCG产区（上图），位于皮埃蒙特，即阿尔卑斯山脉山麓

春天，巴罗洛地区形如镰刀的罂粟花（下图）

皮埃蒙特
葡萄品种：阿内斯
阿斯蒂
葡萄品种：莫斯卡托
巴巴莱斯科
葡萄品种：内比奥罗
巴贝拉阿尔瓦、阿斯蒂和蒙费拉托
葡萄品种：巴贝拉
巴罗洛
葡萄品种：内比奥罗

巴彻托达奎
　　葡萄品种：布拉凯多
多赛托
　　葡萄品种：多赛托
法沃里达
　　葡萄品种：法沃里达
弗雷伊萨阿斯蒂和蒂奇里
　　葡萄品种：弗雷伊萨
加蒂纳拉
　　葡萄品种：内比奥罗和伯纳达
加维和科特斯蒂加维
　　葡萄品种：科特斯
莫斯卡托阿斯蒂
　　葡萄品种：莫斯卡托
斯帕那
　　葡萄品种：内比奥罗
奥尔特莱伯·帕韦斯
　　葡萄品种：红葡萄为巴贝拉、伯纳达、科罗帝纳、拉雅和黑品乐；白葡萄为意大利雷司令、白品乐和灰品乐
瓦尔泰利纳
　　葡萄品种：内比奥罗
法兰恰阔尔达区
　　葡萄品种：红葡萄为赤霞珠、美乐和黑品乐；白葡萄为霞多丽
卢加纳白葡萄酒
　　葡萄品种：特雷比奥罗

葡萄藤高栖于奥斯塔山谷的阿尔贝斯山山坡，其藤架通常还是很低（上图）

了 20 年（它可能显现出深棕色），也会含有十分强烈的单宁酸。其酿造者拒绝与现代口味妥协，因此巴罗洛是世界上最执着的红葡萄酒。最好的葡萄园（如 Ginestra、Monfalletto、Arione 园）在酒标中会明确标注。

　　生产商：Giacomo Conterno、Bartolo Mascarello、Giuseppe Mascarello、Sandrone、Roberto Voerzio、Einaudi、Altare 和 Ceretto 酒庄。

　　巴彻托达奎（Brachetto d'Acqui） 这是由芳香的布拉凯多葡萄酿造的淡红葡萄酒或桃红葡萄酒，通常稍微起泡，为其增色。

　　卡罗马（Carema） 卡罗马位于皮埃蒙特遥远的北部地区，是一小小的 DOC 产区，生产酒精度较低的内比奥罗红葡萄酒。

　　多赛托（Dolcetto） 皮埃蒙特 11 个 DOC 产区的红葡萄酒都是由这种葡萄酿制的。如 Dolcetto d'Alba、Diano d'Alba、Dolcetto d'Acqui、Dolcetto d'Asti、Ovada、Monferrato 和 Langhe Monregalesi 葡萄酒。多利亚尼也有一款 DOCG 产区酒，这种葡萄酒呈亮紫色，酒体轻盈、极其新鲜，充满了蓝莓味，适合新酿出来时饮用。相比博若莱酒，该酒价格更实惠。

　　生产商：Giuseppe Mascarello、Vajra、Ratti、Bongiovanni、Chionetti 和 Pecchenino 酒庄。

　　厄柏路丝卡卢索（Erbaluce di Caluso） 这是一种酒精度低且柔和的干白起泡酒，很有名，但却是一种罕见的金黄色餐后甜酒（Caluso Passito），由不是特别著名的厄柏路丝葡萄酿造而成。

　　生产商：Ferrando 和 Orsolani 酒庄。

　　法沃里达（Favorita） 在 Tanaro 两岸用这种白葡萄酿造可口的柠檬味葡萄酒。

　　弗雷伊萨阿斯蒂（Freisa d'Asti）/基耶里（di Chieri） 这是两个 DOC 产区，基耶里离都灵很近，生产具有强烈香味、酒精度低的红葡萄酒，能变成起泡酒。

　　加蒂纳拉（Gattinara） 这是基于内比奥罗葡萄酿制的鲜为人知的 DOC 红葡萄酒，占据最重要的地位，浓郁、存储时间长。

　　生产商：Travaglini 和 Antoniolo 酒庄。

　　加维（Gavi）/科特斯加维（Cortese di Gavi） 一种由香草味的科特斯葡萄酿造的高价干白葡萄酒。在当地受到过度推崇，因此价格异常高。Gavi di Gavi 是顶级葡萄酒，有些

奶油味和坚果味。

　　生产商：Chiarlo、La Scolca 和 Giustiniana 酒庄。

　　吉诺林诺（Grignolino） 在阿斯蒂附近由单一葡萄酿制的酒精度低的红葡萄酒，与多赛托几乎一样，都带有水果味。

　　莫斯卡托阿斯蒂（Moscato d'Asti） 该酒与阿斯蒂酒的产地和使用的葡萄都相同，但起泡少，酒精含量相对也少（含 5% 的酒精度是很典型的）。具有柠檬的新鲜口感，美味可口。

　　生产商：Ascheri、La Caudrina、La Spinetta、Bava、Giacosa 和 Saracco 酒庄。

　　卢凯（Ruchè） 这是一个小型 DOC 产区，在蒙费拉托地区酿造带有草药香味的浓郁葡萄酒。

　　斯帕那（Spanna） 该酒是内比奥罗的同义词，被广泛使用，是一种在很多地方经常能见到的质感丰富的红葡萄酒。

瓦莱达奥斯塔（Valle d'Aosta）
　　意大利遥远的西北角是一个小山谷，与法国和瑞士接壤。这里出产的葡萄酒由许多当地葡萄酿成，添加少数内比奥罗和莫斯卡托葡萄，还有勃艮第和阿尔萨斯的葡萄品种。它们几乎都是被当地人消费。

利古利亚（Liguria）
　　利古利亚位于意大利西北部，在地中海沿岸，是一个弧形的山区，它主要的商业中心是热那亚（Genoa）。它在出口方面不是很发达，它的一些传统葡萄酒，如用葡萄干似的葡萄酿造的糖浆餐后甜点酒正在消亡。Cinque Terre 是一种基于当地葡萄博斯科酿制的干白葡萄酒，经常添加韦尔芒提诺（Vermentino）。罗塞斯（Rossese）是一个重要的当地红葡萄品种，拥有自己的 DOC 产区，即多切阿夸（Dolceacqua），位于利古利亚西部。一些在当地广为人知的多赛托葡萄酒在多赛托 DOC 产区酿制。

伦巴第（Lombardia）
　　伦巴第以米兰为中心，从与瑞士相邻的阿尔卑斯山边界延伸到波河，波河是该区的南端。它是意大利最大的葡萄酒产区，近年来成

在 Valpolicella DOC 产区的 Masi 庄园，为酿制 Amarone 和 Recioto 酒晾晒葡萄（上图）

为高品质领军者之一。

奥特朴帕维斯（Oltrepò Pavese） 这个名字具有经典的意大利时尚特质，几乎涵盖了葡萄酒的所有风格，其中只有一些具有 DOC 产区酒的资格。最好的酒是一种基于巴贝拉葡萄酿制的优质、浓稠的红葡萄酒，而由意大利雷司令葡萄（并非高贵的雷司令）酿制的干白葡萄酒极易被遗忘。传统方法酿制的起泡酒是用品乐家族葡萄酿制的。

生产商：Frecciarossa、Verdi 和 Montelio 酒庄。

瓦尔泰利纳（Valtellina） 意大利大量的内比奥罗酒是在这个 DOC 产区生产的，该产区位于瑞士边界附近。对于基本的瓦尔泰利纳 DOC 产区酒和稍微好点的 DOCG 产区上等葡萄酒，这里有 4 个公认的副产区，可生产品质更好的葡萄酒，分别是 Inferno、Grumello、Sassella 和 Valgella 酒。这些酒比皮埃蒙特内比奥罗的酒精度要低，但最好的酒确实带有真正的水果味且后劲十足。一些烈性葡萄酒是由皱缩干瘪的葡萄酿制而成，使其发酵至极干为止，标为加强型酒（Sforzato）。

弗兰奇亚考达（Franciacorta） 这是 1995 年创建的一处 DOCG 产区，运用卓越的传统方法酿制起泡酒。无气葡萄酒标为 DOC Terre di Franciacorta，而且往往使用经典的法国葡萄品种和法国工艺酿制。

生产商：Ca'del Bosco，Bellavista，Cavalleri 和 Berlucchi 酒庄。

卢加纳（Lugana） 白葡萄酒 DOC 产区，使用当地令人敬畏的特雷比安诺（Trebbiano）葡萄的变种生产干白葡萄酒。古怪的葡萄带有一点香草味。Zenato 是一个不错的生产商。卢加纳与威尼托产区有重叠之处。

特伦蒂诺—上阿迪杰（Trentino-Alto Adige）

紧挨着奥地利边境的是意大利最北部的葡萄酒产区。上阿迪杰区为奥地利人和许多讲德语的意大利人所熟知，如南提洛尔（Südtirol）当地居民。该地区地势较低的那一半以特伦托（Trento）市命名。这里像朗格多克－鲁西荣一样，是一个多功能地区。在过去的三十多年中，生产商通过用国际葡萄品种（最主要的是两种解百纳、美乐和黑品乐，以及霞多丽、灰品乐和白品乐）酿造一些酒精度低但令人印象深刻的葡萄酒，为这里赢得了声誉。一些霞多丽用木桶陈酿，在橡木味白葡萄酒的国际市场中已找到合适的位置，但出于自身利益，其价格有时固定不变。特别值得关注的当地红葡萄酒是酸樱桃味的 Marzemino、浓郁巧克力味的 Lagrein（可酿制烈性红酒，如 Lagrein Dunkel，以及优雅的 Lagrein Kretzer 桃红葡萄酒）和黑加仑味的 Teroldego，它在

Teroldego Rotaliano 拥有自己的 DOC 产区。

生产商：Ferrari、San Leonardo、Haas、Lageder、Tiefenbrunner 和 Walch 酒庄。

威尼托（Veneto）

威尼托是意大利东北部主要的葡萄酒产区，从加尔达湖东部延伸到威尼斯和奥地利的边境。这里有一些重要的 DOC 产区和公认的产区，如索瓦韦和瓦尔波利塞拉，但由于生产过量，以及一些葡萄园种植不恰当的葡萄品种，导致葡萄酒总体质量不行。然而，威尼托的酒庄排列有序，一些有进取心的种植者开始意识到该地区的潜力。

巴多利诺（Bardolino） 由 3 种当地葡萄酿造的轻如羽毛的红葡萄酒，适合刚酿出新鲜时饮用，不需要储存。标为 Superiore（同比含有更高的酒精度）的酒应该更有吸引力。桃红葡萄酒被称为 Chiaretto。

生产商：Masi 和 Le Vigne di San Pietro 酒庄。

比安科科斯多佐（Bianco di Custoza） 大多数中性的干白葡萄酒由混合葡萄酿制而成，它们大多没什么特点。如果你努力品尝，有些酒会有一点儿什锦水果味。

生产商：Le Vigne di San Petro 和 Gorgo 酒庄。

布雷甘泽（Breganze） 这里是 DOC 产区酒之一，因尝试使用国际葡萄品种而引起轰动，但也有很多酒比较普通。由波尔多葡萄混酿的红葡萄酒却非常好。Maculan 是附近最好的生产商。

巴多利诺

葡萄品种：红葡萄为科尔维纳、莫利纳拉和龙迪内拉

白库托扎

葡萄品种：白葡萄为特来比亚诺托斯卡纳、加格奈拉和托凯弗留利

贝雷甘托

葡萄品种：红葡萄为赤霞珠、品丽珠和美乐；白葡萄为托凯弗留利、白品乐、长相思和霞多丽

皮亚韦河

葡萄品种：红葡萄为美乐和赤霞珠；白葡萄为托凯弗留利和维杜索

苏瓦韦

葡萄品种：白葡萄为加格奈拉、特雷比安诺苏瓦韦、霞多丽和白品乐

瓦尔波利塞拉

葡萄品种：红葡萄为科尔维纳、莫利纳拉和龙迪内拉

甘姆贝尔拉雅（Gambellara） 这是一种干白葡萄酒，与苏瓦韦白葡萄酒十分相似，都由相同的几种葡萄酿成，温和无害。

皮亚韦河（Piave） 该地紧挨着威尼斯，生产大量不太重要的葡萄酒，绝大部分是稀薄、清新的美乐红葡萄酒。

普罗塞克科内利亚诺（Prosecco di Conegliano）/ 瓦尔多比亚德内（di Valdo-bbiadene）

普罗塞克（一种全球知名的意大利葡萄酒）以其主要的葡萄品种命名，它仍是一种干白葡萄酒，但作为起泡酒更为出名，使用桶式酿造法酿制，即葡萄酒在装瓶前放置在大罐中进行二次发酵。该酒主要与桃汁混合来制作著名的 Bellini 鸡尾酒。普罗赛克现在变得更复杂、更优雅了，在许多情况下，能与西班牙的 cava 起泡酒相提并论。

生产商：Carpenè Mavolti、Bisol 和 Adami 酒庄。

索瓦韦（Soave） 索瓦韦白葡萄酒是意大利最著名的干白葡萄酒之一，长期以来与意大利白葡萄酒极干、中性、无味的形象无异。索瓦韦白葡萄酒正在变得越来越好。如今一些索瓦韦白葡萄酒里含有一点霞多丽，也有一些酒是用橡木桶仔细陈酿的。最佳陈酿时，混合大量的传统加格奈拉（Garganega）葡萄，是一种非常有吸引力的如丝般柔滑的白葡萄酒，带有一点杏仁酥和些许烘烤的味道，午餐时与沙拉搭配甚是完美。Recioto di Soave 是一种由干瘪葡萄酿成的味甜、干涩的葡萄酒。

生产商：Pieropan、Anselmi、Prà、Ca' Rugate、Coffele 和 Suavia 酒庄。

瓦尔波利塞拉（Valpolicella） 这是一个涵盖了多种风格的红葡萄酒 DOC 产区，有没什么特点的淡红葡萄酒，也有具有极大陈酿潜力的红葡萄酒，美味浓郁且带浆果味和巧克力味。基本风格的酒是比较烈性的 Superiore 酒，也有具有浓烈汽油味的传统瓦尔波利塞拉葡萄酒，用在草席上晒干的葡萄酿造而成。

瑞西欧托（Recioto） 是一种柔滑香甜的葡萄酒，类似于波特酒，而阿玛朗尼（Amarone，自 2009 以来被定为 DOCG 产区酒）是发酵成极干的酒，包含大量酒精（通常为 15%～16%，不加强），味道很苦（名字来自于意大利语 amaro，代表苦的意思）。里帕

索（Ripasso）是一款普通的瓦尔波利塞拉酒，允许使用以前用于酿造阿玛朗尼或瑞西欧托的葡萄皮酿制，尽管如此，该酒也可以酿得很好。

生产商：Allegrini、Quintarelli、Masi、Tedeschi、Le Ragose、Dal Forno 和 Bussola 酒庄。

弗瑞利（Friuli）

意大利东端的葡萄酒产区，其北部与奥地利相邻，东部与斯洛文尼亚相邻，形成 Adriatic 海岸线的一部分，延伸到 Trieste 港。它有时被称为弗瑞利 - 威尼则歌利（Friuli-Venezia Giulia）。这是另一个以其国际葡萄品种赢得显著成功的区域。

到目前为止，最好的红葡萄酒是赤霞珠和美乐，特别是来自格拉韦弗瑞利（Grave del Friuli）DOC 产区的赤珠霞和美乐，以及科利奥（Collio）的品丽珠和当地葡萄莱弗斯科（Refosco）酿制的酒。莱弗斯科可酿制质地明显且美味的红葡萄酒和辛辣的 Schioppettino 葡萄酒。

成功的干白葡萄酒一直是灰品乐酒、芳香诱人的 Tocai Friulano 白葡萄酒和新鲜的长相思干白葡萄酒，甚至还有一些微香的琼瑶浆。因大量使用上述品种的葡萄，伊松佐（Isonzo）DOC 产区已得到提升。

这里也有两种非常罕见的带有浓郁杏仁味的金黄色 DOCG 产区酒，一种由皮科里特（Picolit）葡萄的葡萄干酿制而成；另一种是十分酸口的 Ramandal 白葡萄酒，由 Verduzzo Friulano 葡萄酿制而成。

生产商：Borgo Magredo、Pecorari、puiatti、Edi Kante 和 Colmello di Grotta 酒庄。

艾米利亚 - 罗马涅（Emilia–Romagna）

位于波河以南的庞大地区，包括西部的艾米利亚和亚得里亚海岸的罗马尼亚，中心地带是博洛尼亚古城，艾米利亚 - 罗马涅是意大利大量生产葡萄酒的地区之一。其葡萄酒很少有符合 DOC 产区酒标准的，无论产自何处，大部分酒都有些起泡。这种酒的代表是 Lambrusco，酒色俱全，但通常都是起泡的，酸度极高，质量往往十分糟糕。

Colli Piacentini 是一个与伦巴第（意大利经济最发达的地区）接壤的山坡地带，位于该区的西北部，它是优质葡萄酒较好的产区之一。Gutturnio（由巴贝拉和科罗帝纳葡萄酿制）是一种浓烈的红葡萄酒，也有一些清爽的白葡萄酒，如长相思葡萄酒。Albana di Romagna 产自罗马尼亚南部地区以南，值得一提的是，它是第一个获得 DOCG 产区酒资格的白葡萄酒，由普通的阿尔巴纳葡萄酿制而成。一些由托斯卡纳伟大的桑娇维塞酿造的红葡萄酒的品质正在稳步上升，标为 Sangiovese di Romagna，最好在新酿出来还有些酸的时候饮用。建议品尝一下 Cesari 出产的酒。

托斯卡纳（Toscana）

托斯卡纳位于皮埃蒙特，是意大利优质葡萄酒最重要的产区，在意大利的文化中心占据重要地位。除了佛罗伦萨和锡耶纳这些古老而美丽的城市外，橄榄树和葡萄藤这些动态景观是去欧洲旅游的人的最爱。

对于 20 世纪 60 年代的新酿葡萄酒来说，基安蒂红葡萄酒（通常装在稻草覆盖的瓶子中销售）是意大利红葡萄酒的代名词。然而，就是在这里，而非其他地区，真正开始了日常餐酒的革命，产生了一代没有参考 DOC 产区规定的葡萄酒。这最终证明了，意大利种植者能够生产世界级的葡萄酒，而且许多酒都是一流的。

保格利（Bolgheri） 随着第一批 Sassicaia 葡萄酒的发售，托斯卡纳葡萄酒于 20 世纪 70 年代发生了转变，这归功于 Incisa della Rochetta 家族的创新。混合两种解百纳葡萄，

保格利 DOC 产区的美乐葡萄园（上图），种植在去往生产超级托斯卡纳的 Tenuta Ornellaia 庄园的路上

保格利
　　葡萄品种：红葡萄为赤霞珠和品丽珠
巴内洛蒙塔尔奇诺
　　葡萄品种：红葡萄为桑娇维塞

卡尔米尼亚诺

葡萄品种：红葡萄为桑娇维塞和赤霞珠

葡萄品种：红葡萄为桑娇维塞、赤霞珠和卡内奥罗；白葡萄为特雷比安诺和莫瓦西亚

维奈西卡圣吉米尼亚诺

葡萄品种：白葡萄为维奈西卡和霞多丽

蒙特普齐亚诺贵族葡萄酒

葡萄品种：红葡萄为桑娇维塞和卡内奥罗；白葡萄为特雷比安诺和莫瓦西亚

圣酒

葡萄品种：白葡萄为特雷比安诺、莫瓦西亚、灰品乐、白品乐、长相思和霞多丽

悬挂在架子上的葡萄（上图），风干后用来酿制托斯卡纳甜酒，即圣酒

努力生产出类似波尔多顶级酒的优质葡萄酒。虽然其中没有意大利葡萄品种，但仍然带有典型的托斯卡纳的味道，丰富的黑醋栗和梅子味始终是可口的，像苦药草。1994 年以前，它一直属于日常餐酒，直到它被划入保格利 DOC 产区酒。

生产商：Ornellaia、Le Macchiole、Grattamacco、Satta 和 Poggio al Tesoro 酒庄。

巴内洛蒙塔尔奇诺（Brunello di Montalcino） 巴内洛是 19 世纪晚期由 Biondi-Santi 家族独创的，是由一种特别优良的类似于桑娇维塞的葡萄酿制而成的葡萄酒。"二战"后，其他生产商才开始生产巴内洛酒。巴内洛是托斯卡纳最优质的红葡萄酒之一，比基安蒂红葡萄酒的颜色更深、味道更浓郁，充满了酸酸的黑樱桃味和刺激性的药草味，还能长期陈酿。它最好按规定在木桶内存放 3 年，其价格居高不下。罗索蒙塔尔奇诺（Rosso di Montalcino）是一个独立的 DOC 产区，酿制至少要存放一年的葡萄酒。这些酒拥有卓越的价值。

生产商：Biondi-Santi、Talenti、il Poggione、Castelgiocondo、La Gerla 和 Case Basse 酒庄。

卡尔米尼亚诺（Carmignano） 赤霞珠在获准加入其他托斯卡纳红葡萄酒之前，就可以用于卡尔米尼亚诺。桑娇维塞比例不是很大，但一般足够成熟，不需要赤霞珠来增加浓度。该酒品质令人印象深刻，已经升为 DOCG 产区酒的级别。Capezzana 是非常可靠的生产商。

基安蒂（Chianti） 基安蒂作为一个产量大的葡萄酒产区，从产量大且带有橡木味的神圣葡萄酒，到索然无味、稀薄的红葡萄酒（多年来这样的酒削弱了基安蒂的品质）都有。一些问题是由于该地区的边界太广，该地包括 7 个子产区：古典基安蒂（位于佛罗伦萨和锡耶纳之间的中心区域），东北部的基安蒂卢菲纳、基安蒂蒙塔尔巴诺和 4 个山地地带，这四地以与它们毗邻的城市命名——Colli Fiorentini（佛罗伦萨）、Colli Senesi（锡耶纳）、Colli Aretini（阿雷佐）和 Colli Pisane（比萨）。在这些子产区中，只有前两个地区的品质可靠，并将永不改变区域名称。

任何一个子产区的葡萄酒若在木桶中的时间较长，就被标为珍藏，这不一定是优质葡

萄酒的可靠指标，因为许多基安蒂太脆弱，不能在木桶中长期放置。桑娇维塞和卡内奥罗的传统混合中又加入了赤霞珠，但加入特雷比安诺和莫瓦西亚白葡萄，则阻碍了优质葡萄酒的生产，许多优良的生产商并不会添加它们。

通常，基安蒂总是一种橘红色的葡萄酒，伴有干浆果的香气，有圣女果和香草的美妙气味，可以明显感觉到浓重的酸感和淡淡的胡椒味。现代生产方法酿造出的葡萄酒颜色更丰富，所含的水果更成熟，有些具有明显的解百纳葡萄酒风格。

生产商：Volpaia、Fonterutoli、Villa di Vetrice、Isole e Olena、San Polo in Rosso、Fontodi、Selvapiana、Frescobaldi 和 Querciabella 庄园。

加列斯托罗（Galestro） 无色透明、低酒精度、无味的干白葡萄酒，用来代替基安蒂中剩余的特雷比安诺。可以为莫瓦西亚白葡萄酒添加一些趣味。

维奈西卡圣吉米尼亚诺（Vernaccia di San Gimignano） 本地葡萄维奈西卡构成了非常珍贵的低产量白葡萄酒的基础，在著名的圣吉米尼亚诺塔中酿成。该酒 1993 年被提升为 DOCG 产区酒，现在可能包含 10% 以上的夏敦埃酒。在其酿制得最好时，口感柔软，伴有诱人的杏仁酥的味道。

生产商：Teruzzi & Puthod、Casale-Falchini、Vagnoni 和 Cesani 酒庄。

蒙特普齐亚诺贵族酒（Vino Nobile di Montepulciano） 有一种叫蒙特普齐亚诺的葡萄，但在这个 DOCG 产区不起重要作用，该酒在佛罗伦萨东南部的丘陵地带生产，用经典的基安蒂葡萄混合酿造（不包括赤霞珠）。该酒浓烈，带有深紫色水果和一丝甘草味，但它们往往止步于顶级基安蒂葡萄酒谱系。该酒必须在木桶中陈酿 2 年。此外，较好的生产者忽视了白葡萄。新酿的葡萄酒可能作为罗索蒙特普齐亚诺在其法定产区发售。

生产商：Avignonesi、Trerose、Boscarelli、Dei、Poliziano 和 Salcheto 酒庄。

圣酒（Vin Santo） 毫无疑问，托斯卡纳区不出名的白葡萄酒中最好的就是圣酒，它是一种黄褐色，通常十分甘甜的带有葡萄干的葡萄酒。这些葡萄被悬挂或晾晒在酿酒厂最温暖的地方，以便脱干水分。少量的葡萄经发酵变得极干，就像极干的雪利酒。托斯卡纳区有

一些圣酒的法定产区（最好的一处是科利伊特鲁利亚酒庄），一些酒允许使用非意大利葡萄品种。葡萄酒长期在木桶中陈酿是很寻常的，也有很多葡萄酒用一种故意氧化的风格酿制，但依然带有迷人的橙子皮和核桃仁味。

生产商：Isole e Olena、Avignonesi、Selvapiana、Fontodi 和 Bindella 酒庄。

马尔凯大区（Le Marche）

在意大利东部，位于亚得里亚海海岸，安科纳（意大利东部港市）是其主要的商业中心。其最好的葡萄酒是两种法定产区红葡萄酒——Rosso Conero 和 Rosso Piceno，由意大利东部葡萄蒙特普齐亚诺和托斯卡纳区的桑娇维塞混合酿制而成。在 Rosso Conero 中，蒙特普齐亚诺葡萄占主导地位，而 Rosso Piceno 中必须包含不低于 60% 的桑娇维塞。两者都是浓郁、辛辣的红葡萄酒，具有显著的陈酿潜力。维蒂奇诺是区域性白葡萄，最常用于酿造 Verdicchio dei Castelli di Jesi，该酒是意大利擅长酿制的普通中性口味的白葡萄酒之一（虽然最好的生产者谎称酒中含豆香）。Verdicchio di Matelica 则是一种上等罕见的葡萄酒。凯福林酒园生产木桶陈酿的维蒂奇诺，带有令人印象深刻的浓郁感。乌曼尼隆基酒庄是一个可靠的地区生产商。

翁布里亚（Umbria）

翁布里亚是一个被陆地包围的小地区，位于托斯卡纳区和马尔凯区之间，位于佩鲁贾市的中心。该地最著名的是奥维多白葡萄酒，采用当地特色葡萄格莱切托酿制而成，该葡萄与特雷比安诺和莫瓦西亚葡萄混合，被用于很多葡萄酒中。

该酒有 3 种基本款式：第一种是简单的干葡萄酒（secco），往往具有梨的酸味；第二种是中甜型酒（abboccato）；第三种是全甜型酒，通常是贵腐餐后甜酒（amabile）。虽然整体质量不是很好，但 Decugnano dei Barbi 却品质出众。

托尔贾诺（Torgiano） 是最好的红葡萄酒，现在被列为 DOCG 产区酒。它由桑娇维塞酿造，风格浓郁（建议品尝伦加罗蒂的葡萄酒）。蒙泰法尔科（Montefalco）是一个法定产区，靠近阿西西，生产格莱切托 – 霞多丽

白葡萄酒、桑娇维塞红葡萄酒和萨格兰蒂诺当地酒。萨格兰蒂诺只在这个地区酿造，它拥有自己的 DOCG 产区——萨格兰蒂诺蒙泰法尔科（Sagtantino di Montefalco）。

拉齐奥（Lazio）

拉齐奥位于罗马周边，主要生产大量普通的白葡萄酒，其中最有名的是 Frascati 白葡萄甜酒，这是意大利最著名的品牌。特雷比安诺和莫瓦西亚在这里也占主导地位，大多数 Frascati 白葡萄甜酒是相当枯燥的。优质的生产商有 Colli di Catone 和 Fontana Candida。趁其新酿出来时饮用，可以感受到浓郁并带法式鲜奶味的特点。在意大利名字最傲慢、霸气的葡萄酒 Est di Montefiascone，也是用特雷比安诺葡萄酿造而成的，但品尝起来好像很少会让人感到惊喜。该地区种植一些赤珠霞和美乐，但这里并没有特别卓越的红葡萄酒。

在 Illuminati 酒厂装瓶的 Montepulciano d'Abruzzo 葡萄酒（下图）。该酒是意大利品质最可靠且价格合理的红葡萄酒之一

在坎帕尼亚的阿马尔菲沿海悬崖上的葡萄庄园，葡萄藤争相争夺生长空间（上图）

阿布鲁齐（Abruzzi）

阿布鲁齐是亚得里亚海沿岸一个山区，位于马尔凯斯南部，其声誉取决于 3 种颜色不同的法定产区酒。红葡萄酒——Montepulciano d'Abruzzo，迄今为止是 3 种酒中最著名的。这款酒由同名葡萄酿成，是一款柔滑、带有梅子味、酸度低的葡萄酒，伴有一种奇怪但明显的海洋的腥味。尽管该酒很是可靠，但它在出口市场上从来都不是高价品，往往是一款价格适中的意大利红酒，比其他同等酒浓郁。Umani Ronchi 和 Masciarelli 酒庄生产的这种酒很不错。Cerasuolo 是酒色深的一款桃红葡萄酒。

Trebbiano d'Abruzzo 白葡萄酒受自己名字的拖累。它实际上主要是由意大利南部葡萄品种酿制的，该葡萄品种名字华丽，叫博品乐（Bombino），但也允许添加不太著名的托斯卡纳特雷比安诺。由瓦伦蒂尼酿制的榛子味的干白葡萄酒，为该法定产区赢得了声望，其浓烈度非同一般。

莫利塞（Molise）

莫利塞位于阿布鲁南部，是一个小型且不重要的地区，擅长利用国际葡萄品种，如霞多丽和雷司令，酿制佐餐葡萄酒。比弗尔诺河（Biferno）是一个区域性的法定产区，生产的葡萄酒共有 3 种颜色，其中红葡萄酒和桃红葡萄酒是用蒙特普齐亚诺葡萄酿制的，白葡萄酒是由博品乐、特雷比亚诺和莫瓦西亚葡萄酿制的。

普利亚区（Puglia）

普利亚区位于意大利东南部，包括巴里亚得里亚海港——巴里，包揽意大利任意一个葡萄酒产区葡萄酒最大年的产量，然而只有一小部分葡萄酒符合法定产区的标准。萨伦托省东南部生产的红酒品质最好。在那里，芳香的内格罗马洛葡萄名气大振。其最好的法定产区酒是 Salice Salentino，有李子味，通常是极甜的红葡萄酒，具有巨大的吸引力。其中，坎迪多的珍藏特别好。现在该区有两种白葡萄酒，一种是 Bianco，含有至少 70% 的霞多丽，另一种是由黑品乐酿制成的 Pinot Bianco。内格罗马洛也出产 Copertino、Squinzano 和 Brindisi 葡萄酒，有时会混合另一种当地葡萄马尔维萨奈拉，会有别样的风味。这些都是优质浓郁的红葡萄酒。

普里米蒂沃曼杜里亚（Primitivo di Manduria） 用普里米蒂沃葡萄（在加利福尼亚又名仙粉黛）酿造的高酒精度的红葡萄酒。蒙特堡（Castel del Monte）是另一个当地红葡萄（即迷人的托雅葡萄）法定产区。

坎帕尼亚（Campania）

那不勒斯西南部拥有全意大利最令人尊敬的葡萄酒酿造传统，但是符合法定产区酒标准的酒比例最少。然而，这里的法定产区潜力无限。Taurasi DOCG 产区酒是一种浓烈、酸口的红葡萄酒，由当地一种极好的葡萄艾格尼科酿制而成。Falerno del Massico 是新型法定产区酒，试图再现 Falerno 白葡萄酒逝去的荣耀；红葡萄酒是由艾格尼科、当地葡萄派迪洛索和普里米蒂沃、巴贝拉混合酿制的。Greco di Tufo 是主要的 DOCG 白葡萄酒，带有温和的柠檬味。Fiano d'Avellino 带有一种成熟梨子的味道，令人难以忘怀。这两种酒都以它们所用的葡萄命名。耶稣之泪（Lacryma Christi del Vesuvio）是该地越来越有名的葡萄酒之一，有红酒和白酒两种，但都相当平庸。当地还有一种有趣的白葡萄叫法兰吉娜，通常用于酿造单一葡萄酒。

巴斯利卡塔（Basilicata）

这是个贫穷的地区，位于意大利南部，生产很少量的葡萄酒。该地最好的葡萄酒是 Aglianico del Vulture DOC 酒，由同名红葡萄酿造而成。该酒非常浓郁，带有咖啡香气。

卡拉布利亚（Calabria）

奇罗（Cirò） 是唯一一种可在意大利靴趾处（即最南端）看到的 DOC 葡萄酒。用当地葡萄加格里奥普酿制的浓烈的红葡萄酒和桃红葡萄酒，以及意大利其他许多红葡萄酒，可能混合了一些白葡萄，肯定包括特雷比安诺。在南部海岸，有一款相当精致的 DOC 酒——Greco di Bianco，是由半干的格来克葡萄酿成的。

西西里岛（Sicilia）和潘泰莱里亚（Pantelleria）

西西里岛是意大利最多产的一个地区。这

里的许多产品仅仅符合葡萄酒的标准，但也有提高质量的空间，西西里的葡萄酒很可能有一天会成为意大利最好的酒。

这里最著名的是 Marsala 白葡萄酒，该酒产于西西里岛西部。与欧洲南部的其他经典加烈葡萄酒相比，Marsala 白葡萄酒仍保留极好的原始葡萄酒风格，与众不同。使用了各种各样的加烈方法，包括相当笨拙的一种方法，即使用煮熟后压缩的葡萄汁。然而，Marsala 白葡萄酒最高级别的 Superiore 和 Vergine 葡萄酒，不允许使用这种方法。葡萄酒的风格有极干的 secco，也有极甜的 dolce，它们共同的特点是通常都带有烟熏、辛辣、焦糖的味道，这是 Marsala 独特的卖点。目前，大部分酒都搭配意大利式甜点和意大利菜肴售卖，但最好的 Marsala 白葡萄酒，如来自 Bortoli 酒庄的葡萄酒，值得单独品饮，可替代更为人熟知的餐后烈酒。Marsala 使用的两种白葡萄在其他地区用于酿造优质的 IGT 葡萄酒。这两种葡萄是伊卓莉亚（Inzolia）和卡塔拉托（Catarratto），都能酿制独特的轻香葡萄酒。尼禄阿沃拉（Nero d'Avola）是最好的天然红葡萄，混合型酒中含有一定比例的这种葡萄往往是最好的。这种葡萄酒健康可口，伴有黑莓水果和些许香料味。

Regaleali 是优质西西里葡萄酒的领军生产商之一。它生产的红葡萄酒成分非常复杂且值得储存，如 Corvo Rosso，一种由 Duca di Salaparuta 酿造的保质期长、辛辣的 IGT 红酒。Settesoli 合作社酿造了一些不错而简单的红葡萄酒。

萨丁岛（Sardegna）

撒丁岛葡萄酒的营销方式单一，在法定产区规定下，其产量过高，很是荒谬，其生产受到这样的阻碍，否则会成为很风趣的一款酒。

卡诺那乌（Cannonau）　最重要的红葡萄品种之一（某些人称其与歌海娜有关），可以酿制一种浓黑且浓烈的红葡萄酒，但产量受限制。莫妮卡（Monica）酿制度数更低、更浓烈的红葡萄酒，建议尽早饮用。

努拉古斯（Nuragus）　一种比较重要的白葡萄，但用其酿制的葡萄酒往往带有经典意大利中性口感，部分原因是过度种植。

维纳西卡奥里斯塔诺（Vernaccia di Oristano）　对于那些正在度假的人来说是有趣的，可激起他们的好奇心。极干、坚果味的氧化白葡萄酒，会让你想起基本款的菲诺雪利酒。

意大利其他经典葡萄酒

重新设定意大利葡萄酒分级体系一事的步伐在加快，它的核心关注点之一，是囊括那些规章制度之外的所有高品质的葡萄酒，如佐餐葡萄酒，但实际上它相当于法国最著名的葡萄酒。以下列出的葡萄酒都被指定为 IGT 托斯卡纳。很多葡萄酒的等级取决于个体生产者是否在意其在正式体系中所起的作用。然而，许多生产者并不关心。

芭里菲可（Balifico）　由桑娇维塞和赤霞珠混酿而成，放置于法国橡木桶中陈酿。

赛普莱诺（Cepparello）　诱人而成熟的桑娇维塞葡萄放置于新橡木中陈酿。

金雀翎红葡萄酒（Flaccianello della Pieve）　100% 的桑娇维塞，其风格类似于 Cepparello，但带有更多明显的托斯卡纳苦味。

格里菲（Grifi）　由桑娇维塞和品丽珠酿制，产自一个不错的贵族酒生产商。

奥纳亚（Ornellaia）　由波尔多葡萄混合酿制的极为浓郁的混合酒，可存储很长时间。

萨马尔科（Sammarco）　主要是辛辣的赤霞珠，混有一点桑娇维塞。

索拉雅（Solaia）　由赤霞珠和桑娇维塞酿造，享有盛誉，满是经典的浓郁口感。

提格纳内罗（Tignanello）　由桑娇维塞和赤霞珠混合酿制，是一种让人倍感兴奋、可长时间储存的红葡萄酒，混合极好的成熟水果，带有巧克力味的浓郁口感。

巴斯利卡塔的古老农舍（上图），周围的土地正准备种植新的葡萄藤

在埃特纳火山下的西西里葡萄园（下图），种植于黑色的火山土壤中

西班牙

西班牙令人骄傲的酿酒传统及其生产商保质的承诺，正在将它推向欧洲酿酒大国的前列。最佳葡萄酒的代名词是新鲜感和水果味，而非过时的橡木口味。

Peñafiel 城堡（上图）高耸在充满活力的杜埃罗河岸地区的葡萄园之上

虽然西班牙葡萄酒的平均年产量常常落后于意大利和法国，但现在它专门用于种植葡萄的土地却比世界上任何一个国家都要多。对于这个矛盾观点的解释之一是葡萄藤的产量异常低，这种情况现在已经在一定程度上得到改善。

在过去的三十多年，西班牙葡萄栽培业已经缓慢而稳步地与现代葡萄酒业步伐一致。用木桶陈酿这一古老传统制成的红、白葡萄酒中，往往不含任何水果，因此，标为特级珍藏的葡萄酒尝起来就像博物馆的珍品一样。现在，西班牙本土葡萄品种酿制的富有活力的新鲜葡萄酒到处大放光芒。添普兰尼洛和歌海娜依然遥遥领先，但博巴尔、阿尔巴利诺和洛雷罗也正逐渐占据有利地位。

相比意大利的部分地区，西班牙更重视现在施行的等级分类体系。西班牙的普通餐酒（vin de table）和乡村餐酒（vin de pays）分别等同于日常餐酒（vino de mesa）和地区餐酒（vino de la tierra），而产区葡萄酒则为产区酒（DO）。更高级别的酒，大致相当于意大利的保证法定地区餐酒（DOCG），一直由优质法定产区酒 DOCa（Denominazione di Origine Controllata）创制而成，但一直使用得很谨慎，到目前为止，只有里奥哈葡萄酒、普里奥拉托和 Ribera del Duero 干红葡萄酒的等级得到提升。一个创新的等级，即特殊顶级葡萄酒（vino de pago），已用于最佳单一园葡萄酒，至今只适用于 Castilla-La 和纳瓦拉地区。

西班牙拥有欧洲极好的加烈雪利酒，该酒现在得到小心翼翼的保护，它在多功能和复杂性方面，无疑能与波特酒和马得拉白葡萄酒相媲美。最近，巴利阿里群岛正在酿制相当好

此图为原版书所附示意图

的葡萄酒。

现在能扰乱酿酒的就是气候变化，它可使西班牙内陆变为一片不毛之地。

里奥哈葡萄酒

多年来，西班牙最明显的出口葡萄酒都来自里奥哈产区，该产区位于西班牙北部的埃布罗河周边。这里的红葡萄酒，有草莓味，质地滑腻，是用橡木桶酿制的，在20世纪70年代，深受人们喜爱，对于很多饮酒者来说，它仍然是超群绝伦的西班牙红酒。当新的特等级别——优质法定产区酒（DOCa）创制出来时，里奥哈地区是它的第一个接受者，足以说明其在西班牙葡萄酒历史上的重要性。

该区域被划分为3个子产区：位于Logroño（一般被认为能产生最高级别的葡萄酒）西部的上里奥哈，位于东南部的下里奥哈和巴斯克镇南部的里奥哈阿拉韦萨（该地是阿拉瓦省的一部分）。以上3个地区都酿制红、白葡萄酒和桃红葡萄酒（西班牙语里为rosados）。

葡萄酒分类等级取决于葡萄酒发售到市场前放置于木桶和酒瓶中的时长。在大批葡萄酒中，最后陈酿出的作为新酒（Joven）出售，新酒美味、带有甘甜的樱桃味，畅饮此酒可抵御严寒。

佳酿（Crianza） 葡萄酒在木桶中陈酿的时间必须满1年，在发售之前在瓶中再放置1年。许多评论家认为，这可能是大多数葡萄酒的最佳时期，能酿制出带有橡木味和水果味的红葡萄酒。珍藏（Reserva）在木桶中要陈酿1年，但在瓶子里要另外放置2年，而特级珍藏（Gran Reserva）在木桶中至少陈酿2年，然后装入瓶中另外存放3年。

一般而言，用于陈酿里奥哈红、白葡萄酒的橡木是美国橡木，相比柔软的法国橡木，它能产生更加显著的甜美香草味。然而，更多的生产商现在转为使用法国箍桶，为了使葡萄酒产生更微妙的橡木味，而这一创新似乎使酿出的葡萄酒口感更加均衡。

添普兰尼洛是酿制红葡萄酒的主要葡萄品种，能使新酒中带有夏日红色水果的味道，但往往随着葡萄酒的陈酿，味道变得强烈（几乎像黑品乐）。它主要靠歌海娜提味，歌海娜通常能为柔滑的添普兰尼洛，以及格拉西亚诺

和马苏埃洛带来些许的辛辣口感和结构感。葡萄酒中也会添加少许赤霞珠，葡萄酒生产商一直种植赤霞珠，这在历史上很出名。

关于里奥哈白葡萄酒，或者白龙舌兰（Blanco），有两种不同学派的观点。传统上倾向于金黄色带有浓郁橡木味的氧化葡萄酒，它们闻起来经常像诱人的干型雪利酒，带有一丝柑橘皮的苦味。小口品饮，该酒令人印象深刻，但要花很长时间才会让人想起"清新爽口"这个词。

较新的风格是在低温条件下，将酒放在不锈钢罐中发酵，最大限度地增加果味和新鲜感。不使用橡木桶，这些柠檬味的低度葡萄酒也许不如在橡木中陈酿的酒一样令人印象深刻，但它们更迎合现代人的口味。里奥哈的白葡萄是口感相对中性的维尤拉葡萄（现代风格经常是不混酿的）和带麝香味、芬芳的莫瓦西亚白葡萄。

桃红葡萄酒（Rosado） 魅力十足，也许由于这酒太好，所以酒精度有点高，但充满刚刚采摘的夏季浆果的味道。经妥善冷藏，是西班牙餐馆中餐前小吃的一款不错的搭配。

生产商：La Rioja Alta、Artadi、Montecillo、Marqués de Murrieta、López de Heredía、Remírez de Ganuza、Marqués de Cáceres、

里奥哈生产商 *Bodegas López de Heredía* 的酒厂外堆起的橡木桶（上图）

里奥哈

葡萄品种：红葡萄为添普兰尼洛、歌海娜和马苏埃洛；白葡萄为维尤拉和莫瓦西亚

瓦尔德奥拉斯产区秋天的葡萄园内到处火红一片（上图），越来越多的特色葡萄酒正在这里酿制

纳瓦拉

葡萄品种：红葡萄为歌海娜、添普兰尼洛、赤霞珠和美乐；白葡萄为维尤拉和霞多丽

下海湾地区

葡萄品种：阿尔巴利诺、特雷萨杜拉、洛雷罗和 Caiña Blanca 葡萄

加利西亚河岸地区

葡萄品种：白葡萄为特雷萨杜拉和托隆特斯等；红葡萄为歌海娜等

瓦尔德奥拉斯产区

葡萄品种：白葡萄为帕罗米诺和格德约等；红葡萄为歌海娜和门西亚等

别尔索

葡萄品种：红葡萄为门西亚

托罗

葡萄品种：红葡萄为丹魄

Marqués de Riscal、Faustino、Remelluri、Baron de Ley 和 Marqués de Vargas 酒庄。

纳瓦拉省（Navarra）

纳瓦拉省刚好在里奥哈的东部，但是也位于埃布罗河上，是越来越流行的纳瓦拉产区（DO）。虽然纳瓦拉省与其相邻的里奥哈基本上种植相同的葡萄品种，但是它的葡萄酒有很多不同之处。目前，越来越多的生产商对于将一些经典的法国葡萄用于橡木桶陈酿这一做法深感兴趣。因此，看到标有维尤拉－夏敦埃（Viura-Chardonnay）的白葡萄酒是十分寻常的。不同于带有橡木味的传统里奥哈白葡萄酒，这些酒更为清新，稍带黄油味，易让人想起勃艮第更为低度的白葡萄酒。

纳瓦拉省比里奥哈生产的桃红葡萄酒要多，而且大部分得益于诱人多汁的草莓味和典型的新鲜感。红葡萄酒的风格是酒精度低，有点像罗讷河流域的中量级葡萄酒，也有有抱负的生产商酿制的重量级世界一流葡萄酒，还有一些甘甜的麝香葡萄酒。

生产商：Chivite、Inurrieta、Ochoa、Magaña、Nekeas、Príncipe de Viana 和 Camino del Villar 酒庄。

下海湾地区（Rias Baixas）

近年来，下海湾地区成为人们谈论较多的西班牙北部地区之一，它位于加利西亚，其声誉是建立在一些意想不到的芳香浓郁的干白葡萄酒之上的，该酒主要由被称为阿尔巴利诺的当地葡萄酿制而成。DO 产区酒被细分为 3 个区域：西部海岸的 Val de Salnes，奥罗萨尔和位于葡萄牙边境的 Condado de Tea，以及 Pontevedra 市附近的 Soutomaior 和 Ribera de Ulla。尽管其他葡萄品种允许用在酒中（包括芬芳的洛雷罗，它们一般占比不大），但在西班牙其他大部分地区，葡萄酒产量很低。这里的酒很贵，却非常有吸引力。

生产商：Lagar de Fornelos、Codax、Lagar de Cervera、Condes de Albarei、Terras Gauda、Lusco do Miño、Besada 和 La Val 酒庄。

加利西亚河岸地区（Ribeiro）

该地区名字的意思是"河边"，这里的葡萄藤种植在米尼奥河周边的土地上，该河源于葡萄牙北部地区。这里有一些比较寻常的红葡萄酒，但由于主要业务是白葡萄酒，使得后来这里葡萄酒的质量大为改善。一些新近种植的托隆特斯葡萄为白葡萄酒增色不少，这是一种带有花香的葡萄，其香橙花和玫瑰的味道浓烈（如今在许多阿根廷葡萄酒中大放光芒）。经常与特雷萨杜拉混合在一起使用。

瓦尔德奥拉斯产区（Valdeorras）

这个小区域位于加利西亚东部，在葡萄酒酿制方面的进步缓慢而稳定，以前生产枯燥乏味的葡萄酒，现在生产带有鲜活特色的葡萄酒。酿制雪利酒的葡萄帕洛米诺，长期以来一直是西北部白葡萄酒原料中的败笔，但现在被换成更有前途的葡萄品种，如当地的格德约，它能酿制优秀的芳香干白葡萄酒。无所不在的歌海娜用于许多红葡萄酒中，但有些新鲜爽口的红葡萄酒正在用本地葡萄门西亚酿制，与卢瓦尔河谷地区度数更低的红葡萄酒没有什么不同，但是酸味稍低。

比埃尔索（Bierzo）

比埃尔索产区刚好位于瓦尔德奥拉斯产区的东北部，它也正在探索自己的潜力。目前关注的焦点是类似于卢瓦尔河优良、成熟的红葡萄酒，该酒由当地葡萄门西亚酿制而成。结构更丰富的葡萄酒来自 Palacios 家族的葡萄园。

托罗（Toro）

托罗的葡萄酒是在西班牙一些条件最差的地区酿制的。托罗红葡萄沿着杜埃罗河种植在高海拔地区，它是托罗红葡萄酒的酿造原料，是西班牙最初的当地红葡萄品种添普兰尼洛的变种。酒精含量通常至少为13.5%，但葡萄酒大多酿制得很好，以浓浓的甘草味结尾。这里也生产少量浓郁的桃红葡萄酒和白葡萄酒。

生产商：Numanthia-Termes、Fariña 和 Telmo Rodriguez 酒庄。

卢埃达（Rueda）

卢埃达产区形成于1980年，只生产白葡萄酒，现在因其生产全西班牙最清新、最浓烈的干白葡萄酒而出名。这里的原生葡萄品种是韦尔德贺青葡萄，它使爽口带香草味的白葡萄酒具有良好的质地。有时因使用些许维尤拉葡萄而使葡萄酒带有柑橘味，但更多的时候使用许多带有荨麻味的长相思。卢埃达葡萄酒必须至少含有50%的韦尔德贺青葡萄，而标为卢埃达上等葡萄酒的必须至少包含85%的韦尔德贺青葡萄。橡木桶陈酿的葡萄酒更是出奇的好。

生产商：Marqués de Riscal、Belondradey Lurton、Sila、La Vieja 和 de Medina 酒庄。

西加雷斯（Cigales）

西加雷斯位于杜罗河北面，不大有人知道此地。它基本上生产干型桃红葡萄酒，用里奥哈两种主要的红葡萄生产少量红葡萄酒。

杜埃罗河岸（Ribera del Duero）

对于许多人来说，这个充满活力、有远见的优质法定产区（自2008年起），现在是西班牙葡萄酒生产的领军之地。总的来说，其精心酿造的葡萄酒是非常可靠的，这里的生产商吸取了全球优质红葡萄酒生产的经验教训。这里主要的葡萄品种是本地葡萄添普兰尼洛的变种，即丹魄红，通常不与其他葡萄混酿。限定种植量的一些波尔多葡萄品种被允许在该地区的特定地方种植，这里也生产少量李子味的桃红葡萄酒。本地白葡萄阿比利诺的汁水可用于淡化红葡萄酒的烈度，但优质法定产区的法规还没有涉及白葡萄酒的生产。一个巨星级

生产商为此提供了许多推动力，但现在这里已有几十个优质生产商。

杜埃罗河岸最好的葡萄酒中含有浓缩的黑莓或李子果，通常含有相当大的橡木味，这可能是美国橡木的异国香草味或是更柔和、更微妙的法国橡木味。这里的木桶和酒瓶陈酿体系类似于里奥哈——新酒、佳酿、珍藏和特级珍藏。

该地区的西部是 Vega Sicilia 产区，这里使用丹魄红、法国葡萄品种和少量阿比洛酿制完全独立且十分浓郁的红葡萄酒。Valbuena 是用木桶陈酿了5年的红葡萄酒，带有令人难忘的混合芳香——橘子味、罗甘莓和牛奶巧克力味。Unico 是这里的顶级葡萄酒，只在最有希望的年份酿制。该酒酿制约10年后才出售，在不同的木桶中经历复杂的陈酿过程（包括大型旧木桶，可让相当数量的氧气渗入酒中），然后装瓶。该酒（如果不是在味道上，就是在数量上）已能和波尔多顶级葡萄酒相媲美。

其他生产商：Pesquera、Aalto、Carraovejas、los Capellanes、Aster 和 Moro 酒庄。

柴可丽赫塔利亚（Chacoli de Guetaria）

这是一个微小的法定产区（西班牙最小的），位于巴斯克地区，延伸到圣塞巴斯蒂安以西的地方。主要生产的白葡萄酒是低度起泡酒，产量小，因此作为出口产品是不可行的。同样的低度红葡萄酒则更为罕见。

卢埃达

葡萄品种：白葡萄为韦尔德贺青葡萄、长相思和帕洛米诺

西加雷斯

葡萄品种：红葡萄为添普兰尼洛和歌海娜

杜埃罗河岸

葡萄品种：红葡萄为丹魄红、歌海娜、赤珠霞、美乐和马尔贝克；白葡萄为阿比洛

托罗的教堂（左图），位于西班牙中部高高的平原地区。托罗的葡萄酒产区生产大量酒劲十足的红葡萄酒

若曼达建于 17 世纪的城堡（右图），位于加泰罗尼亚。Raventos 家族拥有大量位于高海拔的葡萄园

柴可丽赫塔利亚

葡萄品种：白葡萄为白苏黎；红葡萄为黑苏黎

卡拉塔尤

葡萄品种：红葡萄为歌海娜、添普兰尼洛、玛佐罗和格拉西亚诺；白葡萄为维尤拉和莫瓦西亚

博尔哈庄园

葡萄品种：红葡萄为歌海娜、卡里涅纳和添普兰尼洛；白葡萄为韦尤拉

卡利涅纳

葡萄品种：红葡萄为歌海娜、添普兰尼洛和卡利涅纳；白葡萄为韦尤拉、加尔纳恰和帕雷利亚达

索蒙塔诺

葡萄品种：红葡萄为莫利斯特尔、歌海娜、添普兰尼洛、赤珠霞和美乐；白葡萄为韦尤拉、Alcañón、霞多丽、白诗南和琼瑶浆

特拉阿尔塔

葡萄品种：白葡萄为加尔纳恰和马卡贝奥；红葡萄为歌海娜

塞格雷河岸

葡萄品种：红葡萄为添普兰尼洛、歌海娜、赤霞珠、美乐和黑品乐；白葡萄为霞多丽、帕雷利亚达和马卡贝奥

卡拉塔尤德（Calatayud）

卡拉塔尤德位于亚拉贡（西班牙与法国交界处），在哈隆河上，由合作生产商主宰，但没有太多产品用于出口。葡萄品种基本上与里奥哈地区相同，葡萄酒的颜色有 3 种，淳厚的红葡萄酒代表了当地人的口味。

博尔哈庄园（Campo de Borja）

酒精度极高的红葡萄酒是这一法定产区的一大特色，该地靠近亚拉贡省的博尔哈镇，这里的葡萄酒主要由歌海娜酿制而成，也添加了里奥哈地区的其他葡萄品种和波尔多两大葡萄品种，以及一点西拉。这里还是合作社说了算，大多数葡萄酒都是被附近地区的人饮用。

卡利涅纳（Carinena）

目前最有前途的亚拉贡和卡里涅纳法定产区，都是以起源于该地并曾繁荣发展的葡萄

品种命名的。与里奥哈的马苏埃罗和法国的佳丽酿是相同的品种。最近，歌海娜是该地的明星葡萄品种，擅长酿制浓郁的红葡萄酒。在亚拉贡的其他地方，这些葡萄酒的酒精度极高，通常混入一些添普兰尼洛来降低其高酒精度。白葡萄酒大多清新自然，有的会添加一点类似霞多丽的帕雷利亚达葡萄，这种葡萄在更东边的地方常与白葡萄酒联系在一起。西班牙用传统方法酿制的少量起泡酒在卡利涅纳生产，品质还算可以，但更多是在佩内德斯生产。

生产商：San Valero、Añadas 和 Victoria 酒庄。

索蒙塔诺（Somontano）

这是一个外向型法定产区，包括比利牛斯山麓到纳瓦拉省东部一带，用当地葡萄混酿（包括当地红葡萄莫里斯特尔、帕拉丽塔和 Alcañón 白葡萄），也使用大量法国葡萄品种（包括一些十分芳香的琼瑶浆和醇厚的霞多丽）生产红、白葡萄酒和桃红葡萄酒。和卡里涅纳一样，这里也生产少量起泡酒。

生产商：Blecua、Enate、Laus 和 Irius 酒庄。

特拉阿尔塔（Terra Alta）

正如其名所暗示的，特拉阿尔塔是位于加泰罗尼亚西部一个高海拔的葡萄园，目前正由生产加烈葡萄酒转向生产低度干白葡萄酒。红葡萄酒选用歌海娜酿制而成，带有不细腻的老式果酱味。

塞格雷河岸（Costers del Segre）

塞格雷河岸被分为 6 个独立的子产区，尽管它一开始还是一块不太好的沙漠之地，但却在西班牙以外的地区掀起了波澜。这 6 个子产区是阿尔特萨（Artesa）、琉科尔布（Valls de Riucorb）、加里格斯（Garrigues）、莱马特（Raimat）、帕里亚尔斯如萨（Pallars Jussà）和塞格里亚（Segrià），最后一个完全被若曼达包围。主要的出口商一直是位于莱里达的若曼达酒厂，选用可口的添普兰尼洛和浓郁的美乐生产极好的单一葡萄酒，也有一些令人印象深刻的丰富的霞多丽起泡酒，还有用赤霞珠生产的法国 - 西班牙混合酒。这里的葡萄酒价格合理，是绝对值得关注的产区。

生产商：Castell del Remei 和 Cusiné 酒庄。

普里奥拉托（Priorat）

普里奥拉托凭借自身能力酿制出欧洲最孤傲的红葡萄酒，这实际上是一个传奇。该地区老葡萄藤的产量是微不足道的，而条例规定葡萄酒最少要有 13.5% 的酒精度才有资格成为 DOQ 产区酒（加泰罗尼亚语，相当于优质法定产区 DOCa）。其结果是不难想象的，葡萄酒非常浓郁、令人陶醉，而且十分辛辣，可以在瓶中陈酿多年。虽然法国葡萄品种在这里的种植面积惊人，但这里主要种植的还是歌海娜和卡利涅纳。

生产商：Mas Doix、Scala Dei、Finca Dofi、Clos Mogador、Clos Erasmus 和 Cims de Porrera 酒庄。

塔拉戈纳（Tarragona）

塔拉戈纳曾因生产带有波特酒风格的甜度红葡萄酒而享有盛誉，现在主要为其他地方的大型生产商提供混合原料。该地限量生产的当地葡萄酒共有 3 种颜色，但大多数酒的颜色为白色。该地的葡萄酒很容易让人忘却。

巴尔贝拉河谷（Conca de Barbera）

巴尔贝拉河谷实际上被视为佩内德斯向西延展的地区，使用加泰罗尼亚葡萄品种生产清新的干白葡萄酒，也生产一些浓郁的混合红葡萄酒，利用特雷帕特生产桃红葡萄酒，还生产大量的起泡酒。该地区于 1985 年成为法定产区，得益于佩内德斯的巨头 Torres 家族的大量投资。

佩内德斯（Penedés）

佩内德斯是加泰罗尼亚法定产区中最大的一处，它是起泡酒产业的中心地带，也是欧洲最成功的葡萄酒产区基地之一（桃乐丝家族）。

按规定而言，卡瓦起泡酒是一种特色酒，从技术方面看，它可以在西班牙其他地方生产；法定产区不是特指佩内德斯。实际上，大部分卡瓦酒是在这个位于巴塞罗那附近的东北地区生产的。生产卡瓦酒的方法与生产香槟酒的方法一样，但所使用的葡萄几乎都是当地品种，如帕雷利亚达、马卡贝奥和沙雷洛。除此之外，霞多丽迄今为止种植的范围更广，但它绝不会占主导。桃红葡萄酒用歌海娜和当地葡萄慕合怀特酿制，现在也可以使用黑品乐。卡瓦酒必须在酵母酒糟中最少陈酿 9 个月（精制葡萄酒要陈酿 2 年），但实际上许多酒庄的陈酿时间明显更长。

从前很大一部分卡瓦酒被认为带有橡胶异味，令人很是不安，但现在这已成为过去。事实上，在所有西班牙葡萄酒中，卡瓦酒品质的提升是最激动人心的，许多生产商无论大小都在生产优雅、复杂、带烧烤味的起泡酒，以及一些柠檬味的低度葡萄酒（这些酒可以制作成最好的开胃酒）。桃红葡萄酒的品质也大为改善，顶级的桃红酒含有极好的树莓果味且质感优雅。有些酒现在不论在风格上还是在价格上都力求占据上风，以此获利，坦白地说，这些酒的名声经常能盖过一些法国著名葡萄酒。

生产商：Raventos i Blanc、Codorníu、Gramona、Rovellats、Torello 和 Jané Ventura 酒庄。

后期米格尔·桃乐丝的开拓性工作使得佩内德斯成为该国最外向型的葡萄酒产区。他既种植国际葡萄品种，也种植本土葡萄品种，在许多情况下，将它们混合在一起使用，为他的公司和该地区赢得了强大而持久的声誉。

比较成功的桃乐丝白葡萄酒有 Viña Sol（一种简单纯净的白葡萄酒）、Fransola（令人垂涎三尺的清脆的长相思和帕雷利亚达）、Viña Esmeralda（由麝香葡萄和琼瑶浆混酿而成，带有蜂蜜和柠檬味，微甜）和 Milmanda（含奶油和橡木味的霞多丽，带有勃艮第风格）。

著名的红葡萄酒有 Gran Sangre de Toro（含泥土芳香的歌海娜、卡利涅纳和西拉）、Atrium（温和的单一美乐葡萄酒）、Mas Borràs（含经典樱桃味的浓郁的黑品乐）和 Mas La Plana（优质瓶装，深色的带有朴实单宁酸的赤霞珠）。排名在顶端的是珍藏酒（Reserva Real），是一种波尔多混合酒，适合长期陈酿。桃乐丝也生产相当不错的特级珍藏白兰地。

Jean León 是另一著名的种植者，他遵循国际葡萄品种规则。他的霞多丽、美乐、赤霞珠和西拉是以非常现代的风格酿造的，带有大量成熟且充满活力的水果味和丰富的橡木味。

其他无气葡萄酒生产商：Can Rafols dels Caus、Albet i Noya 和 Puig i Roca 酒庄。

普里奥拉托

葡萄品种：歌海娜和卡利涅纳

塔拉戈纳

葡萄品种：红葡萄为歌海娜和卡利涅纳；白葡萄为马卡贝奥、沙雷洛、帕雷利亚达和白歌海娜

佩内德斯

不胜枚举的西班牙和法国红、白葡萄品种

古老的歌海娜和卡利涅纳葡萄藤产量很大，浓郁的红葡萄酒已深受加泰罗尼亚的普里奥拉托地区的关注（上图）

阿雷亚

葡萄品种：白葡萄为潘萨白、霞多丽和白诗南

安普尔丹—陡峭海岸

葡萄品种：红葡萄为歌海娜和佳丽酿；白葡萄为沙雷洛和马卡贝奥

曼特里达

葡萄品种：红葡萄为歌海娜

拉曼查

葡萄品种：白葡萄为阿依仑和霞多丽；红葡萄为森希贝尔（添普兰尼洛）和赤霞珠

瓦德佩纳

葡萄品种：白葡萄为阿依仑；红葡萄为森希贝尔（添普兰尼洛）

雷格纳

葡萄品种：红葡萄为博巴尔和添普兰尼洛

巴伦西亚

葡萄品种：白葡萄为莫赛格拉和亚历山大麝香葡萄；红葡萄为慕合怀特和歌海娜

阿雷亚（Alella）

阿雷亚是巴塞罗那北部一个很小的法定产区，其中 Marqués de Alella 合作社是这里主要的生产商。出产极具吸引力的干白葡萄酒，其中 Xarel-lo（这里称为 Pansa Blanca）个性张扬，经常用少量霞多丽来软化；还生产标为 Parxet 的卡瓦起泡酒，其中可能还包含些许清新的白诗南。这里也生产用一种葡萄酿制的单一葡萄酒——夏敦埃酒和维奥涅尔葡萄酒。

安普尔丹—陡峭海岸（Ampurdan-Costa Brava）

这是一个小型产区，位于法国鲁西荣边境的另一侧。这里生产的葡萄酒几乎都在本地饮用，主要是供旅游业的简单桃红葡萄酒。也有一些质朴的红葡萄酒和在加泰罗尼亚用传统葡萄品种制作的卡瓦起泡酒。最近的一项创新是仓促发售的 Vin Novell，一种伊比利亚酿制的博若莱新酿葡萄酒，品质一般。

曼特里达（Mentrida）

该产区位于西班牙中部，马德里的南部和西部，曼特里达的主要业务是生产不精美的歌海娜红葡萄酒。然而，Marqués de Griñón 极好的酿酒厂也在这附近。自 2003 年以来，它在托莱多和 Dominio de Valdepusa 附近已经有了自己特殊顶级葡萄酒法定产区，生产令人惊叹的优质瓶装单一葡萄酒——赤霞珠、味而多和西拉，而 Emeritus 是 3 种葡萄的混酿，是浓郁至极的西班牙红葡萄酒。

拉曼查（La Mancila）

拉曼查是西班牙最大的产区，也是欧洲最大的个人产区。拉曼查占据西班牙中部炙热干旱的尘埃之地，从马德里往南，一直到巴尔德佩尼亚斯，从北到南约 125 千米长。这里种植了品质卓越的葡萄品种——白阿依仑（Airén），它实际上是全球最广泛种植的酿酒葡萄。鉴于它几乎不在西班牙以外的地方种植，这使得有人想大面积扩展拉曼查的葡萄园。

拉曼查曾被视为一个做重活的生产区，致力于尽可能多地生产作为日常餐酒的葡萄酒，如今开始提升其葡萄酒的质量。阿依仑以前是乏味的葡萄，现在酿制相当清爽、简单，带柠檬味的白葡萄酒。由于这里的主导红葡萄是添普兰尼洛（这里叫森希贝尔），所以上等红酒的前景是不错的，它们通常比里奥哈的那些酒酒精度低，但明显含有草莓味，还有诱人的顺滑外观。解百纳葡萄酒和夏敦埃酒开始让人印象深刻，反映了众多小业主的野心。

总之，拉曼查要证明即使是在世界葡萄酒中，大型产区也可以华美而绚丽。然而，人们认为这个地方迟早会分裂为更多易于管理的小产区。

瓦德佩纳（Valdepenas）

瓦德佩纳位于拉曼查大型中央高原最南端的边区村落。这里生产的葡萄酒被认为是十分特别的，值得划为单独产区，种植者比他们北部的邻产区更快地渗透到出口市场。这里主要生产由森希贝尔（添普兰尼洛）酿制的红葡萄酒。通常用橡木桶长时间陈酿，标为珍藏或特级珍藏，它们带有过量的橡木味和淡淡的水果味，但更好的生产商正在设法使葡萄酒取得更好的均衡感。

生产商：Los Llanos、Solis 和 Megía 酒庄。

雷格纳（Utiel-Requena）

雷格纳位于莱万特省，巴伦西亚的西部，它的特色是博巴尔（Bobal）葡萄，一种很好的红葡萄品种，可酿制相当结实的葡萄酒，带有独特的葡萄干的味道。红葡萄酒有点拙劣，但桃红葡萄酒正在改善，在炎热的天气饮用清爽提神。Mustiguillo 酒庄是一个优秀的生产商，自 2003 年起，它在当地葡萄酒中有了自己的特定村庄酒称号。

巴伦西亚（Valencia）

巴伦西亚的东部港口将其名字赋予了一个内陆法定产区。白葡萄酒包括由当地葡萄莫赛格拉（Merseguera）酿制的沉闷的干型葡萄酒，也有德瓦伦西亚分区著名的甜型葡萄酒。麝香葡萄不会经历正常的发酵，但通过将葡萄酒精添加到鲜榨麝香葡萄汁中（这种风格在西班牙称为 mistela）的方式制成。利用在这里生长的歌海娜的变种葡萄，酿制的红葡萄酒更是出奇的稀薄、涩口（桃红葡萄酒则更好），但慕合怀特能酿制出更结实、浓郁的红葡萄酒。

生产商：Cambra 和 Gandia 酒庄。

阿尔曼莎（Almansa）

阿尔曼莎是地中海东部一个相对不重要的法定产区，现在正努力为其他地区生产混合葡萄酒。红葡萄酒装瓶时，酒的颜色往往十分深。用添普兰尼洛酿制的单一葡萄酒是这里最好的酒，但 Piqueras 精心酿制的葡萄酒也是相当不错的。

胡米利亚（Jumilla）

胡米利亚葡萄酒的生产和邻产地阿尔曼莎有不少相同之处。这里生产很多混合葡萄酒，也有一些浓郁的慕合怀特红葡萄酒和缺乏激情的莫赛格拉白葡萄酒。不过，葡萄酒的品质正在改善，尤其是红葡萄酒。El Nido 是葡萄酒的首选生产地，但 Castillo 的葡萄酒也令人印象深刻。

耶克拉（Yecla）

这是另一个生产大量混合葡萄酒的产区，由一个庞大的合作社运营。浓郁至醇的红葡萄酒再一次成为最重要的酿酒对象，该酒添加了带杂草味的莫赛格拉白葡萄酒。

阿里坎特（Alicante）

地中海东部大型合作社的典型模式是主要生产混合葡萄酒，这一模式在阿里坎特这一法定产区也得到运用，该产区从内陆延伸到阿里坎特这一沿海城市。甜度加烈葡萄酒，即阿利坎特陈酒，运用与酿制雪利酒同样的陈酿方法，增加了竞争力，添普兰尼洛为这一质朴的红葡萄酒增加了一些复杂感。

群岛（The Islands）

马略卡岛（Mallorca）的 Binissalem 和 Plà i Llevant 法定产区会向巴利阿里群岛（Balearic）的游客供应充足的葡萄酒。利用 2 种本土葡萄品种和加泰罗尼亚的白葡萄，酿造一些简单的白葡萄酒、桃红葡萄酒和品质日益提高的红葡萄酒。加那利群岛（Canaries）共有 11 处法定产区，生产新鲜的干白葡萄酒和丰富的多汁红葡萄酒，如兰萨罗特岛（Lanzarote），那里的 Malvasia 甜度白葡萄酒曾轰动一时。

雪利酒和其他加烈葡萄酒

Andalucía 省位于西班牙南部，是各种传统加烈葡萄酒的原产地，其中最有名的是雪利酒。有一段时期，西班牙各地都在生产加烈葡萄酒，但随着潮流逐渐转向酒精度更低的餐酒，其他地区放弃了生产加烈葡萄酒（结果往往较差），Jerez 和它的附属产地垄断了加烈酒市场。

这是一个萎缩的市场。大众口味变了，雪利酒的形象受损，它虽受到一定年龄段饮酒者的青睐，但因与其他地方生产的伪劣产品相关联而名誉受损，这些地方没有道德，胡乱使

阿尔曼莎

葡萄品种：红葡萄为慕合怀特、歌海娜和添普兰尼洛

胡米利亚

葡萄品种：红葡萄为慕合怀特；白葡萄为莫赛格拉

耶克拉

葡萄品种：红葡萄为慕合怀特和歌海娜；白葡萄为莫赛格拉

阿里坎特

葡萄品种：红葡萄为慕合怀特、歌海娜、博巴尔和添普兰尼洛；白葡萄为莫赛格拉

巴利阿里

葡萄品种：红葡萄为黑曼托；白葡萄为莫尔、沙雷洛和帕雷亚达

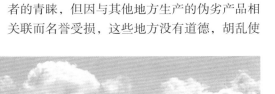

拉曼查位于炎热干旱的西班牙中部地区（左图），其广袤的葡萄园是欧洲最大的单一产区

雪利酒产区

葡萄品种：帕洛米诺、希梅内斯和麝香葡萄

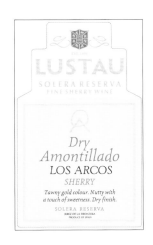

雪利酒产区最好的 *Viña el Caballo* 葡萄园位于赫雷斯西边的奥斯本，其土壤为白色的阿尔巴泥沙土壤（下图）

用雪利酒的名称。真正风格简单又甜美的雪利酒，对挽回形象也没有多大帮助。人们倾向于摒弃奶油味的雪利酒。自 1996 年以来，"雪利酒"都是首个值得讨论的加烈葡萄酒。

雪利酒 因 Andalucía 省的 Jerez de la Frontera 市（西班牙西南部城市）得名，但该地区还包括 Puerto de Santa María 和 Sanlúcar de Barrameda 两个主要城镇。以上是该地区葡萄酒成熟酿制的 3 个主要产地。雪利酒的品质主要取决于赫雷斯法定产区的地质情况。该地区中心地带的土壤是石灰岩、砂粒和黏土的混合，看起来像粉笔末，具有欺骗性，这种白色土壤在夏日的阳光中令人炫目。这种土壤的本地名称叫 albariza，最好的葡萄园就种植在这种类型的土壤上。该地靠近海洋，而赫雷斯不会像拉曼查那样受到夏季炎热的炙烤，虽然夏季是极其干燥的，但凉爽的大西洋微风会吹拂葡萄藤蔓，夜间温度的降低会减轻一天的炎热。

帕洛米诺（Palomino）是酿制雪利酒的主要葡萄品种。几乎所有的葡萄酒，无论是口感最淡、最干型的葡萄酒，还是最烈、最甜的葡萄酒，都是基于这种葡萄酿制而成的。可变因素在于生产者如何决定哪些基酒和采用哪一种风格。

帕洛米诺低度基酒完成发酵之后，会加入葡萄酒精，使其酒精度达到 15% ~ 20%。一般来说，度数较低的加烈法将用于那些以菲诺（fino，淡色干雪利酒）为名出售的葡萄酒，它的口味最淡，是干雪利酒最优雅的版本。菲诺雪利酒在木桶中陈酿，上面是一层

自然形成的叫 flor 的酵母，这种酵母是从野生酵母中繁衍出来的，存在于酒窖的空气中。flor 酵母保护正在酝酿的葡萄酒免受过多氧气的影响，并且还赋予经典的菲诺酒一种特色的坚果味道（如新鲜花生）。酒精度高达 15% 以上将抑制 flor 酵母的生长，这就是为什么菲诺雪利酒比颜色更深、口味更甜的葡萄酒酒精度低的原因。

有时 flor 酵母并不会完全形成一层足够坚硬的表层以产生菲诺。它破裂下沉到木桶底部，更为直接地暴露于氧气，会使葡萄酒的颜色变暗，这就形成了阿蒙提拉多白葡萄酒（amontillado，雪利酒的一种）。最好的阿蒙提拉多仍然极其干，它是作为中等甜度酒较为流行的概念，这一风格是从被美化的商业品牌中派生出来的。

雪利酒中口味最浓郁、颜色最暗的是奥罗露索（oloroso），这是含有最高酒精度的酒，并且接触到最多的氧气，因此颜色是锃亮的深褐色。葡萄挤出来的汁水使大多数奥罗露索多了一丝甜味，希梅内斯（Pedro Ximénez）葡萄则赋予该酒最佳的品质，虽然巴洛米诺也可以用这种方式酿制。然而，阿蒙提拉多也可酿制一定量的十分干的奥罗露索，标为无甜味奥罗露索，该酒朴实、浓郁，带有苦核桃的味道，能提供最棒的口味。

经常碰到的其他风格的雪利酒有帕罗 - 科尔达多（palo cortado，介于阿蒙提拉多和奥罗露索之间一种自然陈酿的中间阶段，一般是甜甜的）、奶油雪利酒（cream，甜甜的，混入棕色雪利酒，永远都以 Harvey's Bristol Cream 酒为代表）和淡奶油雪利酒（pale cream，甜度菲诺酒）。曼赞尼拉（Manzanilla）雪利酒是菲诺雪利酒的正式名称，在 Sanlúcar de Barrameda 镇酿造，人们普遍感到这些酒中带有当地海滨空气中独特的咸味。

一些酒庄酿制一种特色酒，酒瓶中装有未经混合的希梅内斯葡萄干，其结果是该酒油腻腻的，颜色近乎黑色，极其甜，而且十分浓稠，在玻璃杯中几乎都晃动不了。每个人都应该至少尝一口，不可否认喝完一整瓶是相当困难的。它或多或少可作为陈酿成熟且带有冰激凌味的顶级产品。

现在许多酒庄已经遗弃了酿制雪利酒的传统方法，也就是所谓的索莱拉（solera）体

系（或部分混合）。许多木桶中装有可追溯到一个多世纪前的葡萄酒。每个酒瓶中的葡萄酒，有三分之一是从陈酿时间最长的木桶中取出，然后再装入下一个陈酿时间最长的葡萄酒木桶中，依此类推直至装到刚刚新酿出来的最年轻的葡萄酒中。

由于在这一体系中的操作和维护过程很是费力，现代经济学在许多情况下已经下令放弃使用该体系，这么做完全不令人感到吃惊。然而，运用索莱拉体系陈酿的葡萄酒，将被标上最古老的葡萄酒陈酿的日期，因此，有一些酒瓶上会标有 1895 年，但数量很少。

酿制不同类型雪利酒的注意事项：菲诺和曼赞尼拉雪利酒必须精心冷藏，否则它们尝起来死气沉沉的，但其他雪利酒无需这样。同样重要的是，味道更淡的雪利酒开瓶之后就应该马上喝掉。

最好的菲诺生产商：Tio Pepe、Don Zoilo、Hidalgo、Lustau、Williams and Humbert 和 aldespino Inocente 酒庄。

最好的曼赞尼拉生产商：Barbadillo Príncipe、Hidalgo La Guita、Don Zoilo、Valdespino 和 Lustau Manzanilla Pasada 酒庄。

最好的阿蒙提拉多生产商：Gonzalez Byass Amontillado del Duque、Valdespino Tio Diego and Coliseo、Hidalgo Napoleon 和 Lustau Almacenista 酒庄。

最好的奥罗露索生产商：Gonzalez Byass Matúsalem、Apostoles、Valdespino Don Gonzalo、Williams and Humbert Dos Cortados 和 Lustau Muy Viejo Almacenista 酒庄。

最好的希梅内斯生产商：Valdespino、Hidalgo 和 Garvey 酒庄。

蒙蒂勒 – 莫里莱斯（Montilla-Moriles）

该产区位于赫雷斯的东北部，生产风格完全类似的加烈葡萄酒和雪利酒。然而，在质量方面，这里的酒稍微落后一点。因为这里位于内陆，土壤肥力不足，并且酿制雪利酒的主要葡萄帕洛米诺已不适应这个地方的气候。这里的雪利酒虽好，但总是比其他地区与其品质相当的酒更便宜。

生产商：Alvear、Pérez Barquero、Toro Albalá、Garcia Hermanos 和 Aragón 酒庄。

马拉加（Málaga）

该产地位于地中海港口马拉加的腹地，当风格原始而独特的葡萄酒没有人愿意再饮用时，马拉加可作为一个有益的警示。在 19 世纪，马拉加受到高度尊敬，尤其是在英国，它被称之为"高山"，因为它的葡萄园位于陡峭的山坡上。到了 20 世纪末，几乎没有人听说过马拉加，并且该地区最后一个主要生产商也快要关门大吉了。在马拉加将要消亡之时，这个消息使人们对它的兴趣微微复苏。马拉加酒由希梅内斯和麝香葡萄酿制而成，通常是红褐色的，带葡萄干焦糖甜甜的味道，从来不会喝腻。López Hermanos 是一个不错的生产商。

孔达多—德韦尔瓦（Condado de Huelva）

该产区在赫雷斯西部，位于葡萄牙南部边境，对于外界来说，它已陷入默默无闻之中。有一些加烈葡萄酒依然在生产，用一种叫萨雷马（Zalema）的葡萄酿制而成。有一种菲诺酒，利用 flor 酵母酿制，叫 Condado Palido 淡色葡萄酒。还有一种颜色较暗的奥罗露索类型的葡萄酒，即 Condado Viejo 陈酿酒，运用索莱拉体系酿造。现在这里的重点慢慢转为生产不加烈餐酒、新酒和白葡萄醋。

蒙提亚

葡萄品种：白葡萄为希梅内斯和亚历山大麝香葡萄

马拉加

葡萄品种：白葡萄为希梅内斯、阿依仑、亚历山大麝香葡萄和帕罗米诺

菲诺雪利酒在橡木桶中酿制醇熟（左图），桶上覆盖着一层 flor 酵母，这是一种天然酵母，可以赋予经典菲诺酒一种特色的坚果味

葡萄牙

摆脱守旧的态度，葡萄牙已经重新发现了它最伟大的财富——一系列令人兴奋的葡萄品种，用这些葡萄品种证明它可以酿制比世界顶级加烈葡萄酒更好的酒。

酿制得最好时，传统陈酿的葡萄牙红葡萄酒（上图）酒精味和辛辣味十足

1. 葡萄牙绿酒
2. 波特酒/杜罗河
3. 杜奥
4. 拜拉达
5. 欧斯特
6. 里巴特茹
7. 布塞拉斯
8. 可拉雷思
9. 帕尔迈拉
10. 阿拉比达
11. 阿连特茹
12. 阿尔加韦
13. 塞图巴尔麝香葡萄酒
14. 卡尔卡维罗斯
15. 马得拉

葡萄牙生产的酒风格各异（右图）。两种最著名的酒分别是波特酒和葡萄牙绿酒，产自北部地区

葡萄牙绿酒

葡萄品种：白葡萄为洛雷罗、塔佳迪拉、阿林托和阿维苏；红葡萄为 Vinhão、阿扎勒和艾斯帕德罗等

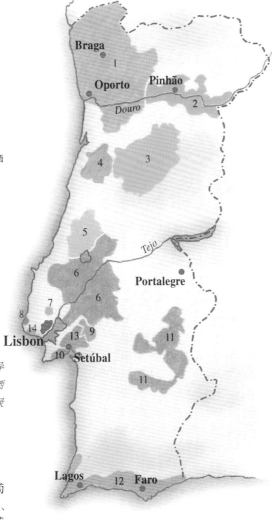

此图为原版书所附示意图

在过去的三十多年里，葡萄牙成为国际瞩目的焦点，这一直是欧洲葡萄酒产业中令人振奋的事件之一。几个世纪以来，它以其两个著名的加烈葡萄酒——波特酒和马得拉白葡萄酒而占据上风。尤其是白葡萄酒，在独立战争之前就开拓了大西洋的贸易。至于英国人，他们一直喝波特酒（或多或少地发明了这种酒），一开始在抵制法国酒时期是一种爱国情怀，但也是一种国民口味。

没有人真正重视葡萄牙的不加烈餐酒，而且说实话，葡萄牙不加烈餐酒也不值得被关注。你在阿尔加韦（Algarve）度假时可能会喝这种酒，但它们不是你想要的味道。白葡萄酒品质一般，而且经常有陈腐的味道。红葡萄酒可能很美味，但西班牙、意大利和法国的红酒更好。

这种状况已经完全被改变。当葡萄牙于1986年加入欧盟时，投资资金开始流动。激励酿酒师加入其中，像他们惯常做的一样，他们对自己的酿酒工作十分用心。他们发现这里有良好的气候、海滨的微风和不错的土壤，以及众多的本土葡萄品种。后来，这些有利条件使人们有可能说，除了新兴的希腊葡萄酒行业之外，葡萄牙在生产葡萄酒的旧世界国家之中，是最不受国际风格影响的。如果你对葡萄牙的葡萄酒不甚熟悉，现在是时候了解了。

葡萄牙葡萄酒的分类遵照四级制体系，这一体系是由欧盟监管机构依据原法国模式制定的。最高级别为法定产区酒（DOC，denominação de origem controlada）；第二等级是优良地区餐酒（IPR，indicação de proveniencia regulamentada），有待于晋升为法定产区酒；第三等级是地区餐酒（vinho regional）；最后是简单的普通餐酒（vinho de mesa）。

绿酒产区（Viniio Verde）

这是葡萄牙迄今为止生产法定产区酒最大的地区，在波尔图（Porto，葡萄牙港口）周围，位于葡萄牙的西北角。葡萄牙绿酒的生产量和出口量已经使其成为葡萄牙著名的国际葡萄酒之一。至少葡萄牙的白葡萄酒是流行的，很多消费者都不知道，超过一半的葡萄牙绿酒是红酒，可能是因为葡萄牙人几乎不外销该酒。这种酒叫"绿酒"，并不像通常认为的那样，是在白葡萄酒中加入绿色色素，而是不论红葡萄酒，还是白葡萄酒，因为畅销，所以刚陈酿出来就发售了。葡萄酒很年轻表明许多酒瓶中通常带有轻微的 pétillance 气泡，甚至是泡沫（事实上，一些葡萄酒在装瓶之前是故意充满二氧化碳的），还有生涩的酸感，几乎没有水果味。

大多数葡萄酒是用当地各种葡萄混合酿制的，每个子产区都有自己的特色酒，例如，洛雷罗（Loureiro）和塔佳迪拉（Trajadura）在 DOC 产区的中部是特别受青睐的。白葡萄酒是一种简单、清爽，带有柠檬味的酒，在盛夏时节足够诱人。不过，敏感的人可能会更喜欢红葡萄酒，它不甜且微微起泡，是与其他任何欧洲葡萄酒都不相似的混酿酒。

生产商：Tamariz、Aveleda、Azevedo、Soalheiro 和 Baguinha 酒庄。

杜罗（Douro）

该产区以杜罗河命名，杜罗河在西班牙有自己的起源，杜罗河河谷最著名的产品是波特酒，但这里的法定产区酒总体上也包括一些令人兴奋的不加烈葡萄酒。这里的种植者在考虑每一块地区该种植哪种合适的葡萄时，确实是相当困难的，因为他们有近 100 种选择，包括用于波特酒的所有葡萄品种。

正如西班牙有 Vega Sicilia 优质红葡萄酒，葡萄牙则有 Barca Velha 葡萄酒，由费雷拉的波特酒庄于 20 世纪 50 年代推出。这种微辣的红酒只在最好的年份酿造，并在木桶中长期陈酿，是一种深邃的葡萄酒。

国际葡萄品种的混酿已实现了显著的成就，如赤霞珠，但是非传统葡萄未获得法定产区酒的地位，葡萄酒利用区域命名，叫 Terras Durienses 红酒。目前，一些生产者过于热衷于使用橡木桶，但更均衡的酒现在正更多地出现。红葡萄酒可以极其深邃且带有药草和香料的美味，而海拔更高的葡萄园生产的白葡萄酒带有花香，很是清新。

如果杜罗产区风头正劲的尝试初期会出现问题的话，那往往在于过急地从红葡萄酒中提取单宁酸。我们认为他们倾向于陈酿（花费 10 年时间很容易），但他们毕竟酿制的是餐酒，而不是年份波特酒。

生产商：Ferreira Barca Velha、Crasto、Vale Meao、Côtto、Galvosa、Chryseia、Vale Dona Maria 和 Casal de Loivos 酒庄。

杜奥（DAo）

杜奥是一个大型山区 DOC 产区，位于葡萄牙中部以北地区，生产知名度较高的红葡萄酒，以及少量相当普通的白葡萄酒。过去红葡萄酒酿制粗糙，即使到现在也没好转，由于用木桶陈酿时间过长而导致酒中水果味尽失。然而，红酒酿制得好时，辛辣且含甘草味，极其诱人，代表全国最好的红葡萄酒。白葡萄酒也是陈酿时间过长，但现在一些生产商，如 Sogrape 和 Quinta das Maias 酒厂，能酿制出真正芳香型的创新酒。

生产商：Pellada、São João、Roques、Vegia、Aliança 和 Sogrape Quinta dos Carvalhais 酒庄。

拜拉达（Bairrada）

拜拉达产区位于杜奥西侧，与其相邻产地面临一样的问题，其葡萄酒生产由设备简陋的合作社主导，这些合作社使用非常落后的酿酒方法。然而，情形正在好转，越来越多的葡萄种植者决定废除合作社，自己酿制葡萄酒。

拜拉达产区 75% 的葡萄是红葡萄品种，而主要的葡萄——巴格，是葡萄牙优秀的红葡萄品种之一，但自 2003 年以来，葡萄牙其他的葡萄和国际葡萄可以混合使用。粗陋的酿造

费雷拉的波特酒庄，其上好的红葡萄酒获得了良好的声誉，由生长在杜罗河河谷陡峭山坡上的葡萄酿制而成（上图）

杜罗

葡萄品种：红葡萄为多瑞加、罗丽红和卡奥红；白葡萄为高维奥、莫瓦西亚和维奥西奥

杜奥

葡萄品种：红葡萄为多瑞加、巴斯塔多、廷塔－皮涅拉、罗丽红和紫北塞等；白葡萄为依克加多和碧卡

拜拉达产区最新的生产商——路易·柏图，一幅 19 世纪酒厂外的永恒场景（上图）

拜拉达

葡萄品种：红葡萄为巴格；白葡萄为玛丽亚戈麦斯和碧卡

埃斯雷特马杜拉省

葡萄品种：红葡萄为阿鲁达

里巴特茹

葡萄品种：白葡萄为费尔诺皮埃斯和阿林图；红葡萄为佩里基图

方式导致葡萄酒极其酸涩、粗糙，但聪明的经营者提取出一些成熟的李子味果实，以激发酒的潜质。拜拉达白葡萄酒（一两个生产商赋予其柔和的橡木口味）还可以带有烟熏味和苹果味，但大多数拜拉达白葡萄酒仍是相当平淡无味的，这很难解释，因为其主要的葡萄品种——玛丽亚·戈麦斯和碧卡，都是不错的酿酒葡萄。

这里的苏加比酒厂酿制著名的 Mateus 桃红葡萄酒。该酒原本是甜甜的起泡红酒，现在是干红酒，带有纯净的蜜桃果味，在炎热的天气得到许多人的青睐。

生产商：São João、Aliança、Sogrape、de Sousa、Baixo 和 Campolargo 酒庄。

马杜拉（Madura）

马杜拉产区是葡萄牙最重要的地区，这个西部沿海产区位于里斯本（葡萄牙首都）北部，包括 9 个 DOC 产区和许多 IPR 产区。Alenquer 是一个高质量的 DOC 产区，种植当地红葡萄卡斯特劳（Castelão）、特林加岱拉（Trincadeira）、国产多瑞加（Touriga Nacional）和亚拉贡利（Aragonez，西班牙的添普兰尼洛），也种植一些法国引入的品种，如赤霞珠和西拉。其他不断提高的 DOC 产区包括 Arruda、Obidos、Torres Vedras 和 Lourinhã。优秀的 IPR 葡萄酒来自 Encostas

d'Aire 和 Alcobaça，但大部分的葡萄酒仍被赋予区域名称——Lisboa VR（写于首都之后）。Monte d'Oiro 是重要的生产商之一。

Bucelas 是 Arruda 南部一个很小的 DOC 产区，20 世纪 80 年代，这里濒临毁灭，当时只剩下一个生产商——Caves Velhas。如今这里有一些新型生产商，它们决心恢复该地往日的崇高声誉。这里只生产清脆、酸口的白葡萄酒，在波特白葡萄酒中同时使用阿瑞图（Arinto）和埃斯格纳（Esgana）葡萄，后者是马德拉群岛四大著名葡萄品种之一。根据传统，葡萄酒保存在酒瓶中多达数年，尽管如此，葡萄酒中所用的葡萄品种似乎在告诉我们，要在酒新陈酿出来时饮用。

Colares 是另一个小型 DOC 产区，高栖于里斯本西北部大西洋边风吹不断的悬崖之巅。这里出产著名的拉米斯科（Ramisco）葡萄，可酿制一些不错的浓郁型红葡萄酒，该酒既在沿海也在内陆地区生产。白葡萄酒由马德拉群岛的莫瓦西亚白葡萄酒酿制而成，相当浓郁，但不太有趣。

里巴特茹（Ribatejo）

里巴特茹是埃斯特雷马杜拉（西班牙中西部旧省）的内陆之地，也位于里斯本北部，这里有几个 IPR 产区。从北到南，分别是 Tomar、Santarém、Chamusca、Almeirim、

Cartaxo 和 Coruche。这里的葡萄酒潜在的卓越品质是十分明显的。主要的红葡萄——比利吉达（Periquita，当地叫 Castelão Frances）是很好的品种，可酿造酒色深、味道辣的葡萄酒，而白葡萄酒由费尔南皮尔斯（Fernão Pires，在拜拉达又叫 Maria Gomes）葡萄酿制。它们新鲜芳香、十分诱人，甚至带有微微的橡木味。

生产商：Casal Branco、Lagoalva de Cima、Cadaval 和 Fiuza & Bright 酒庄。

西图巴尔（Setubal）

帕尔梅拉（Palmela）位于塞图巴尔半岛北部，于 2003 年被划定为 DOC 产区，合并了以前的阿拉比达 IPR 产区，并作为高质量产区已逐渐为自己赢得了声誉。上好的比利吉达红葡萄可酿制辛辣的葡萄酒，带有不错的李子和葡萄干味，还掺有少量新鲜的桃红葡萄酒。

这里的地区餐酒被标为 Peninsula de Setúbal（以前是 Terras do Sado），包含大量品质卓越且美味的红葡萄酒和芳香的白葡萄酒。葡萄牙一些最好的大公司都设在这里，如 DFJ Vinhos、José Maria da Fonseca 和 Pegões 合作社。这里的起泡酒也是一种特色酒。这是一个值得关注的产区。Setúbal 是加烈甜度麝香葡萄酒。

阿连特茹（Alentejo）

阿连特茹位于葡萄牙的东南部，距离西班牙边境不远，已成为该国最炙手可热的葡萄酒产区之一。事实上，这里是品质革命真正开始的地方。很多尝试已经开始，一些优质的红葡萄酒就是最好的证明。阿连特茹有 8 个子产区，所有这些子产区以前不是 DOC 产区就是 IPR 产区，但在 2003 年都合并为阿连特茹 DOC 产区。从北到南分别是 Portalegre、Borba、Redondo、Evora、Reguengos、Granja-Amareleja、Vidigueira 和 Moura。

这里的酿酒葡萄都是一流的，红葡萄有亚拉贡利（Aragonez）、特林加岱拉（Trincadeira）、莫雷托（Moreto）和比利吉达；白葡萄有微辣的胡佩里奥，还有一些不错的法国引进品种。对我来说，精心选址、橡木陈酿全都是葡萄牙最有活力的地区不懈努力的标志。

生产商：João Portugal Ramos、Esporão、JM de Fonseca、Bacalhôa、Malhadinha Nova、Mouchão、Cortes de Cima 和 Mouro 酒庄。

阿尔加韦（Algarve）

葡萄牙南部沿海地带可能会是备受宠爱的一个度假胜地，但它并没有生产大量高品质的葡萄酒。这里包括 4 个法定产区，从西到东分别是 Lagos、Portimão、Lagoa 和 Tavira、主要生产无特别魅力的粗糙红葡萄酒。产自 Vida Nova 的葡萄酒归克里夫·理查德（Cliff Richard）爵士所有，未来或许会发生变化。当地的合作社仍在生产淡口干型加烈葡萄酒，该酒已被长期遗忘。

波特酒

像所有的加烈葡萄酒一样，波特酒源于稳定淡口餐酒的需要，经长期海上航行后保证其免受损坏。由于 17 世纪英国与法国作战，英国商人发现自己不得不为进口法国葡萄酒支付惩罚性关税，所以他们把葡萄牙作为下一个最佳葡萄酒来源地。葡萄牙北部（现代绿酒 DOC 产区）的稀薄白葡萄酒没有迎合每一个人的口味，但当进口商进入杜罗河河谷时，碰巧遇到热烈的红葡萄酒，使这里成为波特之乡。

葡萄酒进口时装在木桶中，到达英国的时候不可避免地已经受到损坏，因此发货商试着向酒中加入一点白兰地来保护这些酒。在这

布塞拉斯

葡萄品种：白葡萄为阿瑞图和伊斯佳卡奥

可拉雷思

葡萄品种：红葡萄为拉米斯科；白葡萄为莫瓦西亚

帕尔梅拉

葡萄品种：红葡萄为比利吉达

阿拉比达

葡萄品种：红葡萄为比利吉达、艾斯帕德罗、赤霞珠和美乐；白葡萄为塞图巴尔麝香葡萄（亚历山大麝香葡萄）、阿瑞图、伊斯佳卡奥和霞多丽

阿连特茹

葡萄品种：红葡萄为亚拉贡利、特林加岱拉、莫雷托和比利吉达；白葡萄为胡佩里奥

一串串成熟的比利吉达葡萄（下图）用来酿制 Tinto da Anfora 葡萄酒，这是阿连特茹地区的一种混合红葡萄酒

泰勒酒庄的 Quinta de Vargellas 酒，单一葡萄园所产的一种最成功的波特酒（上图）

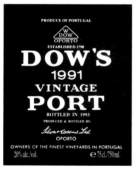

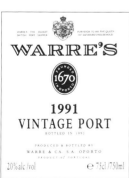

陈酿时间较长（一般为 5 年），理论上会有真正年份波特酒的浓郁口感。但实际上，这些酒根本不会有这种口感，如果你打算购买基本的红宝石葡萄酒，更为可取的是转向下一个级别，即晚装瓶年份酒。

晚装瓶年份酒（LBV） 这些酒不同于年份品质酒，它们真的是在单一葡萄酒酿造期酿制的产品，这将在标签上清楚说明。这些年份基本上不是酿制真正年份波特酒的好年份，但酒的质量普遍是不错的。它们需陈酿 4~6 年，最好酒未经过滤就被装瓶，因此酒里含有沉积物，需要移入其他容器中。有些公司过滤他们的晚装瓶年份酒，以避免移动，这主要是因为许多消费者错误地认为将酒移入其他容器中是更科学的。推荐优先购买未经过滤的晚装瓶年份酒，其味道更均衡、复杂。

年份波特酒（Vintage port） 这种酒排在葡萄酒金字塔的顶端，是在一年内生产的产品，普通餐酒一样在标签上写明，即经过两三年木桶陈酿后装瓶。每个生产商必须在收获后的 2 年内决定某一特定年份的葡萄酒是否足够好，可以作为年份波特酒发售且不混酿。这就是所谓的"声明"年份。好的年份，如 2003 年，可能会导致大型生产商普遍声明。年份波特酒需要在瓶中陈酿，而且要去除沉积物。有些酒，如酒龄相对较轻的 1980 年份酒，只需要陈酿几年时间，而其他年份酒，像传说中的 1977 年份酒，在品饮之前，可能要花 25 年甚至更长的时间。

单一酒庄酒（Single quinta） 由单一葡萄园或酒庄的葡萄酿制的年份葡萄酒。由于这些葡萄通常在生产商最好的年份波特酒中发挥作用，单一葡萄园的葡萄酒往往是在年份不大好的时候酿制的，但质量仍然是很好的（大多数情况下比晚装瓶年份酒品质好）。值得推荐的有 Dow 酒庄的 Quinta do Bomfim、Taylor 酒庄的 Quinta de Vargellas 和 Warre 酒庄的 Quinta da Cavadinha 葡萄酒。

酒垢波特酒（Crusted port） 这样命名是因为该酒在瓶子里形成了一层沉积物，它是介于年份波特酒与晚装瓶年份酒之间的一种酒。它不是单一年份的产品，但是却受到像年份波特酒和过滤瓶装酒一样的待遇，是英资波特酒庄的特色酒，是真正年份波特酒的一种经济实惠的替代品。

一点上，波特酒应该是一种加强型的干型葡萄酒。后来英国人开始在红酒发酵完成之前就加入白兰地，在所有葡萄糖都被消耗完之前，就阻止了酵母菌发酵，使得酵母菌就那样死掉了，因此波特酒带有天然的甜味，也十分浓郁。一种传奇的加烈葡萄酒诞生了。

现在，强化剂是比较中性、无色的葡萄酒精，而不是白兰地，但是生产过程自 17 世纪以来就没有太大的改变。在 18 世纪中叶，为了阻止其他地区生产较差的波特酒仿制品，杜罗河河谷被划成生产真正波特酒的唯一合法产区。因此，这是有史以来第一个有特定名称的产区，比法国葡萄产区体系早约 180 年。

在所有欧洲加烈葡萄酒中，波特酒是最令人困惑的。以下是目前为止波特酒风格的总结。

红宝石波特酒（Ruby） 最基本的波特酒风格，由几种收获的葡萄混酿而成，陈酿不超过两三年。许多生产商创造自己的酒庄品牌，但这个品牌不一定自称为红宝石波特酒（这个词现在有点贬低之意），但如果没有其他说明，这些酒实际上就是如此。

年份品质酒（Vintage Character） 如果要取消一种葡萄酒的名字，那它就是年份品质波特酒。这些酒都是基本的红宝石葡萄酒，

茶色波特酒（Tawny port） 传统上是一种基本的混合波特酒，陈酿的时间比红宝石波特酒要长，因此它的颜色会变淡，而且味道几乎变为带有坚果味的干型氧化酒。现在只需在淡口红葡萄酒中添加一点点白波特酒就可以淡化酒色，制成茶色波特酒。

茶色陈年波特酒（Aged tawny） 这些是真正的茶色波特酒，在木桶中陈酿多年。与基本的茶色波特酒的区别在于，茶色陈年葡萄酒的标签上说明添加葡萄酒的平均酒龄，是10的倍数。一款酒龄为10年的茶色波特酒（如 Dow 酒庄最好的酒）很可能是最佳酒龄。二十多、三十多和四十多年酒龄的葡萄酒价格也将相应增加，因葡萄酒带有明显的复杂性，收益有可能会递减。

单一年份茶色波特酒（Colheitas） 该酒基本上是一种年份茶色波特酒。单一年份葡萄酒在木桶中至少陈酿7年，这样它们的颜色会变淡。许多酒在发售时酒龄十分长，相比早期装瓶的年份波特酒，其价格具有巨大的吸引力。

白波特酒和桃红波特酒 由允许用在波特酒中的80多种葡萄品种酿制的鸡尾酒中，有一些是白葡萄酒。有些酒庄仅用白葡萄酿制波特酒（主要是阿瑞图、古维欧、莫瓦西亚和维奥西奥），这种波特酒加烈的方法与红葡萄酒相同，它们可能是干型酒或是甜度酒，不是特别好的葡萄酒。干白葡萄酒不像好的菲诺雪利酒，但可以小批量冷藏得很好，这点很吸引人。桃红波特酒是最新的创新酒，但不是一种急于要出口的酒。

最佳波特酒生产商：Dow、Taylor、Graham、Cálem、Fonseca、Warre、Ferreira、Niepoort 和 Burmester 酒庄。Quinta do Noval 生产一种卓越的年份酒，由古老葡萄藤上的葡萄酿制的叫 Nacional 的酒，价格非常高。

波特酒酿制年份：2008 年 *****2007 年 ****2005 年 ****2004 年 ****2003 年 *****2000 年 *****1997 年 ***1994 年 ****1991 年 **** 1985 年 ****1983 年 ****1977 年 *****。

马德拉群岛（Madeira）

马德拉群岛的历史，也许是人类奉献给优质葡萄酒事业的一个最显著的事例。马德拉岛是大西洋地区一个热带的火山露出地面的岩层，更靠近北非海岸，是葡萄牙的一个自治省。其土壤中含有大量灰烬，这些灰烬是几百年前肆虐该岛的一场大火后留下的，其多山的地形意味着这里的葡萄园是世界上最难以接近的。

像波特酒一样，马德拉岛的葡萄酒曾是淡口餐酒，后来被加烈，以便能更好地适应长时间的海上运输。在马德拉岛，运货商无意中有了一个惊人的发现。葡萄酒装在荷兰东印度公司的贸易船只上进行运输，相比将波特酒从葡萄牙北部运到英格兰南部来说，葡萄酒运往东部是一件更艰巨的事。有人注意到，葡萄酒到达印度后并未损坏，事实上这些酒得到了良

葡萄农每年在杜罗河地区的 Quinta do Bomfim 梯田状的葡萄园里辛苦地采收（上图）

一艘传统的杜罗河运货船（用来运输波特酒的古船，它的名字叫 barco rabelo，是一种只在葡萄牙才能见到的船）驶过葡萄牙海岸的波尔图港市（下图），这些船只曾经沿着杜罗河运载成批的波特酒到各个波特酒庄

好的改善。发货商留下一些酒再运到欧洲,结果发现酒的品质甚至更好了。

之前从没有哪种酒发生过这样的情况。它在波涛起伏的海洋中航行了数周,酒桶在箱子里发出响声,并没有什么可以摧毁它。几十年来,每一瓶马德拉卖出的酒都历经这样的环球航行,除非能发现一个新的地方,具备其原产地各种相同的地理条件、气候环境等。

简单的马德拉群岛混合酒往往是基于一种叫黑莫乐的红葡萄酿制的,黑莫乐也曾用在马德拉群岛4款单一酒中的任何一款。由于欧盟的干预,现在这些酒中含有不低于85%被指定的单一葡萄酿制的葡萄酒,但黑莫乐本身已经被定为马德拉群岛第五个用一种葡萄酿制的葡萄酒,这似乎很公平。

用单一葡萄酿制的白葡萄酒,有最淡的 Sercial 酒和最干的 Verdelho 酒,也有最浓的 Bual 酒和最甜的 Malmsey 甜酒(莫瓦西亚白葡萄酒英国化的低品质酒)。即使马德拉群岛葡萄酒非常甜,酒中也总是有均衡的酸感,以调和糖蜜、奶糖、蛋糕、香料、甜枣和核桃惊人的味道。酒中也有一点点成熟的奶酪味,十分像古老的 Cheshire 干奶酪,形成了特殊的风格,该酒一般在边缘具有绿色色调。

酒标可以说明混合酒的酒龄(10年比5年更有好),也可以使用含糊的声明,但在实际中却要用相当精确的术语,如最佳酒(Finest,约3年)、储备酒(Reserve,5年)、特别储备酒(Special Reserve,10年)或额外储备酒(Extra Reserve,15年)。

马德拉群岛的农作物,包括它的葡萄园,都种植在陡峭坡地的梯田上(右图),可怕的坡度意味着任何形式的机械收割都无法使用

酿制少量的马德拉年份白葡萄酒，其售价只是年份波特酒的零头。正如这个神话般独特的葡萄酒的历史所呈现的那样，它几乎是无坚不摧的，绝对值得一试。

最好的生产商：Blandy、Henriques & Henriques、Barbeito、Cossart Gordon、Rutherford & Miles 和 Leacock 酒庄。

塞图巴尔（Setubal）

麝香葡萄 3 个变种中主要的一种是亚历山大麝香葡萄，在塞图巴尔半岛采用酿造波特酒的方法酿制单一葡萄品种的加烈甜度酒，即塞图巴尔麝香葡萄酒。加烈后，葡萄皮浸泡在新酒中数月，赋予了该酒一种特别显著的新鲜麝香葡萄的芳香。这种酒在装瓶前，通常要在

木桶中陈酿 5 年（而有些优质葡萄酒封存长达 25 年），酿成一种带有坚果味的深褐色的氧化葡萄酒。大多数葡萄酒口感极其浓郁，有些拥有法国南部最好的加烈麝香酒的优雅和均衡。JM da Fonseca 生产优秀的葡萄酒。含有小于 85% 麝香葡萄的葡萄酒，被标为简单的塞图巴尔酒。

卡尔卡维罗斯（Carcavelos）

位于里斯本西边的一个日益不重要的 DOC 产区，曾经试图挑战波特酒，成为优质加烈葡萄酒的生产地。葡萄酒生产方法大致相同，由红、白葡萄酿制，一般类似于基本的茶色酒。Quinta dos Pesos 是最近新建的一处酒庄，决心酿制品质优秀的葡萄酒。

传统茅草盖的金字塔形房屋，像 Palheiros 的这座房屋（下图），是马德拉群岛葡萄园的特色之一

德国

德国葡萄酒正努力为自己在海外赢得声誉。德国尽职的生产商可以生产优质的精致淡口葡萄酒，且风格齐全。

众所周知，德国生产一些世界上精良的淡口发酵饮品。的确，德国设下了欧洲标准，相比为适应欧洲其他地方的日常口味而大批量生产的饮品，德国一直是正直的指路明灯，令人羡慕。其实，德国的啤酒也是无与伦比的。

德国葡萄酒如何？又是另一回事了——很是可悲、令人苦恼、声名狼藉。似乎并不需要重述 20 世纪德国葡萄酒产业长期下滑一事。即使德国酒业自中世纪以来曾誉满全欧洲，但 1919 年凡尔赛条约订立之后，战争赔款毁灭了葡萄酒业，只能开发一种新饮品（标准是甜甜的，但风格独特），以便迎合要求不高的市场。迎合国际口味的有浓郁、木桶发酵的白葡萄酒，也有坚实、极其成熟的红葡萄酒，你能尝到的几乎都是精致的白葡萄酒，并且在某种程度上都带些甜味。葡萄酒生产商该怎么办呢？人们总是喜欢喝一杯起泡酒，即便一些起泡酒品质很差。

总而言之，相比任何已建立的产酒国，现代葡萄酒界对于德国来说一直是一个挑战。冲破僵局的第一个迹象始于 20 世纪 90 年代早期。如果全世界都想要干型葡萄酒，德国酿酒师就会酿制干葡萄酒。早期尝试酿制雷司令白葡萄酒，酒极其干，往往带有奇怪且不均衡的苦感，但如今正在合适的产区使用恰当的葡萄品种生产不错的干白葡萄酒。它们不算特别出名，但它们的味道尝起来是成熟的。

更鼓舞人心的是，过去几十年，最好的种植者（德国有一些世界上最有才华的酿酒师）在扩大其范围方面表现出色。在莱茵高、法尔兹和纳厄河地区的摩泽尔河附近正在酿制葡萄酒，绝非只有雷司令，只要品质出众就行了。"究竟要搭配什么品饮它们"则是美食家和葡萄酒专家讨论的焦点。如果任何东西都不能搭配，那就单独品饮，如果你愿意，那就喝吧。它们实在太优秀了，不容错过。

你会遇到的唯一难题是如何找到这样的葡萄酒，因为大多数商业街的零售商、餐馆和酒吧，在很久以前就已经拒绝售卖优质德国葡萄酒。

有一个葡萄酒分级体系可与法国 1971 年设立的标准相媲美。最低等级是基本的餐酒——德国普通餐酒（Deutscher Tafelwein），这里要避免与其他地方一样。再高一等级是地区餐酒类——地区餐酒（Landwein），这可能来自 19 个大型划定区域中的任何一个。以上说的是优质葡萄酒（QbA，指定区域的优质葡萄酒）。这是大类别，覆盖 13 个区域，其中允许未成熟的葡萄果汁加糖来增加最终的酒精度。

德国葡萄酒的最高级别是谓称优质酒（Prädikatswein），以前是高级优质餐酒（QualitätsweinMITPrädikat）。这些葡萄酒是根据收获的葡萄中含有的天然糖分分类的，不能

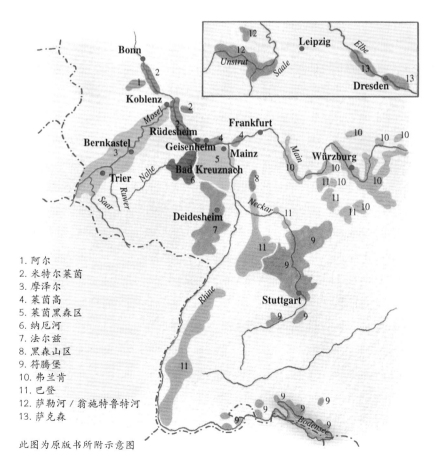

德国著名的葡萄酒产区沿着西南边界围绕在莱茵河及其支流周围（下图）。自柏林墙推倒以后，新增了萨尔-昂斯鲁和萨克森 2 个产区

1. 阿尔
2. 米特尔莱茵
3. 摩泽尔
4. 莱茵高
5. 莱茵黑森区
6. 纳厄河
7. 法尔兹
8. 黑森山区
9. 符腾堡
10. 弗兰肯
11. 巴登
12. 萨勒河／翁施特鲁特河
13. 萨克森

此图为原版书所附示意图

添加人工糖分。根据甜度升序排列，分别是珍藏酒（Kabinett）、晚收酒（Spätlese）、精选酒（Auslese）、逐粒精选酒（Beerenauslese）和枯萄精选酒（Trockenbeerenauslese）。还有单独的分类——冰酒（Eiswein，由隆冬时节采摘的冰冻熟透的葡萄酿制而成），也被视为谓称优质酒（Prä-dikatswein）。根据所含的糖分，该酒通常排在最后两个类别之间。

干型葡萄酒酒标上会标有干型（Trocken）和半干型（Feinherb），后者没有正式替代原来的半干型（Halbtrocken）。

雷司令依然是德国最好的葡萄酒，但也有其他品种与之竞争，大多种植于不同的地区。种植者一直努力寻找在北方寒冷的气候条件下比雷司令葡萄更成熟可靠的葡萄，葡萄栽培的研究人员已经研究出交叉品种，甚至将交叉品种再进行交叉培育。结果好坏参半，但对德国来说通常是特别的。种植其他地方相似的葡萄较为安全，但你需要知道它们的德国名字，如白皮诺（白品乐）、灰皮诺或鲁兰德（灰品乐）、黑皮诺（黑品乐），还有更易于辨别的琼瑶浆。

日冕将名字赋予摩泽尔河最初的一个地方——梯田形的日冕园（上图）

其他葡萄

西万尼（Silvaner） 西万尼在维尔茨堡（德国中南部城市）周围的弗兰肯地区特别受重视，它是继雷司令之后最好的非杂交葡萄之一。较早的催熟剂使得葡萄酒在刚陈酿出来时，有股白菜叶的味道，但可酿造出柔滑、甜蜜、成熟的葡萄酒。

米勒－图高（Müller-Thurgau） 这是基于雷司令酿制的混合酒，是第一次杂交的品种，在19世纪80年代开发出来的。种植者因其早熟的特性而心存感激，他们对这种葡萄满怀热情，使其成了德国最广泛种植的葡萄。事实上，如果不是因为它酿制的葡萄酒极其沉闷、味淡，米勒-图高可能会成为圣杯（Holy Grail）。但令人难以置信的是，这种葡萄仍然在种植。

克尔娜（Kerner） 克尔娜是比较成功的新品种之一，它是雷司令与托林格红葡萄的杂交品种。它至少可以酿制一种清脆、酸橙味的葡萄酒，带一些优雅，但种植面积却在减少。

舍尔贝（Scheurebe） 这是雷司令与西万尼的杂交品种，成熟时有一种葡萄柚的独特风味。如果夏天天气情况不好，由它酿制的葡萄酒是酸苦的。然而，在合适的条件下，它能赋予极好的餐后贵腐酒极强的浓度。

雷司兰尼（Rieslaner） 也许是雷司令与西万尼的杂交品种中最好的一种，雷司兰尼的名字普通，但品质是极好的，充满了热带水果味。大多只在法尔兹和弗兰肯种植，它还没有得到更广泛的青睐，太可惜了。

巴克斯（Bacchus） 是两种杂交品种的杂交葡萄，与雷司令和西万尼属于同一族谱，正如一些种植者发现的那样，它可能是不错的芳香葡萄品种。在德国，它的重要性不断下降，主要种植在弗兰肯地区。

丹菲特（Dornfelder） 丹菲特由两种杂交葡萄杂交而成，是优良的红葡萄品种。已在德国许多地区种植，特别是莱茵河两岸。它酿造的葡萄酒度数低，带有樱桃味，偶尔有点像新陈酿出来的博若莱酒，但酒精度要更低。一些生产商正试图在该酒的基础上酿制一种风格更浓郁的酒，使其适合在橡木桶中陈酿。

蓝波特基斯（Blauer Portugieser） 这种葡萄不是葡萄牙品种，但名字却是葡萄牙名字，由它酿制的红葡萄酒很是粗糙且酸度高，但现在酸度正在降低。

莱姆贝格（Lemberger） 在邻国奥地利被

冬日一个雾蒙蒙的早晨，靠近 *Kirchheim* 的 *Schwarzerde* 葡萄园（上图）。德国葡萄酒不得不挨过一些世界上最恶劣的冰冷天气

Zeltingen 村庄（上图），位于摩泽尔河和陡峭上升的葡萄园之间

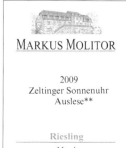

称为蓝弗朗克，是一种不错的特色红葡萄，可以酿制低度、美味、辛辣，甚至是紫罗兰味的葡萄酒，新鲜又酸口。它的种植面积正在扩大。

托林格（Trollinger） 主要种植在符腾堡（旧德国州名）地区。托林格（在意大利北部被称为斯基亚瓦）是一种高品质红葡萄，可酿制低度、红醋栗味的葡萄酒，常带有一点肉豆蔻的味道。

葡萄酒产区

阿尔（Ahr） 这个德国北部的小型葡萄酒产区，刚好位于波恩市南部，专门生产红葡萄酒，大部分酒由黑品乐葡萄酿制。这里的葡萄质地薄、颜色浅，因为它们生长在边际气候中，但却能酿制越来越多的好酒，尤其是利用带有一点天然甜味的晚摘型葡萄生产的酒。该地区葡萄酒的生产由合作社主导，而 Meyer-Näkel 则是一个工艺娴熟的小型生产商。该地区也有一些雷司令，但它的种植面积占总种植面积的百分比在不断减少。

米特尔莱茵（Mittelrhein） 米特尔莱茵是小型的葡萄酒生产区，其范围从波恩延续到科布伦茨南部，这里三分之二种植的都是雷司令，比德国其他地区的种植比例都高。葡萄园设在莱茵河两岸，往往位于陡峭的山坡上。黑品乐在这里的地位越来越重要。大部分葡萄酒的品质不错，但不论是当地人还是游客都极

易喝醉，因为这是德国最原始的地区之一。托尼·约斯特（Toni Jost）是米特尔莱茵一名很好的酿酒师，他正在出口一些自己酿制的令人兴奋的清爽型雷司令葡萄酒。

摩泽尔河（Mosel） 摩泽尔河河谷沿着科布伦茨西南延伸，流经特里尔市，一直到与德国接壤的卢森堡和法国。该地区还包括摩泽尔河的两条支流——萨尔河和鲁韦尔。这里有一些德国葡萄酒历史上最著名的葡萄园，其中许多位于山谷的中心地带——恩卡斯特地区。这些都是一些世界上选址最引人注目的葡萄园，紧挨着河两岸陡峭的山坡，完全不能使用任何形式的机器收割。这里的雷司令享有盛誉，用其酿制的葡萄酒奇迹般地稍稍表现出该品种的特点，酒精含量极低，但纯度不高。

最好的葡萄园（其名字前面是它们的村庄名）是 Erdener Treppchen、Wehlener Sonnenuhr、Graacher Himmelreich、Bernkasteler Doktor、Brauneberger Juffer 和 Piesporter Goldtröpfchen。其中有一些，特别是 Piesport，都因与普通地区（或子产区）混合的味淡、畅销的产品有关联而受拖累。优先选择单一庄园的葡萄酒总是没错的。

在萨尔河周围，Wiltinger Scharzhofberg、Ockfener Bockstein 和 Ayler Kupp 是卓越的葡萄园，与此同时，Maximin Grünhaus 和 Eitelsbacher Karthäuserhofberg 是鲁韦尔河宝地

的璀璨明珠。

生产商：Egon Müller（Scharzhofberger）、Haag、Dr Loosen、von Schubert、JJ Prüm、Thanisch、Saarstein、Pauly-Bergweiler 和 Molitor 酒庄。

莱茵高地区（Rheingau） 莱茵高地区主要指从莱茵河右岸到中部莱茵这一段区域。在某些方面，它代表德国酿酒业的中心。莱茵高地区拥有一些德国最著名的葡萄酒庄园，种植大量雷司令。在盖森海姆，葡萄栽培研究所一直致力于研发新的葡萄品种。

莱茵高地区由各种不同的葡萄园组成。在吕德斯海姆周围，其板岩土壤中种植一些优雅、味淡的雷司令，也生产更强劲的葡萄酒，即有名且备受青睐的 hock 酒，来自霍赫海姆周围波状外形的土地。

莱茵高产区的核心是由 48 个生产商组成的协会，自称宪章协会。为使品质符合要求（寻找棕色酒瓶上凸起的双拱标志），宪章协会的葡萄酒必须通过严格的口味测试，其中只有雷司令有资格被测试。这是一个关于质量的倡议，德国其他地区将努力效仿。

最著名的两处是古老的 Vollrads 酒庄和 Johannisberg 酒庄。在由小生产商而不是合作社主导的地区，优秀的个体种植者往往更注重品质而非葡萄园选址。

生产商：Breuer、Johannishof、Künstler、Domdechant Werner、Kloster Eberbach、Leitz、Kesseler、Schönborn 和 Reinhartshausen 酒庄。

莱茵黑森区（Rheinhessen） 莱茵黑森区位于莱茵高南部，是很多德国畅销葡萄酒的起源地。莱茵白葡萄酒近一半是在这里生产的，这里还有英语国家消费者熟悉的其他葡萄酒，如大教堂干白葡萄酒。莱茵黑森区也种植了许多德国杂交葡萄品种，其中米勒 - 图高一路领先，产量比在莱茵高大得多，但总的来说这里不是高品质产区。然而，凡事总有例外，这里越来越多地生产由黑品乐和丹菲特酿制的令人惊艳的红葡萄酒。西万尼也可酿制上好的葡萄酒，但数量比以前少。

生产商：Villa Sachsen、Guntrum、Heyl zu Herrnsheim、Keller 和 Wittmann 酒庄。

纳厄河（Nahe） 纳厄河产区以其河流命名，坐落在莱茵黑森区的西部。这是一个很好的有潜力的葡萄酒产区，这里最好的酒庄堪比莱茵高和摩泽尔河的那些酒庄。在 Bad Münster 镇附近，有一些非常浓郁的雷司令，穆勒 - 图高和丹菲特种植面积占其余大部分。采取协调一致的行动，有利于提高优秀种植者的形象，同时也带动了葡萄酒价格的上涨。这里仍然是德国最有价值的产区之一。

生产商：Dönnhoff、Diel、Crusius 和 Plettenberg 酒庄。

法尔兹（Pfalz） 法尔兹在英语中曾被称为普法尔茨（Palatinate），是改善快速和富有活力的一个地区，位于莱茵黑森区南部。种植的葡萄品种非常广泛，雷司令、丹菲特、黑品乐、灰品乐和琼瑶浆都可以酿制不错的葡萄酒。最好的村庄有 Deidesheim，Ruppertsberg 和 Wachenheim，而令人印象深刻的葡萄酒正在不断增多。最近一些新型的黑品乐红葡萄酒让一些酒商从中获利；这些葡萄酒口感丰富浓郁，其酒精度往往可与勃艮第的黑品乐比肩。这里也有不错的起泡酒，在德国称为 Sekt bA，也是一种特产。

法尔兹最优秀的酒庄是 Müller-Catoir，坦率地说，它的单一品种葡萄酒是世界一流的。这里不仅生产令人叹为观止的雷司令和雷司兰尼，以及一些辛辣的 Gewürz，还用穆勒 - 图高酿制了一些很有特色的葡萄酒。

生产商：Müller-Catoir、Lingenfelder、Bürklin-Wolf、Bassermann-Jordan、von Buhl

纳厄河地区的 Bad Münster 镇高耸的 Roterfels 悬崖下的一小块红色土壤（上图），生产浓郁、美味的葡萄酒

位于莱茵高西端的阿斯曼豪森（下图）。这里就像勃艮第一样，可以追溯到本笃会和西多会僧侣早期那段完整的历史

德国葡萄酒村庄典型的装饰建筑（上图）

和 Köhler-Ruprecht 酒庄。

黑森山区（Hessische Bergstrasse） 这里是德国最小的区域，位于莱茵黑森区东部，其大部分的葡萄酒不用于出口，但质量极高，令人印象深刻。这里近一半的葡萄园种植雷司令，较好的种植者能使葡萄的浓郁度与霍赫海姆周围的相近。这是德国全身心地投入现代酿酒趋势的产地之一，发酵出 Prädikat 葡萄酒，以干型或 Feinherb 风格为标准。这里的葡萄园正在生产一些最好的葡萄酒，其中包括华丽高端的冰酒。Simon-Bürkle 是值得称赞的独立酒庄。

符腾堡（Württemberg，旧德国州名） 符腾堡是集中在斯图加特一个较大的产区，并不是很有声望。雷司令和克内（Kerner）是主要的白葡萄品种，托林格是主要的红葡萄品种。实际上该地区擅长酿制红葡萄酒，有一些使用黑品乐、伦贝格尔和黑雷司令酿制（黑雷司更被称为香槟区的莫尼耶品乐）的葡萄酒。托林格在颜色和酒体方面都比较轻，但其富有吸引力，带有红色水果的特性。

弗兰肯（Franken） 美茵河流经该地区的部分是西万尼葡萄的主要种植区，曾经很是出名，虽然现在只有约 20% 的区域种植葡萄。当地的口味倾向干葡萄酒，其中最好的酒装在又扁又圆的 Bocksbeutel 大肚瓶中。如今，穆勒－图高也在葡萄园中种植，有点令人沮丧，但也有利用杂交的巴克斯酿制的带有微妙花香的葡萄酒。葡萄酒在一定程度上也出口，但价格往往是离谱的。

生产商：Wirsching、Ruck 和 Juliusspital 酒庄。

巴登（Baden，西德省名） 巴登是德国西南部的主要产区，刚好位于阿尔萨斯边境。近几年大多数人一直认为它是欧洲令人兴奋的葡萄酒产区之一。它包含弗兰肯和瑞士边境之间的一段相当长的地带，一些葡萄园位于康斯坦茨湖（在德国为博登湖）附近。

虽然这里的葡萄园中穆勒－图高的种植比例相当高，但是也有不错的雷司令、麝香味的干型灰品乐、辛辣的琼瑶浆和大量极其成熟、带有浓郁覆盆子味的黑品乐在所有这些温暖的南方的气候中也许是最有前途的，一些黑品乐受益于橡木的影响。

生产商：Königschaffhausen 合作社。

萨勒河－翁施特鲁特河（Saale-Unstrut） 萨勒河－翁施斯特鲁特河产区是前德意志民主共和国（东德）内两个小区域之一，是以两条河流汇合处的名字命名的。穆勒－图高、白品乐、西万尼和其他葡萄可用于酿造干型且比较浓郁的葡萄酒，但该地区以前并没有得到国家机关的投资，仍只能算是新兴的葡萄酒产

从马林贝格葡萄园俯瞰位于弗兰肯美茵河上的维尔茨堡县（右图）

区。Lützkendorf 是值得关注的生产商。

萨克森（Sachsen） 萨克森是德国最北端和最东端的葡萄酒产区，集中在德累斯顿老城区，其葡萄园种植在易北河河畔。和萨勒河－翁施斯特鲁特河地区一样，利用优良葡萄品种酿制干白葡萄酒，而优质葡萄酒的前景

大好。穆勒－图高占据主要地位，但雷司令、白品乐、琼瑶浆和灰品乐都在发挥其作用。这里的葡萄酒主要由无数小种植者组成的大合作社生产，但 Zimmerling 是一个不错的个体生产商。

起泡酒

德国起泡酒的缺点很多。它有 4 个基本类别，其中最好的是德国特别产区香槟酒（Sekt bA），它必须酿自 13 处优质葡萄酒产区之一，标签上会标明（如法尔兹香槟酒）。大多数起泡酒是利用二次发酵或桶式发酵法酿制的。各种甜度的雷司令起泡酒都十分新鲜，还带有酸橙味，品质都越来越好。

德国香槟酒（Deutscher Sekt） 是更低级别的酒，可与德国任何地方的酒混合。它是基础起泡酒，约占德国起泡酒的 90%，缺乏属于德国的形容词，原因很简单，它包含来自其他国家的葡萄酒，主要是意大利、西班牙和法国。级别最低的是含二氧化碳的德国起泡酒（Schaumwein），最令人难以置信的碳酸酒，在任何地方都可酿造。

近期酿制年份：2009 ****2008 *** 2007 ***** 2006 ****2005 ***** 2004 **** 2003 ****2002 **** 2001 ***** 2000 **。

在法尔兹弗斯特巨大的葡萄园里，结网可防止鸟啄食皱缩的雷司令葡萄（上图）

英国

在过去三十多年这一较短的时期内，英国的葡萄酒产业发展迅速。英国葡萄酒并不多产，但天气好时，其品质是不错的。

在萨里郡的丹比斯酒庄，一台机械收割机正在工作（上图）。丹比斯酒庄是英国最大的葡萄酒生产商，面积为250公顷

第二次世界大战后，不列颠群岛葡萄酒酿制业的复兴纯属投机。在很长一段时间内，酿制葡萄酒是轻率爱好者的追求。英国的夏天气候潮湿，需要在德国的实验室里找出可在这种气候下成熟的葡萄品种。建立葡萄园所需的投资金额巨大，意味着其生产的葡萄酒看起来像一种奢侈品，类似于密斯卡岱或保加利亚的美乐。

由于葡萄酒的产量小，所以大部分酒在葡萄园内就被抢购一空。任何东西的产量若足够多，高出主要商业街道产品的一倍，就会以失败告终。这些标签看起来单调庸俗，如Huxelrebe 和 Madeleine Amgevine，都是由霞多丽和赤霞珠酿制的，口味特别。法国酿酒师嗅一嗅便可评论英国葡萄酒品尝起来像雨水，这也不是太离谱（虽然他最近也许还没有品尝大量的密斯卡岱）。缓慢销售意味着很多酒厂通常都销售陈酿了六七年的低度白葡萄酒和桃红葡萄酒，早已超过酒本身的销售日期。

20世纪80年代，英国展开了艰苦的实验，1992年，全国葡萄酒产量超过25 000升，这是一个神奇的数字。欧洲联盟要求国家创立一个产区体系，因此，英国现在分为2个产区——英格兰和威尔士。还有就是英国的餐酒（像逃避瘟疫一样逃避它），或者（如果酒中包含非酿酒用的葡萄）地区县的葡萄酒。这标志着某种时代的到来，但起泡酒的诞生是英国葡萄酒产业中最大的一件事。

起泡酒

英格兰南部的大片土壤都是白垩土壤沉淀的一部分，就像在香槟区找到的土壤一样。凉爽的气候对于生产低酒精度和高酸度的葡萄酒（这是起泡酒所需的）是有利的，现已证明，酿制香槟酒的3种葡萄——霞多丽、黑品乐和莫尼耶品乐，都能在英国种植。

事实证明，这是生产起泡酒（每一滴都如上好的香槟酒）的时代。它们像法国的起泡酒一样，无论是年份酒还是非年份酒，都有一些烘烤味、深邃感和浓郁感，即使价格几乎没有什么太大差异，优质的葡萄酒是完全值得花钱购买的。桃红葡萄酒一般需要更多的工艺（许多尝起来还是比较厚重、口感硬），而白葡萄酒则不够优秀。当一个香槟酒厂转而购买汉

英国大多数葡萄园（右图）都集中在东南部地区，面积都很小，平均不足1公顷

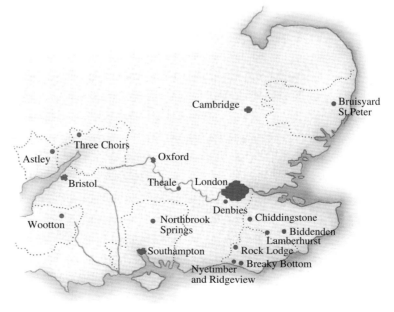

此图为原版书所附示意图

普郡的 4 公顷土地，那英格兰的起泡酒生产商就实至名归了。

推荐西苏塞克斯的 Nyetimber 和 Ridgeview，康沃尔的 Camel Valley 和伯克郡的 Theale 葡萄酒，但在接下来的几年里，会出现越来越多的明星酒。

其他葡萄酒

在英国北部凉爽、潮湿的气候下，甚至鉴于气候变暖的情况下，可以成功地在这里种植的葡萄品种是很少的。这里有可能出现奇热的气候，但葡萄需要保持连年的收获。我正在英格兰南部的海岸边写作，我望向窗外，这已是连续第 4 个潮湿的 8 月。这样的天气不容乐观。

相反，如果出现了一个不错的夏季，接着是微湿、云雾缭绕的秋天，葡萄孢属菌可能会入侵。在 21 世纪开头的几年，也酿制了一些令人惊讶的贵腐餐后甜酒，它们甚至有望取得如起泡酒般的成功。

葡萄品种

影响英格兰或威尔士葡萄酒风格最重要的决定性因素是酿酒葡萄（一种或多种）。区域性特点还没有得到细致入微的界定。从某种意义上说，英国酿酒业的一个极大悲剧就是雷司令，它是德国葡萄园的英雄，但在这里是不会成熟的，正因如此，这里的杂交葡萄才开始发挥作用。以下是一些最常种植的葡萄品种。

白谢瓦尔（Seyval Blanc） 谢瓦尔是英国葡萄酒行业的沉重负担，因为它是一个杂交品种。这意味着它有一些非酿酒用葡萄的血统，欧盟规定它被用在任何产区葡萄酒中都是不合法的。作为酿酒葡萄，它通常酿制单调、稀薄、口感中性的葡萄酒，最好与一些品质还不错的葡萄混酿。事实上，它已经在葡萄园内种植，是英国最常种植的葡萄品种，这阻碍了英国葡萄酒的发展。

雷昌斯坦纳（Reichensteiner） 雷昌斯坦纳由 3 种葡萄品种杂交而成，偶尔会酿制一种富有异域风情的葡萄酒（通常是微甜型的）。一些在橡木桶中封存一段时间的酒，已获得了成功。

米勒－图高（Müller-Thurgau） 目前德国广泛种植的主力葡萄曾经是英国最常见的葡萄品种，但自 20 世纪 90 年代起，米勒－

图高已经失去地位。这不是坏事，因为由它酿制的葡萄酒不如莱茵黑森区的葡萄酒那样令人兴奋。一些生产商在装瓶前会在酒中加点甜味剂，来创造更吸引人的商业风格。

巴克斯（Bacchus） 巴克斯是由西万尼、雷司令和穆勒－图高葡萄杂交的品种，是一种相当不错的葡萄。在其最好的时候，带有灌木的香味，适合英国葡萄酒。

其他不错的白葡萄，包括芳香的 Schönburger 和 Ortega，些许葡萄味的 Scheurebe，少量的琼瑶浆，以及数量不断增加的古老品种霞多丽，并不是所有的葡萄都会用来酿制起泡酒。红葡萄酒大约只占总产量的 25%。德国丹菲特很不错，杂交品种朗多和雷金特葡萄酿制了一些极为强劲的红葡萄酒，有一天我们可能会看到一些由黑品乐酿制的令人兴奋的葡萄酒。

只有一小部分葡萄酒是在威尔士南部酿制的，大多都在当地消费。蒙默思郡的曼诺河河谷生产一些不错的清脆新鲜的白葡萄酒。

苏塞克斯的布里克谷底（上图），霜冻和飞鸟是葡萄种植者所面对的两大威胁

中欧

中欧的葡萄酒产区，由奥地利主导，从瑞士一直到斯洛伐克，在全球葡萄酒业中变得越来越重要。国际上常见的葡萄品种会帮助这些产区提升竞争力。

这扇装饰极其丰富的大门（上图）通向位于拉斯特的古斯塔夫·费勒的酒窖。拉斯特位于奥地利的布尔根兰地区

中欧国家中有一些是苏联阵营的成员，以前在国际葡萄酒盛会上不太重要，但除了瑞士，本书在这部分提到的所有国家现在都是欧盟成员。事态变化得很快，这些国家的葡萄酒产业在欧洲大陆法规范围内创立，因此质量在不断提高，甚至在某些情况下，其速度快得令人眩晕。外国顾问都发挥了自己的作用，西欧旧有的葡萄酒国家在许多领域似乎很傲慢，远离了普通消费者，正在出售的这些新酒品种让人目不暇接。他们需要找到愿意尝试这些酒的大胆的消费者。

奥地利

奥地利的葡萄园几乎全部位于该国东部地区，与捷克共和国、斯洛伐克、匈牙利和斯洛文尼亚相邻。这里种植德国和法国的葡萄品种，但位置比大多数德国的葡萄酒产区更往南，在更为和煦的气候下，奥地利能生产的葡萄酒风格更广泛。

自从奥地利加入欧盟后，创立等级体系的工作就在进行中了。这一体系最初仿照德国的体系，位于最底端的是日常餐酒（Tafelwein）和地区餐酒（Tafelwein），其上是优质葡萄酒（Qualitätswein），包括16个划定的区域（相当于德国的优质葡萄酒），再往上是谓称优质酒（Prädikatswein），主要的区别在于这一级别不包括珍藏葡萄酒（是位于晚摘酒下面的甜度酒级别），珍藏酒归于自己的级别。在下奥地利州的瓦豪河谷地区，干型葡萄酒的三级分类（根据成熟度和潜在的酒精度按升序排列）包括芳草级（Steinfeder）、猎鹰级（Federspiel）和蜥蜴级（Smaragd）。

到目前为止，奥地利的葡萄酒等级体系都在仿照德国。奥地利也正在创建一个基于地理位置的等级体系，以法国产区为模型。该体系已被赋予了一个很时髦的拉丁文名称：Districtus Austriae Controllatus（DAC）。现在DAC包括7个地区：威非尔特、米特布根兰、特莱森谷、克雷姆斯谷、坎普谷、莱塔山区和艾森伯格。每一地区都可以种植某些特定的葡萄，主要是绿维特利纳（Grüner Veltliner）和雷司令，用来生产白葡萄酒，蓝弗朗克用来生产红葡萄酒。

葡萄品种和葡萄酒风格

绿维特利纳是一种不错的奥地利本土葡萄，它的种植面积超过所有葡萄园土地的三分之一。由它酿制的葡萄酒相当独特，口感有中等的也有烈度的，带有独特的干香料的味道，如白胡椒，酸度往往也很强烈。一般来说，相比品饮干白葡萄酒，不均衡的葡萄酒会让人想多尝一口，但它们没有特色。

白葡萄有穆勒－图高（慢慢被抛弃了）、白皮诺（白品乐）、霞多丽、琼瑶浆和鲁兰德（灰品乐），些许长相思和越来越多的雷司令。

奥地利的葡萄园位于东部地区（右图），主要生产浓郁的干白葡萄酒，现在也生产一些品质迅速提升的红葡萄酒。布尔根兰地区的诺伊齐德勒湖周围，贵腐病定期爆发，可酿制一些欧洲最有价值的餐后甜酒

Krems
Danube
Vienna
Rust
Illmitz
Neusiedlersee
Graz

1. 下奥地利
2. 诺伊齐德勒
3. 瓦豪
4. 维也纳
5. 布尔根兰
6. 施第里尔

此图为原版书所附示意图

在这些地区广泛种植的另一种白葡萄是威尔殊雷司令（Welschriesling，与真正的雷司令无关），占奥地利葡萄园近10%的面积。通常情况下，一些笨拙畸形的葡萄在这里却取得了一些令人难以置信的美味成果。奥地利的酿酒葡萄还有红基夫娜（Rotgipfler）、津芳德尔（Zierfandler,）、罗森克兰茨（Rosencrantz）和吉尔登斯吞（Guildenstern），它们的混酿是特别浓郁的Gumpoldskirchner葡萄酒，该酒只在维也纳南部酿制。

红葡萄有本土葡萄紫威特（Zweigelt），它赋予葡萄酒一种紫色色调，带有像多塞托酒一样的蓝莓口味。这里也有德国的葡萄品种蓝弗朗克和蓝波特基斯，以及一些令人印象深刻的赤霞珠和黑品乐（通常被称为Blauerburgunder）。圣劳伦特（St Laurent）是中欧一种著名的葡萄，可酿制微辣带覆盆子味的红葡萄酒，属于经典浓郁的勃艮第风格。

奥地利在成为一个不错的干型葡萄酒生产国之前，以酿造贵腐餐后甜酒著称。这些贵腐酒大多产自诺伊齐德勒湖附近，该湖是与匈牙利相邻的大型浅水湖。多年以来，贵腐酒发展的条件如此有利，使得奥地利出售的甜酒仅次于德国的顶级葡萄酒。餐后甜酒等级在本质上与德国酒一样，包括冰酒，虽然有一个额外的等级——奥斯伯赫甜酒，位于逐粒精选酒和枯萄精选酒之间。另一种特色甜酒是稻草酒，利用在草席上自然晾干的过熟葡萄酿造而成，就如生产西班牙的米斯特拉（mistela）或法国的麦秆白葡萄酒（vin de paille）一样。

葡萄酒产地

下奥地利（Niederösterreich）　这是最北端的葡萄酒产区，位于多瑙河北部。这里的葡萄酒大多是干型或半干型，由绿维特利纳、雷司令和威尔殊雷司令酿制。位于西部边缘的坎普谷，生产浓郁的Grüners和风味独特的雷司令，而瓦豪河谷地区生产特色鲜明的雷司令（有些是贵腐酒），以此与莱茵河谷的葡萄酒竞争。

生产商：Brundlmayer、Loimer、Nigl、Nikolaihof、Malat、Salomon和Winzerhaus酒庄。

维也纳（Wien）　维也纳本身是一个小型葡萄酒产区，是欧洲各国首都中较为独特

的一个。格鲁纳、雷司令和白品乐是最好的葡萄酒，几乎都在当地被品饮。被称为酒馆（Heurigen）的传统酒庄是位于城市郊区的旅店，在那里种植者们销售新酿的半起泡葡萄酒。Wieninger酒庄的葡萄酒品质不错。

布尔根兰（Burgenland）　布尔根兰位于匈牙利边界，是包括诺伊齐德勒湖地区的一个产区。这里生产多种干型餐酒，也使用威尔殊雷司令、琼瑶浆、当地布维尔，以及其他葡萄品种生产浓郁的餐后甜酒。干白葡萄酒汲取质地坚实的白品乐葡萄、橡木陈酿带奶油味的霞多丽和醋栗味的长相思，而紫威特和蓝弗朗克红葡萄酒通常带有可口的香料味，越来越多地放置于木桶中酝酿至熟。有一两个种植者酿制非常浓郁的赤霞珠葡萄酒。

生产商：Kracher、Opitz、Umathum、Velich和Feiler-Artinger酒厂。

施泰尔马克州（Steiermark）　施泰尔马

壮观的白色教堂将其名字赋予Weissenkirchen村庄（上图）。该村庄位于奥地利瓦豪河谷地区，是奥地利一些最好的雷司令葡萄酒的产地

被照料得很整齐的葡萄园聚集在乡村教堂周围（上图），该教堂位于瑞士西部瓦莱州的孔泰地区

克州是位于奥地利最南端的产区。这里主要生产白葡萄酒，虽然广泛生产，但仅占全国总产量的一小部分。其葡萄酒的风格，无论是赤珠霞、霞多丽、琼瑶浆，还是麝香干葡萄酒（暮思佳），都是非常干的，通常酸度较高。在西部格拉茨周围，一种称为蓝色威德巴赫（Blauer Wildbacher）的红葡萄可酿制西舍尔葡萄酒，这是一种名气很高的桃红葡萄酒。

生产商：Gross、Polz 和 Tement 酒厂。

瑞士

瑞士的葡萄酒产区都集中在该国的边界附近，西边与法国相邻，南边是德国，北部是意大利。瑞士的葡萄酒不用于大量出口，论价格，即使是在当地，也是极高的，令人悚然。除非发现更有价值之处，不然它们在国外市场上永远只可能处于让人好奇的状态。

瑞士西部罗纳河延伸的地区，即瓦莱州和沃州，专门种植法国葡萄品种，虽然在这里备受青睐的 Fendant 白葡萄，在法国没有得到太多重视，它可酿制稀薄、低调，有时带有矿物气味和不明显味的白葡萄酒。西万尼在这里用于酿酒是不错的，这里也有一些种植霞多丽和黑品乐的独立边区村落。

黑品乐是最常种植的葡萄，占总种植面积的30%，酿制相当成熟的低度红葡萄酒，有时混入少量佳美葡萄。在瓦莱州这些酒都标为

欧洲中部分布着一些出色的葡萄园（右图），一些新兴的国家主要生产白葡萄酒

多勒（Dôle），在沃州标为萨瓦涅（Savagnin）。瓦莱州的混合白葡萄酒叫多勒布兰奇（Dôle Blanche），酿制时避免浸渍。法国汝拉省东部的纳沙泰尔（Neuchatel），当地十分著名的是清淡可口的黑品乐桃红葡萄酒——鹧鸪眼（Oeil-de-Perdrix）。

瑞士南部的提契诺州是讲意大利语的地区。这里绝大多数以生产美乐白葡萄酒为主，一些酒低度、清爽，其他酒有点烈，是因为运用了橡木的缘故，这是明智的选择。

卢森堡

穆勒–图高（这里称为丽瓦纳）和味淡的艾普令葡萄可与卢森堡葡萄园大部分的阿尔萨斯品种混合使用。几乎所有的葡萄酒都是白葡萄酒，也有少量用黑品乐酿制的味淡的桃红葡萄酒，酒标多种多样。这里只有一个法定产区，即摩泽尔–卢森堡。也许最有趣的葡萄酒是卢森堡起泡酒，这一名称于1991年生效，用来命名卢森堡用传统方法酿制的起泡酒，既有白葡萄酒，也有桃红葡萄酒。品质是不错的，但你可能必须去卢森堡当地品尝它。

捷克共和国和斯洛伐克

前捷克斯洛伐克的两个组成地区受各种不利因素影响，经历了长达数十年的孤立状态，现在是现代葡萄酒界的新兴地区，闪闪耀眼。

1. 奥地利东部　　9. 托考伊
2. 瓦莱州　　　　10. 珍珠市
3. 沃州　　　　　11. 巴拉顿湖
4. 纳沙泰尔　　　12. 塞克萨德和维拉尼
5. 提契诺州　　　13. 大平原
6. 布拉格　　　　14. 普利摩斯卡
7. 摩拉维拉　　　15. 德拉瓦
8. 斯洛伐克

此图为原版书所附示意图

捷克共和国是这两个组成地区中较小的一处，其葡萄园大部分集中在摩拉维亚的东南部地区，位于奥地利和斯洛伐克边境，但有极少量的葡萄酒产自布拉格北部地区。

这里优秀的国际葡萄品种是用于酿制红葡萄酒的赤霞珠和黑品乐，以及用于酿制白葡萄酒的长相思、白品乐、雷司令和特拉密（又名琼瑶浆）。零星种植的奥地利品种绿维特利纳和穆勒-图高，用于酿造大量捷克白葡萄酒。圣劳伦特用于酿制美味质朴的红葡萄酒，紫罗兰味的蓝弗朗克则用来酿造 Frankovka。

斯洛伐克的葡萄园沿该国的南部边界一直延伸，从未中断，从相邻的奥地利一直到俄罗斯。其葡萄品种大多与捷克共和国的品种相同。当地的珍品是 Irsai Olivér 葡萄，可酿制芬芳优雅的白葡萄酒，带有些许香皂的气味，尤其在尼特拉地区，奇特但却很吸引人。灰品乐用于酿酒也是不错的。

匈牙利

匈牙利曾仅因托考伊（Tokaji）葡萄酒出名。该酒是极好的棕色氧化餐后甜酒，与雪莉酒出奇相似。该酒产于匈牙利东北部，拥有各种风格，有基本的干型酒，也有甘美的甜度酒。托考伊被放置在大木桶中陈酿，上面是一层自然形成的酵母，该酵母堪比赫雷斯地区的flor 酵母（因此与雪莉酒相似）。

更甜风格的酒被标为奥苏（Aszú），是向基酒中加入捣成糊状腐烂的葡萄酿成的。该酒用定制的叫 puttonyos 的木制容器存储；标签上写着表示所加甜度的数字（从 3 加到浓稠甜度的 7）。托考伊艾森西雅（Tokaji Essencia）是最甜的一款酒，似乎只在某些年份出现，并由在木桶中陈酿了至少 5 年的沥汁酿制而成。在过去几年中，托考伊地区的内部投资，包括法国和德国的投资，在恢复其葡萄酒原有的崇高声誉方面大有帮助。

和托考伊一样，匈牙利的餐酒正在发展。大多数勃艮第、波尔多和阿尔萨斯的主要葡萄品种在这里都有种植，并取得了可喜的成果。霞多丽（橡木陈酿和非橡木陈酿）和长相思都特别好，容易入口。

当地白葡萄福尔明（Furmint）和椴叶（Hárslevelü）被用于托考伊酒中，也可用在一些干白葡萄酒中，以及清脆但不起眼的 Ezerjó

酒中。主要的红葡萄是卡达卡（Kadarka），在匈牙利南部和多瑙河西部地区，如塞克萨德和维拉尼，可酿制浓郁的红葡萄酒。这也是著名的红酒公牛血（Egri Bikavér）的中坚地区。蓝弗朗克酒也是成功的，它在匈牙利被称为蓝色妖姬（Kékfrankos）。

斯洛文尼亚

在 1991 年已经成为一个独立国家。正是在这里，20 世纪 70 年代一种最畅销的葡萄酒品牌盛行，即美味但又极为普通的拉吉瑞兹琳（Lutomer Laski Rizling），由威尔殊雷司令葡萄酿制而成。最近，斯洛文尼亚的葡萄酒产业，正以其一系列经典葡萄酒努力进入国际质量联盟。

斯洛文尼亚的普利摩斯卡（Primorska）和波德拉维（Podravje）正在学习邻国意大利和奥地利的专业知识和影响力。Sipon 葡萄（匈牙利福尔明葡萄）、长相思、赤霞珠和美乐用于酿酒都是很好的，而麝香葡萄家族中最好的小果粒白麝香，可以酿制清爽简单的甜度葡萄酒。

斯洛文尼亚 Nova Gora 的葡萄园（上图）。斯洛文尼亚是中欧新兴的一个葡萄酒酿制国

查看酒窖中托考伊甜酒的发展状况。该酒窖是匈牙利托考伊信用酒社的（上图）

东欧

在历史上，古希腊、拜占庭和奥斯曼土耳其相继影响东欧地区，葡萄酒产业此起彼伏。20世纪，东欧的葡萄酒酿制业又一次展示出新的活力。

当我们走向欧洲东部边缘时，我们正在接近葡萄酒的发源地，酿酒葡萄的第一故乡。如果历史能够重写，那么自古代开始，希腊就应该一直是欧洲首屈一指的葡萄酒酿制国。

但事实并非如此。希腊人将酿制葡萄酒的专业知识带去罗马和南欧其他地区，而罗马帝国将其向北、向西传播。随着时间的推移，法国的本土葡萄品种是所有酿酒葡萄中最珍贵的，这些酿酒葡萄生长的葡萄园被仔细划定，法国葡萄酒也跻身卓越之列。

中世纪时，希腊成为拜占庭帝国的一部分。拜占庭君主亚历克修斯做出了一项重大决定，于1082年赋予威尼斯共和国有利的贸易地位，免征威尼斯出口商品的关税，一时间或多或少损害了希腊的酿酒业。当其他企业都能低成本运行，而自己又做不到，甚至关键的技术和知识也缺失的情况下，产业的下滑就是必然的。希腊葡萄酒产业就是如此。

当奥斯曼土耳其人令拜占庭帝国崩溃之

东欧一带，包括保加利亚、罗马尼亚、摩尔多瓦、土耳其和希腊（下图），其葡萄酒风格多样，本土葡萄品种丰富

时，希腊葡萄酒的命运就已注定。在很大程度上，拜占庭帝国曾将葡萄酒酿造工艺传给欧洲，它的葡萄栽培业却倒退到起步时期的无助状态。现在正采取第一轮尝试，重建希腊的葡萄种植业。这项工作进行得很缓慢，近几年希腊的信贷危机造成的严重性破坏，对重建一事难以有所帮助，但黑暗的尽头是一缕曙光。我相信，这个有竞争力的现代酒文化王国，总有一天至少会像葡萄牙一样令人兴奋不已的。

在东方国家，农业部门整体上曾长期处于脆弱状态，优质葡萄酒因而被看作是一种奢侈品。唯一的例外就是保加利亚，大力资助国产葡萄酒。

如今，东欧大部分地区被纳入欧盟，正在努力跟上发展步伐。最终各种努力都是值得的，绝非仅仅因为有趣的本土葡萄品种遍布所有区域。

希腊

20世纪80年代，当希腊加入欧盟时，就在设立一个悉心仿照法国体系的产区体系。法国已界定了原产地法定区域管制餐酒和地区餐酒。正如在其他国家一样，用木桶陈酿的较好的葡萄酒被标记为特藏或重要特藏。其余的就是餐酒，包括声誉可疑的品牌葡萄酒。现在全国各地大约有30个葡萄酒产地，从北部的马其顿到克里特岛，希腊术语取代了废弃的法语。

马其顿（Macedonia）和色雷斯（Thrace）
北部地区尤以红葡萄酒出名。希诺玛洛（xinomavro）是主要的本土红葡萄品种，在纳乌萨（Náoussa）和古迈尼萨（Goumenissa）产区用橡木酿制带有葡萄干味的浓烈红葡萄酒。在希腊葡萄酒业早期阶段，值得重视的红葡萄酒出自位于色雷斯半岛Meliton山坡上的卡拉斯酒庄（现在是波尔图卡拉斯酒庄）。该酒被认为是权威的希腊版的经典红葡萄酒，在法国酿酒专业知识的辅助下应运而生，而且是由优秀的赤霞珠酿制的。虽然很多人都认为它

1. 马其顿	11. 罗兹岛
2. 色雷斯	12. 克里特岛
3. 伊庇鲁斯	13. 特罗多斯
4. 塞萨利	14. 伊斯坦布尔
5. 伯罗奔尼	15. 伊兹密尔
6. 凯法利尼亚岛	16. 安卡拉
7. 帕罗斯岛	17. 克鲁姆
8. 圣托里尼岛	18. 苏欣多尔
9. 萨摩斯岛	19. 哈斯科沃
10. 利姆诺斯岛	20. 穆尔法特拉

此图为原版书所附示意图

现在已不如从前了，但它至少催生了梅里顿丘（Côtes de Meliton）产区，并混合当地葡萄和法国葡萄，展开了一场狂热的酿酒试验。

伊庇鲁斯（Epirus）和塞萨利（Thessaly） 希腊中部地区的葡萄园分布较稀疏。在西部，距离阿尔巴尼亚边境的不远处，在兹萨地区用一种叫德比娜的葡萄酿制一种微微起泡的白葡萄酒。在爱琴海海岸、奥林匹斯山附近，用希诺玛洛葡萄酿造木桶陈酿的混合红葡萄酒Rapsani。再往南，Ankhíalos用当地葡萄荣迪思和莎娃夏酿制一种清脆的干白葡萄酒，荣迪思和莎娃夏是一对成功的组合，也用于松香味希腊葡萄酒中。

伯罗奔尼撒（Peloponnese） 色雷斯半岛南部算是希腊葡萄酒产区起源地。北部佩特雷广阔的葡萄园生产的葡萄酒风格齐全，从佩特雷本身（一种低度的干型荣迪思白葡萄酒）到佩特雷麝香加烈葡萄酒（与法国天然白葡萄酒的制造方法相同），再到广为人知的马弗罗达夫尼酒（希腊的波特酒）。马弗罗达夫尼酒

是用酿制它的主要葡萄的名字命名的，其酿造方法与波特酒相同。虽然葡萄酒往往保持着深红色，但用木桶陈酿是常有之事。最好的酒（建议尝一尝Kourtakis）是与晚装年份波特酒（LBV）相当的一种浓郁而强劲的葡萄酒。

在尼米亚（Nemea）东北地区，另一不错

位于爱奥尼亚海边的凯法利尼亚地区（左图），既炎热又干燥，酿制加烈白葡萄酒和单一白葡萄酒

在色雷斯的 Meliton 山坡上采摘赤霞珠葡萄（左图），用以酿制卡拉斯酒庄的红葡萄酒。这种红葡萄酒标志着希腊现代葡萄酒业的诞生

修剪葡萄藤（上图）。在位于塞浦路斯偏远山顶的许多葡萄园里仍主要使用这一老式方法

特罗多斯山的山丘上，葡萄园内杏树已开花（下图），塞浦路斯传说中的加烈甜度酒——卡曼达蕾雅酒便起源于此

的红葡萄是阿吉提可（Agiorgitiko），在高海拔地区可酿制带有橡木味的浓郁红葡萄酒。该地区一些不太好的葡萄酒味道微甜。

在曼提尼亚（Mantineia）的中央高原，希腊一些更为原始的葡萄酒是用莫斯菲莱若（Moschofilero）酿制的，它是一种罕见的葡萄品种，可准确地被归为粉红色，而不是红色或白色。大多数用这种葡萄酿制的是香味极强且浓稠的白葡萄酒，充满麝香和橙子的香味，像更为浓郁的干型阿尔萨斯麝香葡萄酒。色素沉淀是指经一段时期的浸渍，可以产生满是水果味的桃红葡萄酒。

希腊群岛（Greek islands） 在希腊西海岸的爱奥尼亚海，凯法利尼亚岛（Cephalonia）生产特有的佩特雷加烈葡萄酒，以及意大利北部尼波拉（这里称为罗柏拉）浓烈的白葡萄酒。

基克拉迪群岛的帕罗斯岛（Paros）和圣托里尼岛（Santorini）都有各自的葡萄酒产区，帕罗斯岛用曼迪拉里亚（Mandilaria）红葡萄和一些莫瓦西亚（Malvasia）白葡萄混合酿制红葡萄酒，圣托里尼则利用当地葡萄阿斯提柯（Assyrtiko）生产清新的干白葡萄酒。

希腊最著名的加烈麝香葡萄酒产自爱琴海的2个岛屿，该酒利用一流葡萄品种白麝香酿制而成。

萨莫斯的麝香葡萄酒就产自土耳其海岸，非常有名，有微甜型的酒，也有十分甜的酒，都是利用葡萄干酿造的。在国外经常能看到的葡萄酒则是介于两者之间的天然甜酒，如

Muscat de Beaumes-de-Venise葡萄酒。再往北，利姆诺斯岛也生产风格类似的甜度葡萄酒，还有少量供当地消费的干型葡萄酒，以及像松香味希腊葡萄酒的树脂香的麝香葡萄酒。

罗得岛有3个葡萄酒产区，代表不同的葡萄酒风格。干白是由一种名为阿斯瑞（Athiri）的葡萄酿制的，红葡萄酒是用能在帕罗斯岛见到的名为曼迪拉里亚（Mandilaria）的葡萄酿制的，当然也有餐后甜酒麝香葡萄酒。

克里特岛在古代时就一直酿制葡萄酒，拥有许多当地葡萄品种。佩萨（Peza）位于克里特岛中心，是主要的葡萄酒产区，利用利亚提科（Liatiko）红葡萄和维拉纳（Vilana）白葡萄生产红、白葡萄酒。

生产商：Kostas Lazaridis、Antonopoulos、Gerovassiliou、Kourtakis 和 Evangolos Tsantalis 酒庄。

松香味希腊葡萄酒（Retsina）早期的风格是基于古典时期的工艺制成的，石头酒罐内放入松脂以保存酒坛中之物。如今的松香味希腊葡萄酒是一种简单的干白葡萄酒，内有阿勒颇松树的松脂块，在酒发酵过程中将松脂注入其中。该酒在希腊各地都有酿制，但主要是在雅典周围的区域，以便供应其旅游业。该酒像雪莉酒那样在极冷的条件下封存，是一种有趣的开胃酒，但确实酿制起来耗费很长时间。现在这里也有桃红葡萄酒了。

塞浦路斯（Cyprus）

如今塞浦路斯岛的葡萄酒酿制业也没有很辉煌。其生产在很大程度上受大型工业的垄断，这些工业的设施均位于利马索尔附近，便于出口，距离位于山坡上的葡萄园很远。受到该国加入欧盟这一举动的鼓励，也有了初步改善的迹象。

葡萄园中主要种植两种本土葡萄：墨伏罗（Mavro）酿制新鲜的红葡萄酒，适合刚陈酿好时饮用；西尼特丽（Xynisteri）有点粗糙，理论上能够酿制芳香的干白葡萄酒。这里也种植法国南部的葡萄品种，以及霞多丽，也许是未来发展的方向。Sodap是不错的产量大的生产商。

正如在地中海其他地区一样，塞浦路斯有一款过去是传奇，但现在鲜为人知的餐后甜酒——Commandaria。还有一款在特罗多斯山

脚下生产的加烈甜酒，利用晒干的墨伏罗和西尼特丽葡萄酿制。该酒至少要在木桶中陈酿 2 年，甚至更长的时间，在某些情况下，利用索莱拉体系酿制。该酒于 1993 年成为法定产区酒。这种加烈酒曾以"塞浦路斯雪莉酒"之名销售，但有些酒带有菲诺酒的风格，是利用索莱拉体系置于白色 flor 酵母下酿制的，很像最好的菲诺酒。如果你在那里度假，这些酒都是值得品尝的。

马耳他（Malta）

马耳他的酿酒业仍处于起步阶段，看起来会有一个光明的未来。自 2007 年以来，它已经拥有一个欧洲的分类体系，正在用单一葡萄生产精酿、特色的葡萄酒。用意大利葡萄，如韦尔芒提诺、泽比波和桑娇维塞，以及美乐、西拉、霞多丽和少数当地特色葡萄品种进行混酿。当地特色品种有樱桃味的 Gellewza 红葡萄，种植于马尔他和戈佐岛。这里甚至有用传统方法酿制的夏敦埃起泡酒。游客应该寻找 Meridiana、Delicata 和 Marsovin 酒庄的葡萄酒。

土耳其

土耳其的葡萄栽培历史至少可追溯到圣经时代，就像《圣经》里讲的一样，在洪水过后，诺亚在 Ararat 山建立起第一个葡萄园。对该地区进行考察后可知，这里确实出现过系统化的葡萄种植。如今这里种植一些法国南部的葡萄品种，甚至还有雷司令和黑品乐。在土耳其西部，Anatolia 主要利用当地品种生产葡萄酒，这些当地葡萄能更好地抵御极端气候。

Doluca 公司生产一些勉强合格的红、白葡萄酒，但就目前来说，没有什么酒能达到专业水平，该生产商还没能使土耳其葡萄酒业取得进展，或者作为一家为游客而设的国有控股公司将主导葡萄酒产业。然而，它极有可能会做的是寻求一两个有远见的外国投资商。值得品尝的有 Papazkarasi 和 Oküzgözü 葡萄酒。

保加利亚

在 20 世纪 70～80 年代，保加利亚那次著名的成功出口事件，是建立在全球最珍贵的酿酒传统之上的。在保加利亚受土耳其控制的那段时期，土耳其禁止饮酒，这造成了保加利亚产酒量的下降，但是第二次世界大战以后，保加利亚人民共和国开始对国有葡萄园进行投资，使得葡萄酒产业再次崛起。

Melnik 位于保加利亚 Harsovo 产区的西南地区（上图）。这里的当地葡萄可酿制特色的深红色葡萄酒，需要封存

在保加利亚 Sub-Balkan 地区的 Blatetz，一货车新摘下来的霞多丽葡萄（上图）

位于罗马尼亚康斯坦察东部的瑟纳沃达，其葡萄园沿着运河分布（上图）

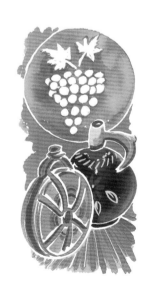

葡萄园的疏于管理和后苏联时代改革引起的经济动荡，导致了艰难时期的到来。由于葡萄园返销到私人手中，其品质大打折扣。

庆幸的是，情况在渐渐好转。从 2007 年保加利亚加入欧盟到 GCAO（保证和控制地理原产地）体系已经从该国的五大葡萄酒区诞生——东部、北部、南部、西南和 Sub-Balkan。目前有 40 个指定 GCAO 产区，这些地区只能种植获批的葡萄品种。

保加利亚因一些葡萄品种出名，并且它们仍被广泛种植，这些葡萄品种是经典的法国红葡萄，以赤霞珠和美乐为首，也有少量黑品乐。白葡萄包括霞多丽、长相思（往往缺乏芳香）和相当松软的雷司令。

还有一些不错的当地红葡萄，如玛露德（Mavrud）和梅尔尼克（Melnik），这两种葡萄都可以酿制美味浓郁的甘姆萨（Gamza）葡萄酒，它原来是与匈牙利卡达卡（Kadarka）一样的品种。当地白葡萄不太鼓舞人心，包括没有明显特征的 Dimiat 葡萄，它与雷司令杂交形成了 Misket 葡萄，但仍然相当无味。这里也有威尔殊雷司令。

这些地区气候变化很大，北方地区气候最温和，而西南部与希腊接壤则相当炎热。现在成为保证和控制地理原产地的一些地区，在葡萄酒厂还是国有企业的时候，就凭借其特殊的葡萄品种建立了稳固的声誉，这些地区的成就已成为新法规的中流砥柱。这些葡萄包括鲁斯（Rousse）和斯维什托夫（Svishtov）的赤霞珠，带有迷人李子味的 Stambolovo 和辛辣的 Assenovgrad。

生产商：Bessa Valley、Suhindol 和 Boyar 酒庄。

罗马尼亚

罗马尼亚的葡萄园分散在全国各地，从西部的 Teremia 到黑海沿岸的 Murfatlar。在 2007 年罗马尼亚加入欧盟以后，其生产的绝大多数葡萄酒仍然是被邻国购买，不过，该国将会建立一个出口产业。

西方投资已经开始流动，国际葡萄品种也开始种植了。随着时间的推移，罗马尼亚很可能成为最可靠的优质葡萄酒生产地。它的气候比保加利亚更可靠，也有一些优秀的本土风格的葡萄酒。

赤霞珠已在罗马尼亚各地被广泛种植，远超过保加利亚，而黑品乐是第一个能使西方评论家活跃起来并关注罗马尼亚潜力的葡萄品种。

这里还种植美乐、勃艮第的阿里高特、长相思和黑品乐。Feteascǎ 白葡萄的两个变种代表了最广泛种植的葡萄品种，并且在一些甜葡萄酒中被使用，这些甜葡萄酒在罗马尼亚有着悠久而闻名的传统。

Tǎmaîioasǎ 和 Grasǎ 是 Cotnari 葡萄酒使用的两种当地葡萄，Cotnari 葡萄酒是全国最好、最可口的贵腐餐后甜酒，产自罗马尼亚东北部，靠近罗马尼亚与摩尔多瓦的边境。

迪露玛产区位于罗马尼亚首都布加勒斯特的北部，用著名的黑品乐酿酒常常引起轰动。这些葡萄酒经过最精心的酿造，十分接近不错的勃艮第村庄酒的风格。外部投资商投入更多，不久很可能会种植一些世界级的罗马尼亚黑品乐。在靠近黑海的巴巴达格和伊斯特拉地区，赤霞珠和美乐用来酿制浓郁的红葡萄酒。穆尔法特拉低于海岸，也有酿制珍贵餐后甜点酒的传统，但其葡萄酒不如 Cotnari 酒浓郁，不像贵腐酒。

摩尔多瓦

摩尔多瓦与罗马尼亚保留了浓厚的文化联系，摩尔多瓦使用罗马尼亚的语言。摩尔多瓦的葡萄园十分广阔，就像它的西部邻国一样，它似乎有适时提升其葡萄酒质量的迹象。这里种植的葡萄品种非常广泛，包括法国大多数的主要葡萄品种，一些俄罗斯的葡萄，如卡斯泰利白葡萄和萨佩拉维红葡萄，以及一些该国本土的葡萄品种。解百纳葡萄酒、夏敦埃酒和长相思干白葡萄酒是在西部见到的第一批成功的摩尔多瓦葡萄酒。正如前途无量的餐酒一样，摩尔多瓦有着酿制起泡酒的悠久传统。这些起泡酒和一些潜力大的加烈酒，有些类似于甜雪利酒，其他的酒像澳大利亚的麝香利口酒。

格鲁吉亚

格鲁吉亚的南高加索地区是世界上最古老的葡萄酒产区，广泛种植两个东方特色葡萄——卡斯泰利（酿制清脆干净的白葡萄酒）和萨佩拉维（酿制新鲜、有黑樱桃味的红葡萄酒，如果精心酿制也可以是浓烈的，并有陈酿的潜力）。赫万奇卡拉（Khvanchkara）是半甜的红葡萄酒，其风格是格鲁吉亚葡萄酒众多有趣风格之一，是深受斯大林喜爱的一款酒，这里也有一些不错的加烈葡萄酒。

乌克兰

克里米亚半岛的红葡萄酒曾一度声名远播，名声远远超出了乌克兰边界，如果当前流动的投资开始支付股息，许多酒可能会再次出名。广泛种植的国际葡萄品种包括赤霞珠、雷司令、霞多丽、美乐和勃艮第的阿里高特。

与东欧其他地方一样，这里也有酿制甜葡萄酒的古老传统，许多酒利用麝香葡萄（马桑德拉被认为是一处可靠的产地）酿制，其甜度的偏好也涉及起泡葡萄酒的生产，也会使用大量的糖。

俄罗斯和白俄罗斯

是重要的葡萄酒生产国，但尚未专注于西方市场。到过这里的游客可能会想起大量的苏联起泡酒，这些酒被称为 shampanskoe，在酒槽中陈酿。该酒仍大量生产，主要由霞多丽、阿里高特和白品乐酿制而成，而且往往十分可口。

罗马尼亚特兰西瓦尼亚中部的 Tîrnave 地区正在割晒干草（左图）。高高的、出色的葡萄园主要生产白葡萄酒

产量很大的斯利文酒厂的巨大发酵木桶（上图），这代表了"二战"后罗马尼亚向葡萄酒产业投入了大量资金

第四章
美洲葡萄酒产区

美国

北美葡萄酒酿造国热情饱满、愿意尝试，这已为它们带来了巨大的成功。在美国加利福尼亚州和太平洋西北地区的领导下，美国的葡萄园已经对世界各地的葡萄酒饮用者产生很大的影响。美国顶级葡萄酒产地都集中在太平洋西海岸，位于加利福尼亚州、华盛顿州和俄勒冈州，然而其他领域正因其美酒而斩获声誉。

第一批挪威探险家登陆北美大陆，发现东部海岸满是野生葡萄藤蔓，这个地方被称为文兰（Vinland）。欧洲殖民者后来发现，这些都不是常见的酿酒葡萄品种，而是与之相关的品种。任何曾经尝试用美洲葡萄（仅列举其中之一）酿制葡萄酒的人都知道，这酒不大像或实际上根本不像葡萄酒。

18世纪晚期，美国葡萄栽培伊始，利用欧洲葡萄枝条培育了第一批酿酒葡萄藤蔓，这些葡萄藤很快成为病虫害的牺牲品，当地葡萄藤很难抵御这种病虫害。最糟糕的是葡萄根瘤蚜，它们生活在地下，靠葡萄藤根的汁液生存。当葡萄藤蔓变为棕色并开始干瘪时，葡萄藤就是感染了根瘤蚜病害了。

嫁接在当地耐寒葡萄藤上的酿酒葡萄藤，竟然感染了葡萄根瘤蚜。美洲葡萄藤枝条无意中将威胁引入欧洲的葡萄园，在那里像野火一样蔓延。即便如此，19世纪末，刚刚起步的美国葡萄酒行业，基于良好的葡萄品种，酿酒师不断地摸索学习，终于真正站稳了脚跟。

1919年禁酒令的颁布结束了该产业。随后的13年，美国公民喝酒是违法的。虽然该禁令被普遍蔑视，尤其被美国普通人蔑视（他

们购买成箱的干葡萄浆，这种浆是合法售卖的，用于酿制成汁，也可以发酵成某种基本的"葡萄酒"），但禁酒令对葡萄酒产业产生了毁灭性的影响，就像17世纪清教徒剧院的关闭对英国戏剧产生的影响一样。

因此，当代美国葡萄栽培产业几乎是20世纪上半叶的产物。由此可见，它在这么短的时间内实现这样的跨越式发展着实惊人。这似乎是美国的酿酒师在竭尽全力弥补失去的时间。

20世纪70年代，对外部市场的第一次严重打击就是当时流行的价低、简单的"壶酒"。一种分布广泛、被称为保罗·梅森的加州葡萄酒，被装在丑陋的壶形瓶子中出售，这种瓶子看起来就像可能被人拿去野餐，但不会摆放到餐桌上。而其他价低的畅销葡萄酒，如莱茵白葡萄酒、兰布鲁斯科起泡酒或各种品牌的法国葡萄酒，如伊龙代勒和多尔，好像是在企图尝试进行自我保护，使自己看起来像是体面的葡萄酒。装有淡淡水果味的红葡萄酒的马森壶也是如此。这些是葡萄酒，但不值得被认真对待，也确实没人真的在意。

加利福尼亚州的葡萄酒产业成功施行的计谋是不允许其形象与这样的畅销产品发生关联，而这一计谋从来没有在其他地方施行过。在那些廉价的产品第一次出现的十年里，庄重的葡萄酒也开始出现，它们由欧洲经典葡萄品种酿成，并标有欧洲经典葡萄的名称。这些酒价格高昂，但消费者品尝它们是出于兴趣，在许多情况下是初次听到这些葡萄品种的名称。他们可能饮夏布利已有许多年，但没有人知道它是由霞多丽酿成的。现在，这就是那个被称为夏敦埃酒的葡萄酒。

此后几年发生的事有值得庆祝的，也有一些挫折。美国葡萄栽培区（AVA）体系早在1983年制定，现共有近200个划定的地区。这些地区都不限定所用葡萄品种或葡萄酒酿

美国顶级葡萄酒的酿造集中于西海岸。加利福尼亚州、华盛顿州和俄勒冈州，但其他地区优质葡萄酒也越来越多了（下图）

Vancouver 8
Seattle 3
Portland
4
2 Boise
San
Francisco
Los Angeles

Great
Lakes
Ottawa
Toronto

New York
Washington DC
Richmond

Dallas
6
Houston

1. 加利福尼亚州
2. 俄勒冈州
3. 华盛顿州
4. 爱达荷州
5. 纽约州
6. 得克萨斯州
7. 弗吉尼亚州
8. 不列颠哥伦比亚
9. 安大略湖

此图为原版书所附示意图

平坦的 *Salinas* 谷底位于加州的蒙特雷县（上图）。这里气候凉爽，是该州最主要的葡萄种植区之一

制方法，但它们规定，凡酒标上有 AVA 的葡萄酒都必须使用至少 85% 在该地区生长的葡萄。

在所有讲英语的酿制葡萄酒的国家中，美国是最忠于风土概念的国家，并且从事着与法国和其他欧洲葡萄种植商最多产的贸易交流活动。美国的酿酒师清楚地意识到欧洲在葡萄酒生产方面所实现的前沿成就。他们想在同一领域中竞争，并且在许多情况下，已超过他们开始时使用的欧洲酿酒模式。

我提到的挫折主要有两个。首先，太多的美国葡萄酒，即使是高端产品，就像其他地方一样，正在被美国葡萄酒的倾向性评论专家打造成国际风格。过熟的葡萄导致过多的糖分残留在酒中，还有太多的酒精。许多葡萄酒中有太多烧焦的新橡木味，口味既有烟熏味又有甜味，最终只是起阻碍作用。我们希望这些趋势可以早些结束。

定价是另一受挫的原因。葡萄酒厂想要生产能在高端市场上销售的产品。不管怎样，这也是在说科多尔葡萄园。但我认为，我们缺少的是市场上足够的中等价位的葡萄酒，味道吸引人，口感足够复杂，使消费者想要选择之前叙述过的那些酒，例如，来自朗格多克或是卡斯蒂利亚 - 拉曼恰，或是来自智利的制作精良的日常葡萄酒。

在其他方面，一切都很好。葡萄品种极为丰富、多样化，起泡酒的品质已大为改观，极好的葡萄酒开始在迄今都不熟悉的地区出现，如太平洋西北地区，以及纽约州和弗吉尼亚州。最近似乎没有美国人不愿接受关于葡萄酒的挑战，如果不是源自正宗的开拓精神，我不知道还能是什么。

加利福尼亚州

说加利福尼亚州是美国葡萄酒产业的中心有些轻描淡写，因为美国 90% 的葡萄酒都产自这里。从位于旧金山北部的门多西诺到位于墨西哥边境的圣迭戈和帝王谷地区，加利福尼亚州酿制葡萄酒的村庄几乎到处都是。穿越金门大桥，向北越过圣弗兰，很快便进入纳帕谷。纳帕谷是加利福尼亚州的葡萄筐，在这里很少有人种植其他东西。从用世界级的传统酿酒方法生产的起泡酒，到特质的加烈麝香葡萄酒，甚至白兰地，加利福尼亚州酿制的酒品种多样。

正如在欧洲以外大多数葡萄酒产区，加利福尼亚州的葡萄酒产业运行时，第一件事是种植法国主要的葡萄品种。最广泛种植的是赤霞珠，该葡萄被用于许多国家最具实力

葡萄园和葡萄酒产业运用的现代技术包括无菌酿酒设备，比如这个压榨除梗机（上图）

加利福尼亚州当地的红葡萄品种仙芬黛也出现在酿酒厂（上图）

加利福尼亚州的葡萄酒酿造厂（下图）遍布整个州，葡萄园种植在气候凉爽的山坡上，位于炎热的内陆谷地，靠近大海

抱负的红葡萄酒中，既有只用这种葡萄单一酿制的酒，也有与其他波尔多葡萄品种混酿的酒。霞多丽可以是甜美而热情的，也可以是愉悦的勃艮第风味，但总是带有成熟水果的愉快之感，这与来自勃艮第当地硬质的干型葡萄酒不同。

接下来是美乐，该葡萄的声誉遭到一点损坏，就像亚历山大·佩恩的喜剧电影《杯酒人生》（2004）中抱怨的那样。现在一些人认为，美乐是赤霞珠一种愚蠢的替代品，但它一般不缺少什么特质，富有浓郁李子味的成熟感。黑品乐一直是不错的，在加利福尼亚州与其他地方一样，最好种植在气候凉爽的地区，如卡内罗斯。长相思仍然是一个问题，太多的酿酒师会破坏它自然的辛辣和酸性，因此，它经常就像一个去参加聚会却留着书生般发型的孩子。西拉正显示出它的优越性，用它酿制的酒令人兴奋，酒色浓郁得发黑，带有香料的香味。

加利福尼亚州的特色葡萄仙粉黛（意大利南部的普里米蒂沃），可酿制的葡萄酒风格非常多元化。这里有很多红葡萄酒带有硕大果实的浓郁感，酒色深紫，酒精度高，展现出成熟浆果的味道，如蓝莓，还有一些奇怪的草药味，有时会散发新鲜茶叶的味道。有些酒味道要轻得多，带有准博若莱红葡萄酒的风格，一般不会令人印象深刻。此外，一种通常略带甜味被称为胭脂的粉红色葡萄（容易与白仙芬黛混淆），就像覆盆子味的冰淇淋一样新鲜，被大量地使用。

除了这些国际巨星葡萄，有进取心的种植者正在尝试种植几乎任何他们能想到的葡萄品种，从意大利和西班牙当地葡萄品种（巴贝拉和桑娇维塞已经可酿造一些开胃的意大利红葡萄酒）到罗讷风格的维欧尼，以及阿尔萨斯芬芳的葡萄品种（爽脆的干型雷司令、麝香葡萄、灰品乐和琼瑶浆）。

起泡酒产业受益于大量的内部投资，这些投资来自于香槟地区最显赫的生产商。在大多数情况下，他们已采取了不干预的方式，让加利福尼亚本地的葡萄种植者自己经营葡萄酒。其结果是，用黑品乐和霞多丽采取传统方法酿制的一些起泡酒深邃、浓郁，成熟度各不相同。

门多西诺和湖县（Lake Counties） 俄罗斯河流经这两个地区，它们位于加利福尼亚州酒乡的北端。门多西诺位于太平洋沿岸，因为它延伸至内陆，微气候范围很广，可种植微香的琼瑶浆、枝叶微茂的索维农、粒大多肉的赤霞珠和仙粉黛，出产主要葡萄为仙粉黛的被标为科罗（Coro）的混合酒。它们属于整个北海岸葡萄栽培区的一部分，但较小范围的门多西诺美国葡萄栽培区包括沿海的安德森山谷（Anderson Valley，出产高品质起泡酒）、气候温暖的内陆麦克道尔（McDowell）和波特山谷（Potter Valleys，生产一些质地丰富的红葡萄酒）。

在湖县以东，克利尔湖（Clear Lake）是主要的美国葡萄栽培区，而较小的Guenoc山谷仅有一个同名的酒厂，创办于第一次世界大战期间。克利尔湖的气候没有门多西诺那么多样化，但已凭借其令人愉悦的绿色水果味的索维农葡萄酒（加利福尼亚州比较成功的例子）和松软、易购买的赤霞珠而斩获声誉。

克利尔湖葡萄酒生产商：Navarro、Saracina、Lazy Creek、Fetzer、Handley、Roederer Estate

1. 门多西诺
2. 湖县
3. 索诺玛
4. 纳帕谷
5. 卡内罗斯
6. 塞拉利昂山麓
7. 利莫尔山谷
8. 圣克拉拉谷
9. 圣克鲁兹
10. 圣贝尼托
11. 蒙特雷县
12. 圣路易斯－奥比斯波
13. 圣巴巴拉

此图为原版书所附示意图

和 Scharffenberger 酒厂（最后 3 个生产不错的霞多丽 – 黑品乐起泡酒）。

湖县葡萄酒生产商：Langtry Estate、Villa La Brenta 和 Brassfield 酒厂。

索诺玛（Sonoma）　索诺玛是旧金山湾北部的一个沿海县城，包含一个同名山谷，这个山谷地区是其主要的次产区。长期以来，索诺玛地区都屈居在其东部邻县纳帕谷之下，但索诺玛的葡萄种植者和酿酒厂员工都卖力工作，以彰显其不可否认的能生产高品质葡萄酒的潜力，现在 13 个划定的美国葡萄栽培区都体现了这点。

亚历山大谷（Alexander Valley）　现在已经计划在索诺玛开展密集种植葡萄的项目。法国各产区种植的葡萄品种在这里蓬勃发展。赤霞珠掺入浓郁的仙粉黛和极其柔软、婀娜的美乐提味，在这里酿制一些引人注目的葡萄酒。令人愉悦、味道可口的霞多丽也是很好的。

索诺玛谷（Sonoma Valley）　葡萄栽培区本身包括一些加利福尼亚州最古老的酿酒厂，如 Buena Vista（是一位匈牙利移民在 19 世纪建立的）和 Sebastiani 酒厂。该谷由北到南，随着渐渐远离海湾凉爽气候的影响，其微气候发生微变。这意味着，极为不同的葡萄品种也可以在此生长。山谷南端是著名的卡内罗斯产区，是纳帕谷的一部分。

俄罗斯河谷（Russian River Valley）　这里是索诺玛葡萄栽培区中较为凉爽的一处。晨雾滚滚而来，渐离海湾，受这种晨雾的影响，黑品乐在这里种植得特别成功（尤其是生产商 Williams-Selyem、Dehlinger、Iron Horse、Marimar Torres 和 Rodney Strong 生产商）。De Loach 出品的霞多丽很是均衡，并且也生产优质的起泡酒。

干溪谷（Dry Creek Valley）　该葡萄栽培区围绕俄罗斯河的少数支流形成，因 Preston 酒园和干溪谷葡萄园里一些细腻的索维农葡萄酒，以及 Quivira 酒园更令人难忘的仙粉黛而出名。

Fetzer 酒厂的香草园（下图），位于门多西诺，种植着上百种香草品种

北索诺玛（Northern Sonoma） 这里是全球最大的葡萄酒生产商 E&J Gallo 的一处重要产地。即使不关注这个规模大、实力强的公司生产的葡萄酒，这里也有一两种像样的红葡萄酒，装瓶价格高，使用红葡萄，尤其是仙粉黛和赤霞珠。

索诺玛其他生产商：Ravenswood、Laurel Glen、Kenwood、Matanzas Creek、Sonoma-Cutrer、Flowers、Simi 和 Jordan sparkling wines 酒厂。

纳帕谷 如果加利福尼亚州是生产美国葡萄酒首屈一指的地方，纳帕谷则是加利福尼亚州区域性领跑者。这么多土地已种植了葡萄，这里的葡萄种植几乎已饱和，实际上形成了一个葡萄单一栽培区。纳帕谷就像是加利福尼亚州的黄金海岸，如果可以这样比较的话。像勃艮第的首要之地，这里最多只有 3 千米长，而且气候变化多样。索诺玛地区，靠近海湾的南端比较凉爽、多雾，而河谷北端的卡利斯托加小镇则极其炎热。

在 20 世纪 90 年代之前，整个纳帕谷葡萄栽培区被分为很多个较小的产区，这是基于沿着河谷公路的主要城镇划分的。在我写这本书时，较小的产区已有 15 个。赤霞珠和美乐沿着这条古道种植，由于它们的地理位置和海拔高度不同，所酿的葡萄酒风格也不同，正如个别酿酒师的酿酒哲学不同，其酒的风格也就不同。

极其重要的鹿跃区（Stag's Leap District）就位于纳帕谷的北部，Clos du Val 和 Shafer 种植优质的赤霞珠和美乐。豪威尔山（Howell Mountain）位于纳帕谷的东面，这里的 La Jota 酒庄酿制极为浓郁的解百纳葡萄酒。维德山（Mount Veeder）位于纳帕谷和索诺玛地区之间，其 Hess Collection 酒庄和野马山谷（Wild Horse Valley）的霞多丽和赤霞珠十分出名。纳帕谷东面是生产优雅、均衡的黑品乐葡萄酒不错的地方。

纳帕谷其他生产商：Newton、Silverado、Caymus、Phelps、ZD、Silver Oak、Diamond Creek、Heitz 和 Groth 酒厂。优质顶级葡萄酒来自 Screaming Eagle、Dominus 和 Opus One 酒厂。极好的起泡酒来自 Schramsberg 和 Cuvée Napa 酒厂。

卡内罗斯 卡内罗斯区与纳帕谷的南端，以及索诺玛的南端重叠，并形成了自己独特

酩悦香槟酒庄拥有纳帕谷道门酒庄最先进的起泡酒酿造法（下图）

许多人认为纳帕谷肥沃的谷底是美国种植赤霞珠和霞多丽最好的地方（右图）

的葡萄栽培区。濒临海湾北部，其气候不断受到黎明之雾的影响，黎明时这雾大到让人看不清。它们缓解了夏季的巨热，卡内罗斯有资格成为加利福尼亚州所有地区中最凉爽的地区之一。

卡内罗斯地区在 20 世纪 80 年代凭借酿制精良的黑品乐和夏敦埃酒一夜成名，这些酒产自 Acacia、Saintsbury 和 Carneros Creek 酒厂。特别是品乐葡萄酒的质量上乘，新陈酿出来时硬硬的，但是含有深红色的水果味，且带有烤肉的浓郁香味。

卡内罗斯作为酿制起泡酒的一处不错的产地而斩获荣誉，Taittinger 酒庄和卡瓦酒生产商 Codorníu 庄园都不错。

塞拉利昂山麓（Sierra Foothills） 内华达山山麓是内华达州的边界，包括加利福尼亚州一些最古老的葡萄园，可以追溯到始于 1849 年的淘金热时期。整个塞拉利昂山麓葡萄栽培区可细分为 5 块小产区。埃尔多拉多（El Dorado）是一处，该地区还有一处更小的被称为费尔普莱（Fair Play）的葡萄栽培区，而阿马多尔（Amador）位于南部，包括雪伦多亚河谷（Shenandoah Valley）和费德勒镇（Fiddletown）。

葡萄品种的数量在增多，但仙粉黛在加利福尼亚州的种植面积更是小得珍贵。北尤巴（North Yuba）葡萄栽培区包括文艺复兴酒厂，该酒厂因生产精美的雷司令和赤霞珠，以及对比鲜明的解百纳葡萄酒（浓黑且极酸）而出名。

利弗莫尔山谷（Livermore Valley） 这个葡萄栽培区位于海湾东部，地处阿拉米达县，曾因酿制波尔多风格的混合白葡萄酒而出名，但后来学习加利福尼亚州，开始走多样性之路。这里最古老的酒厂是温特兄弟酒厂，成立于 1883 年，如今因生产最好的夏敦埃酒特酿和一些美味的起泡酒而获得盛赞。圣克拉拉谷（Santa Clara Valley）位于阿拉米达县的南部，虽然它是首批葡萄栽培区之一，但现在更多的是发展微电子产业。

圣克鲁兹（Santa Cruz） 圣克鲁兹位于旧金山的南部，是一个沿海地区，这里的葡萄栽培区一直是加利福尼亚州葡萄酒创新的集中地。这里是第一个尝试酿制美味黑品乐的地区之一。这里靠近海洋，因此气候足够凉爽，种植的葡萄非常脆弱。现在，该地引进了各种各样的葡萄，其中一些葡萄在 Bonny Doon 酒厂由 Randall Grahm 进行创新。马珊、胡姗、西拉、歌海娜、慕合怀特和赤霞珠，就像其他葡萄一样，也曾很快得到种植，使 Grahm 酒厂赢得了"罗讷游侠"的绰号，并有助于开辟一条特别富有成效的小径。从 Grahm 酒厂葡萄酒有趣而不同寻常的标签和葡萄酒的名称中，可以看出一些真正原装的葡萄酒，其特点是酒色透明似水晶，味道极其浓郁。

Paul Draper 是另一位圣克鲁兹的巨人，酿制了具有重要意义的赤霞珠和仙粉黛葡萄酒，都以单一酒命名。更为主流但依然卓越的赤霞珠和霞多丽来自 Mount Eden、Ahlgren 和 Kathryn Kennedy 酒庄，黑品乐来自 David Bruce 酒庄。

圣贝尼托（San Benito） 圣贝尼托是一个内陆葡萄酒产区，位于弗雷斯诺西部，其最有名的葡萄园叫卡莱拉，是一个小型的哈兰山（Mount Harlan）葡萄栽培区。卡莱拉的产品包括让人难以忘怀的芬芳的 Mills 黑品乐、可爱的带奶油味的霞多丽和与众不同的维欧尼（在孔德里约以外的地方生产）。葡萄酒在这里

Clos Pegase 酒庄位于纳帕谷（上图）。这是一座惊人的现代建筑，不仅包括酒厂，还有一个艺术画廊

加利福尼亚州怡人的风景孕育了圣巴巴拉（上图）新鲜的葡萄藤

温特兄弟葡萄园位于旧金山湾东部阿拉米达县的利弗莫尔谷（上图）

的售价与孔德里约的高昂价格类似，但葡萄酒的浓郁口感十分具有说服力。

蒙特雷县（Monterey County） 蒙特雷县位于中央海岸，其气候特点是既凉爽又干燥，因此对葡萄种植是一种挑战。尽管如此，这里仍是加利福尼亚州葡萄密集种植的地区之一。凉爽气候下种植的葡萄，如黑品乐、雷司令，甚至白诗南，在这里长势良好。在整个蒙特利葡萄栽培区，最具代表性的3处旗舰区是查龙（Chalone，与圣贝尼托地区有重合的地方）、阿罗约塞科（Arroyo Seco）和卡梅尔谷（Carmel Valley）。查龙葡萄栽培区是查龙葡萄园的来源地，是标准霞多丽、惊人丰富的白品乐和野生黑品乐的生产地。

圣路易斯–奥比斯波（San Luis Obispo） 圣路易斯–奥比斯波位于蒙特里海岸稍南一点，该地气候极端，最受推崇的葡萄酒来自更加凉爽的沿海地区，如埃德娜谷（Edna Valley）葡萄栽培区。埃德娜谷酒厂生产卓越的霞多丽。埃德娜的北部是大型的高架平原帕索罗布尔斯（Paso Robles），这里更为恶劣的气候条件更适合赤霞珠和仙粉黛的生长。Deutz香槟酒庄位于埃德娜谷南部，在阿罗约格兰德谷（Arroyo Grande Valley）的葡萄栽培区，它已经建立了自己的海外据点，即

Maison Deutz庄园。

圣巴巴拉（Santa Barbara） 圣巴巴拉位于中央海岸葡萄酒生产区的最南端，那里雾气缭绕，离洛杉矶北部不远。其最好的葡萄园分布于2个葡萄栽培区——圣塔马利亚（Santa Maria）和圣塔阳兹山谷（Santa Ynez Valley）。两地受到海洋的影响，气候凉爽，酿制优质的黑品乐和霞多丽，就像卡内罗斯一样，还生产一些清脆的长相思和雷司令。Au Bon Climat和Sanford酒厂有一套严格的标准，生产浓郁的带覆盆子果香味的黑品乐，而Zaca Mesa酒庄不大可能生产高品质的西拉，Byron葡萄园因霞多丽、白品乐和灰品乐而享有盛名。

在加利福尼亚州的南部，有3个不太著名的葡萄栽培区，分别是河滨县（Riverside County，包括蒂梅丘拉谷葡萄栽培区）、圣迭戈县（San Diego County，包括小型圣帕斯奎尔谷葡萄栽培区）和内陆的帝王谷（Imperial Valley）。

太平洋西北部

美国西北部的3个州以前一直受加利福尼亚州葡萄酒顶级地位的影响，近年来开始逐渐崭露头角。俄勒冈州（Oregon）具有挑战性的气候带来了最大的惊喜，但华盛顿州

（Washington State）的地位也在不断提升，内陆的爱达荷州（Idaho）必将为未来几代人带去更多惊喜。尽管它们都很有优势，但我们仍没有在欧洲市场看到足够多的这些葡萄酒。

俄勒冈州　虽然葡萄藤在俄勒冈州首次种植是在一个多世纪以前，但这里直到最近才作为优质葡萄酒生产地，其潜力才开始展现。加利福尼亚州的一些生产商疑惑俄勒冈怎么可能变得这么好，但 Eyrie 葡萄园的早期黑品乐年份酒确实是美国伟大的开拓性葡萄酒之一。

黑品乐是当时有抱负的酿酒师们奋斗的目标，有一段时间成了俄勒冈州最卓越的葡萄酒。当葡萄酒生产商更容易盈利时，他们也许会生产平庸的品乐葡萄酒。极好的黑品乐通常不但具有淡淡的咸味和水果味，更有类似于博讷区的轻盈风格。阿尔萨斯酿酒已经非常出色，生产浓郁、微辣、芳香的雷司令和琼瑶浆，以及最成功的灰品乐酒。

在俄勒冈州有一长谷地区威拉米特谷（Willamette Valley），主导该州的葡萄酒生产。它位于该州的西北部，太平洋海岸附近，并享有各种凉爽的气候条件，这种条件只在法国北部的部分地区出现。所有最优秀的俄勒冈生产商都聚集在这里。邓迪山（Dundee Hills）是威拉米特谷一个特别优秀的子产区。

Adelsheim、Ponzi 和 Eyrie 酒园生产成熟的带奶油味的灰品乐，Eyrie 凭借其优质陈酿的精致瓶装酒，成为霞多丽的顶级生产商。至于著名的黑品乐，Elk Cove、Bethel Heights、Ponzi、Argyle、Beaux Frères 和 Domaine Drouhin（由勃艮第酒商独资）都酿制最先进的值得封存的樱桃味的甜酒。

华盛顿州　从数量上看，在美国所有州中，华盛顿州生产的葡萄美酒排名第三，但有些人觉得它应凭借优质葡萄酒排名第一。该州由 2 个地区组成，在气候方面，这里既干燥又湿润，靠海的西部地区气候温润、微湿，而东部地区夏天闷热，冬天十分寒冷。尽管如此，几乎所有的葡萄园都位于东部地区，那里的哥伦比亚谷地葡萄栽培区生产大多数葡萄酒。哥伦比亚一个重要的子产区亚基马谷（Yakima Valley）葡萄栽培区是华盛顿州一些最古老的葡萄园的发源地。

赤霞珠和美乐（特别是美乐），适应华盛

顿州东部的气候，这一点已经被证明了，它们通常可用来生产有浓郁水果味的葡萄酒，这种葡萄酒应在陈酿初期饮用。雷司令用来酿酒是不错的，这也许令人吃惊，它能酿制出极其优雅的干型和半干型葡萄酒；该葡萄品种在美国消费者中不是特别受欢迎，这似乎是一种耻辱。然而，霞多丽就像抢手货一样销售火爆，奶油味十足。赛美蓉以前在美国没受到多少赞誉，如今已塑造出自己的风格，有点像澳大利亚猎人谷生产的富有矿物质的未经橡木陈酿的干型葡萄酒。

华盛顿一半的葡萄酒由同一巨商生产，即 Ste. Michelle 酒庄，它推出的葡萄酒以各种名称出售，如 Columbia Crest、Chateau Ste. Michelle 和 Snoqualmie 等。如果没有特殊情况，Ste. Michelle 酒庄的葡萄酒质量是很可靠的。最好的生产商包括 Delille、Quilceda Creek、Matthews、Hogue 和 Kiona（位于红山葡萄栽培区，它是采用阿尔萨斯葡萄品种琼瑶浆和雷司令酿制晚收型甜酒的专家，也酿制白诗南冰酒）。

爱达荷州　爱达荷州是华盛顿州的东部邻州，和哥伦比亚谷底具有大致相同的气候，冬天气候极为恶劣。爱达荷州的葡萄园位于

俄勒冈州凉爽的威拉米特河谷地（上图），在该州葡萄酒行业中占据主导地位，顶级的葡萄酒生产商聚集在山谷的北端

俄勒冈州的葡萄园靠近海洋，华盛顿州主要的葡萄酒产区位于东部地区，那里的气候更加极端，正如其邻近的爱达荷州一样（下图）

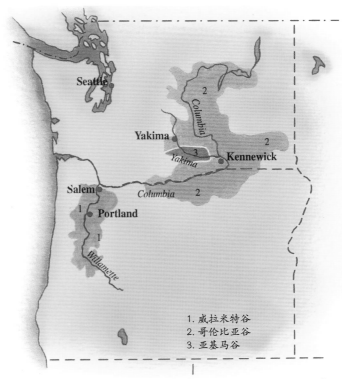

1. 威拉米特谷
2. 哥伦比亚谷
3. 亚基马谷

此图为原版书所附示意图

海拔很高的地方。高酸度的白葡萄品种比霞多丽要好，因此雷司令和白诗南葡萄酒是令人印象深刻的。在所有葡萄酒中，解百纳红葡萄酒现在绝对是成熟的红葡萄酒。单一大批量生产商 Ste. Michelle 酒庄，在爱达荷州称雄，其葡萄酒总体上质量是不错的。然而，大多数爱达荷州的葡萄酒不会比华盛顿州的葡萄酒卖得更远。

美国其他州

纽约州　位于东部的纽约州，其葡萄栽培业出现得很早，是在 19 世纪早期开始的，没有比加利福尼亚州早很长时间。原本美国本土葡萄在葡萄酒产业中占据主导地位，但现在已经大大改变了，纽约州现在是美国第二大葡萄酒生产州（坦白说，我们正在谈论的只是 4% 的美国葡萄酒，而加利福尼亚州的产量占据 89%）。

葡萄主要种植区是五指湖葡萄栽培区，它位于罗切斯特南部，是纽约州中部一组细长的水域。长岛也有相当广泛的葡萄园，以及 2 个

爱达荷州主要的葡萄酒生产商 Ste Chapelle 的雷司令葡萄藤（上图）

葡萄园一直延伸到纽约州五指湖葡萄栽培区（右图）的边缘

葡萄栽培区，即汉普顿（Hamptons）和北福克（North Fork），位于全部的指定区域内。在这些地区凉爽的气候条件下，也开始生产一些令人备受鼓舞有吸引力的能够代替纳帕谷和索诺玛光照充足的葡萄酒，这里的酿酒师会充分利用当地的气候条件。

霞多丽用来酿酒一直不错，可酿造具有吸引力的味淡的带有坚果味的白葡萄酒，这种酒适合橡木陈酿。质地坚硬的雷司令十分不错，使美国的葡萄酒品饮者喜爱不已。以解百纳葡萄酒为基酒的混合红葡萄酒，有种波尔多酒的浓郁口感。在凉爽气候下长势良好的红葡萄，如黑品乐和品丽珠，可能会变成真正的葡萄明星。

优秀的生产商包括五指湖区的 Fox Run、Anthony Road、Lamoreaux Landing 和 Wagner 酒庄，以及长岛（美国纽约州东南部岛屿）的 Bedell、Lenz 和 Pellegrini 庄园。

得克萨斯州（Texas） 这一孤星之州的葡萄酒产业发展迅速，现已有 8 个葡萄栽培区，其中最重要的一个是北方的德州高平原（Texas High Plains）。它的葡萄酒业本质

上是 20 世纪 70 年代的一种创新，当时 Llano Estacado 酒厂开始运作，酿制解百纳葡萄酒、夏敦埃酒和卢博克市附近的赤霞珠，之后是 Fall Creek 庄园、McPherson 酒庄和充满野心的 Ste Genevieve 酒庄（与波尔多酒商是合资企业）。法国南部的葡萄品种，如西拉和维欧尼，以及西班牙和意大利的葡萄品种，如普兰尼洛和桑娇维塞，这些葡萄酿制的酒都不错。

弗吉尼亚州（Virginia） 尽管弗吉尼亚州的气候极为炎热，但这里也将有 6 个葡萄栽培区。与众不同的是，在相当炎热的气候条件下，弗吉尼亚州至今最擅长的是酿制白葡萄酒。这里生产甘美的夏敦埃酒，使得加利福尼亚州有利可盈，而维欧尼、赛美蓉和雷司令也很有前途。红葡萄酒的酿制也在进步，味而多和品丽珠很可能是未来的葡萄之星。

其他州在葡萄酒界也欲引起轰动，它们是密苏里州（Missouri）、马里兰州（Maryland）、宾夕法尼亚州（Pennsylvania）和北卡罗来纳州（North Carolina），每个州至少都有一个酒厂。当你来到更偏远的地方，可能会品尝到阿拉斯加一些蓝莓味和大黄味的葡萄酒，但它们很可能超出了本书所讲解的范围。

未来的一个优秀产区就是弗吉尼亚州（上图），其中新种植的经典白葡萄新品种被证明是成功的

加拿大

加拿大起初是因其屡受赞誉的冰酒而引人注目。如今，随着国际上各种葡萄的种植大热，该国的生产商正不断生产出各种不同风格的葡萄酒。

当其他新兴红酒国家纷纷瞄准欧洲市场，大搞促销、提高销量时，加拿大却以适合自己的速度埋头发展自己的葡萄酒产业。例如，美国纽约州就已经实现由依赖极度杂交的葡萄到依赖欧洲葡萄品种的过渡。加拿大恶劣的气候条件使得葡萄品种和产地的选择比在美国复杂很多。

加拿大的夏天气候很舒适，但到了冬天，绝大多数葡萄园的温度都在零度以下，这对于正处于冬眠期的葡萄藤来说是非常危险的。大多数法国的葡萄品种已能适应环境，主要种在安大略省和不列颠哥伦比亚省。虽然许多葡萄藤到了21世纪初的时候才开始产量大增，但早期的迹象仍是很喜人的。

除了干葡萄酒，加拿大的主要特产便是冰酒，酿造方法同德国和奥地利一样。无论如何，如果某地的冬天一直在零度以下，还是可以好好利用的。首先，将葡萄烂熟在藤上，然后随着冬天的到来，夜间温度会急剧下降，葡萄便会结冰。将结冰的葡萄摘下来后，迅速挤压，这样葡萄上的冰水就会留在压榨机中，随后浓缩的果汁就会流出来了。

雷司令葡萄和预期的一样，是比较受欢迎的冰酒品种，另一种主要的葡萄属于杂交品种。维代尔（Vidal）葡萄并不是最有希望酿制干白葡萄酒的种子级选手，却不断生产出最具口感的浓缩加拿大冰酒的代表作品。它很容

冬天采摘冰冻的维代尔葡萄（右图），用来制成加拿大的特产冰酒

加拿大这片广袤的土地上共有2个重要的红酒产地，分别是东海岸毗邻美国纽约州的安大略省和西部的不列颠哥伦比亚省（下图）

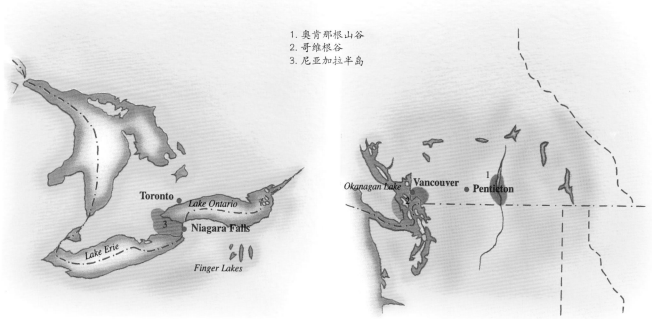

1. 奥肯那根山谷
2. 哥维根谷
3. 尼亚加拉半岛

此图为原版书所附示意图

易就达到了几乎所有德国和奥地利所产冰酒最甜的甜度。适度的酸味中和了杏仁糖浆的甜味，因此，即使一开瓶就让人忍不住喝完，但这酒也能在瓶中保存几年。

加拿大在冰酒酿造方面的技艺已日臻成熟，于是开始尝试冰红葡萄酒的酿制。目前为止，品丽珠一直是酿酒葡萄中的佼佼者，但安大略湖的 Pilliteri 酒庄在 21 世纪初已开始用赤霞珠，甚至是西拉，酿制冰酒。冰红酒的色泽更加艳丽，更富层次感，但有着红果果浆和玫瑰花瓣的馥郁芬芳。如果正好喝到这种红葡萄酒的话，一定要试试配上巧克力味的甜点。

就干葡萄酒而言，霞多丽和雷司令是目前最为上等的白葡萄，但琼瑶浆和灰品乐同样显示出了潜力，而口感尚佳的黑品乐和带有蔓越莓味的卢瓦尔河风格的品丽珠，以及稍带李子味的美乐，是更为成功的酿酒红葡萄。来自不列颠哥伦比亚省的葡萄酒，酿造先驱生产了一定量的质地轻柔的赤霞珠红葡萄酒，但绝大多数品尝起来口感单薄，不具说服力。

加拿大的红酒生产商在 1988 年建立了一套法定产区制度，即酒商质量联盟（VQA）。为了划分 VQA 的等级，用来酿酒的红葡萄产地必须上乘，且果实必须达到最低的成熟度。任何标有"加拿大酒窖"的葡萄酒，至少有一部分是用进口葡萄酿造的，这种行为既天真又愚蠢，使得那些劳心费力严格按照 VQA 体系运作的酿酒商的努力都白费了。

加拿大的葡萄园分布在 4 个省，首先介绍的 2 个省因其较高的质量成为最重要的葡萄园区。安大略省毗邻纽约州，两者有相似的凉爽、临海的地理环境。高高的山脊环绕主要葡萄园区，提供了天然屏障，减轻了最恶劣气候的影响。雷司令是这里的明星产品，有无甜味的清香系列，也有著名的冰酒系列。霞多丽酿造非常不错的夏布利葡萄酒，也酿造质地柔软的橡木桶珍藏。黑品乐若生长在这种气候区，很可能跻身北美最佳葡萄的行列。

加拿大现代红酒产业起步于安大略省的尼亚加拉半岛（Niagara Peninsula），20 世纪 70 年代富有创新精神的云岭酒庄（Inniskillin winery）的第一批种植园就在这里。它出产的标准瓶装的霞多丽和雷司令，仍是非常值得信赖的上乘红葡萄酒。

生产商：Clos Jordanne、Hidden Bench、

Tawse、Chateau des Charmes 和 Henry of Pelham 酒庄。

不列颠哥伦比亚省 加拿大绝大多数的葡萄园都在该国东部的大西洋沿岸，西部的不列颠哥伦比亚省虽独处于太平洋沿岸，也同样加入了这场提高红酒质量的运动中。

奥肯那根山谷（Okanagan Valley） 位于不列颠哥伦比亚省的西南部，这里有最好的葡萄园区。那些质量上乘的葡萄酒酿自阿尔萨斯葡萄品种，如白品乐、琼瑶浆，当然还有雷司令。霞多丽酿制的葡萄酒如果不用橡木桶贮藏，其质量也是极好的。由波尔多葡萄酿制的红酒质量也在提高，但冰酒仍是最出类拔萃的。

生产商：Mission Hill、Black Hills、Sumac Ridge 和 Road 13 酒庄。

魁北克（Quebec）和新斯科舍（Nova Scotia） 加拿大东部另外 2 个酿酒地区，只有星星点点的葡萄园，比较分散。尽管这里有早期的霞多丽种植园，到目前为止，它们绝大多数致力于用杂交葡萄酿制红酒。

不列颠哥伦比亚省那美丽的奥肯那根山谷，因其多种阿尔萨斯葡萄品种而声名在外（上图）

南美和中美

以智利和阿根廷为代表，南美已成为南半球重要的葡萄酒产地。在墨西哥，最初由西班牙人将葡萄向南推广，现在该地区的葡萄酒业也正在复兴。

尽管野生葡萄在中美的发展和在北美一样蓬勃，却并不意味着在哥伦布发现新大陆之前，这里就有系统的葡萄生产。西班牙和葡萄牙的殖民者来到此地之后，才在美洲中部和南部形成了浓厚的葡萄栽培文化。之后，葡萄种植文化向南传到墨西哥，到达秘鲁、智利和阿根廷，将葡萄带到了我们今天所熟悉的区域。

尽管智利自20世纪80年代后期就开始在出口市场上雄踞一方，但阿根廷却是所有拉美国家中葡萄酒产量最高的。一些在智利葡萄园种植的欧洲大牌葡萄品种使得智利赢得国际声誉。刚开始时，酿制葡萄酒使用的是口感丰富、浓郁的赤霞珠和美乐，以及一些浓郁多汁的霞多丽。还有一些比较脆弱的索维农葡萄，有相当长一段时间，就一直种这种葡萄。葡萄园的多样化现在已经产生了收益，虽然黑品乐、西拉和维欧尼的表现让人大跌眼镜。

这些年来，智利红酒的独特卖点在于，在所有重要的红酒生产国中，智利是唯一没有受葡萄根瘤蚜侵害的国家。智利的主要保护层在于它的地理位置。该国本质上是一个太平洋沿岸狭长的国家，几乎所有的土壤都是砂质的。而砂土是唯一一种葡萄根瘤蚜无法生存的土壤。此外，安第斯山脉的天然屏障也会阻挡在阿根廷内爆发的葡萄根瘤蚜向西蔓延。

也正因如此，智利的红酒才被神乎其神地说成品尝起来有种一个世纪甚至是更久以前的味道。然而，若是真发现你那瓶库里克谷（Curico Valley）赤霞珠红葡萄酒的酿制工艺是一个世纪前的话，你可能会相当不快吧。

尽管智利红酒开始迅速抢占世界市场，但阿根廷红酒产业仍在等待合适时机。葡萄酒种植者对于他们酿出的葡萄酒不再那么顽固。马尔贝克（Malbec）属于波尔多红葡萄酒中的小众葡萄酒，除了在法国的卡奥尔（Cahors）以外，就属在阿根廷门多萨的地位比较重要了。馥郁芬芳的特浓情白葡萄，是种植在西班牙西北部加利西亚地区的近亲品种，现在被广泛种植，酿制的葡萄酒有着浓郁的香味且酸度适中。

这两个国家正在酿造一些整个南半球最值得信赖、最吸引眼球的红酒。尽管这里和其他地方一样（尤其是智利），干劲十足地希望生产出独一无二、卖到天价的明星红酒，以满足市场商品质优价高的规律，但它们希望为出口市场提供从质量良好到质量上乘，以及各种价位的红酒，以满足各类消费者的需要，这样的承诺从来没变过。

其结果便是，南美红酒的性价比是全世界最高的。在同等价位下，智利用赤霞珠和美乐酿制的葡萄酒，质量远远超过法国朗格多克

从气候条件来讲，智利和阿根廷是南美最适合生产红酒的地方，在巴西和乌拉圭也有几块葡萄园区（下图）

1. 下加利福尼亚州
2. 索诺拉州
3. 埃莫西约
4. 克雷塔罗
5. 阿空加瓜
6. 中央谷地
7. 门多萨
8. 南里奥格兰德
9. 卡平特里亚
10. 恰普丘

此图为原版书所附示意图

出产的红葡萄酒。阿根廷最好的特浓情白葡萄酒的价格，只是阿尔萨斯相同质量馥郁芬芳的白葡萄酒的零头。

尽管巴西葡萄园规模很大，但目前还未扬帆驶向出口市场。杂交葡萄是很大的劣势，而且找到适合优质葡萄生长的地点也很困难。即使在广阔的巴西内陆地区，找适合葡萄生长的区域也不是件简单的事，因为该国绝大多数地区温度极高且湿度极大。往南一点的区域，气候确实很温和，会在应季的时候种植出极好的葡萄。让人没想到的是，这里的起泡酒潜力喜人。

墨西哥是拉丁美洲另外一个大规模红酒产地之一，是整个美洲红酒事业的起源。该国的葡萄园最早由 16 世纪征服此地的西班牙人种植，到 20 世纪时，随着当地的红酒被龙舌兰酒、麦斯卡尔酒（mezcal）和啤酒挤出市场，这里的葡萄园似乎已陷入穷途末路。后来，墨西哥外出务工人员在加利福尼亚州的葡萄园待过一段时间，对红酒的品味有所提升，他们回国后，部分刺激了红酒的复兴，红酒产业开始谨慎地走向复兴之路。法国南部的红葡萄品种，以及一两种类似小西拉小众明星葡萄品种都成就不凡，酿制了较好的葡萄酒，唯一的出路便是继续努力。

阿根廷

阿根廷绝大部分的葡萄园都在西部的门多萨省（Mendoza），位于安第斯山脉的山脚下。该地区气候极为干旱，绝大多数依赖高山冰雪融水来灌溉。这些冰雪融水顺着沟渠流入葡萄园中，这些沟渠是为了防止冰雪融水流干而精心修建的。

同其他新兴红酒国家一样，阿根廷国内对新技术的投资，带来了红酒质量的革命，酒厂都建在葡萄园附近，并且装有温控发酵设备。随后，一度非常风靡的次级葡萄品种，如克里奥拉（Criolla）、瑟蕾莎（Cereza）和 Pedro Giménez 葡萄（与酿制雪利酒的 Pedro Ximénez 葡萄无关），以及用于酿制质量较差的甜红酒的较为乏味的亚历山大麝香葡萄，开始将葡萄园让位于更为高贵的葡萄品种。

上好的白葡萄酒酿自有浓郁花香的特浓情、汁多饱满的霞多丽和赛美蓉，以及一些强劲的带有杏子和柑橘味的维欧尼，这种葡萄如果没有过度种植的话，用来酿酒效果同样很好。

马尔贝克葡萄执红葡萄酒之牛耳。就其

智利新的赤霞珠种植园（上图）。这里的葡萄藤不需要嫁接，因为葡萄根瘤蚜无法在砂质土壤中存活

在整个智利中部，正在划分新的葡萄园专用地，使其成为南美洲最有活力的地区（上图）

阿根廷仍用老办法耕地（上图）

阿根廷 75% 的红酒，以及最好的红酒都产自西部安第斯山脚下的门多萨省。在另外 4 个产区中，萨尔塔生产的红酒最为有名（右图）

1. 门多萨
2. 圣胡安
3. 拉里奥哈
4. 萨尔塔
5. 内格罗

此图为原版书所附示意图

本身而言，它既能酿造质量中等的红酒，也能酿造质量上佳的红酒；层次丰富，可供贮藏，是阿根廷消耗量巨大的牛排的绝佳伴侣。有些种植者已经成功将它与西拉或美乐混合酿酒。西拉单独酿酒也是很棒的。意大利葡萄，如内比奥罗、巴贝拉和桑娇维塞，在这种气候中长势良好，西班牙的添普兰尼洛也是如此。赤霞珠填补了绝大多数人关于红酒的名单。

门多萨省 这里生产阿根廷 75% 的红酒，几乎所有在出口市场上小有名气的公司都坐落于此。门多萨省南部的卢汉德库约（Luján de Cuyo）和高海拔的优克谷（Uco Valley）是迄今为止前景最佳的产区。

极为受欢迎的马尔贝克位居葡萄种植榜的榜首，随后是巴贝拉、桑娇维塞、添普兰尼洛和解百纳。总的来说，这里的马尔贝克葡萄酒香味馥郁，呈暗紫色，单宁酸明显但适度，很明显用橡木桶陈酿过。解百纳葡萄酒更浓稠，颜色更深，经常让人想起上好的中级酒庄的梅多克葡萄酒，但西拉葡萄酒的香味更为浓烈。白葡萄酒中有质量上乘、轻微陈酿过的霞多丽（有些用有质感的橡木桶陈酿），有成熟芬芳的维欧尼葡萄酒，还有一些索维农葡萄酒。

生产商：Cateña、Norton、El Retiro、Terrazas de los Andes、Cobos、Clos de los Siete 和 Weinert 酒庄。

圣胡安（San Juan） 位于门多萨省北部，就产量而言是非常重要的葡萄酒生产区，但质量较为逊色。该地区气候没有门多萨省那么宜人，无法与之相比，绝大多数葡萄园不断提升自我，以供应国内市场。

拉里奥哈（La Rioja） 拉里奥哈葡萄园星星点点地分布于圣胡安的东北部。尽管阿根廷的红酒可能起源于此，但现在这里没有留下太多痕迹以供想象了。此刻确实不适合谈论酒体松弛的白麝香葡萄酒。拉里奥哈合作社能提供更好的葡萄酒。

萨尔塔（Salta） 西北部的萨尔塔目前是继门多萨省之后最好的阿根廷红酒生产地。这里正生长着成熟的解百纳和马尔贝克葡萄。特色白葡萄品种特浓情也正盛行起来。艾查特（Echart）是在 Calchaquí 山谷卡法亚特市（Cafayate）比较好的葡萄酒生产商，其葡萄酒清脆，带有苹果味、甜橙味和肉桂香。科洛梅（Colomé）也同样是很好的葡萄酒生产商。

内格罗河山谷（Rio Negro Valley）和内乌肯平原（Neuquen） 这两个地区位于阿根廷南部广阔的巴塔哥尼亚（Patagonia）高原地区，看起来是最有潜力的葡萄酒生产区。这里更为凉爽的气候和合适的土壤类型，使其成了新投资者的猎场。尽管20世纪90年代一批香槟的到来以及对香槟的大力投资，大大地刺激了起泡葡萄酒的生产，但白葡萄酒中如特浓情、赤霞珠、白诗南和霞多丽酒等，仍很有可能位于阿根廷最好的葡萄酒之列。

巴西

巴西的葡萄种植历史符合绝大多数美洲国家的一般模式。最开始由殖民者（葡萄牙殖民者）和传教士种植葡萄。19世纪时，各种杂交葡萄生产的大量劣质廉价酒使得葡萄园慢慢扩展。20世纪后期，国外的投资刺激了霞多丽和解百纳的种植。

尽管巴西现在位居南美葡萄酒生产的前三名，其进程却比其他地方更加缓慢。巴西大部分地区对于种植酿酒葡萄来说还是太热了，

且湿度极高、降雨量又极大，即使对于适应性极强的霞多丽来说，也是无法逾越的障碍。只有那些比较温暖的地区才适合葡萄栽培，因此，巴西最南部的南里奥格兰德（Rio Grande do Sul）才得以有所作为。在塞拉古查（Serra Gaúcha）和靠近乌拉圭、阿根廷边界线的弗隆特拉（Frontera）产区，正取得好的成果。

到目前为止，少于10%的巴西葡萄园种植酿酒葡萄，其他的葡萄园则种植当地品种和杂交葡萄，这种问题仍然存在。这些葡萄都不能酿造出世界顶级的葡萄酒，我们希望这些葡萄趁不算太晚还是快减产吧。其中有一种葡萄质量较高，叫伊莎贝拉（Isabella）。在很久以前，这种葡萄曾经种满了加利福尼亚州的葡萄园。

霞多丽和绝大多数的波多尔红、白葡萄品种，都代表着未来的走向。白品乐和琼瑶浆的长势看上去更乐观一些，但谁又知道呢？刚开始的时候，多倾向于用没有熟透的白葡萄和极轻的红葡萄制作红酒，过程简单又不精致，好像是因为气候无法使葡萄完全熟透，只能用

门多萨一个葡萄园的灌溉渠道（下图），水源为安第斯山脉的冰山融水

巴西南里奥格兰德一个葡萄园中陈旧的发酵大橡木桶（上图）

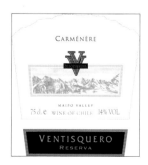

这种方法酿造。这种倾向渐渐被克服，更为合理均衡的红酒出现了。

人们可能也没有想到，起泡红酒业正日益繁荣。起初，起泡酒主要是为了满足当地人的口味。如今，起泡酒的口味已从新鲜的干葡萄酒转变为精妙的甜葡萄酒，从而引起了人们的注意。更重要的是，香槟巨头法国酩悦香槟在这里也有商业投资，和在阿根廷一样。

下个十年，为刺激出口，巴西红酒无疑会做出更大的努力。目前已经有大量红酒出售给俄罗斯，但巴西仍坚定地将目光投向美国和西欧。目前比较重要的红酒生产商是奥罗拉（Aurora）和帕洛马斯（Palomas）公司。

智利

20世纪80年代，智利红酒在欧洲和北美市场的迅速崛起算是当代比较轰动的传说之一了（同时带来诸多益处）。拉佩尔 Los Vascos 酒庄一种质优价廉的赤霞珠出口到波多尔，在各种上等的香槟市场中开辟出一片天地，点燃了每年一度的红酒交易会。法国媒体发出各种惊叹，称之为"智利第一葡萄酒"。随后，智利也被誉为炙手可热的新产地。

可以肯定的是，早在20世纪70年代，上等国际红酒组织的几个成员就看好智利葡萄园的潜力，当时卡特鲁西亚（Catalonia）的托雷斯（Torres）家族就在这里买了一些地。最终，波多尔的一等酒庄拉菲庄园买入了拉菲巴斯克的股份，不久后，加利福尼亚的酒庄也买入。当时，一切都发生得太快，大家一拥而上，出品的红酒虽然很好，但最终却缺乏多样性。

与此同时，纵观智利红酒的国内市场，看上去有走向廉价买卖路线的危险。鉴于南半球其他国家红酒价格的日益上涨，令消费者们望而却步，智利希望以此来吸引顾客。幸运的是，这种做法成效还不错，依我看，它将新、旧世界葡萄酒的优势融为一体，从而成为赤道以南一直以来最受好评的红酒制造国。

智利葡萄品种

自20世纪90年代以来，令人称奇的是，南北半球共同认为，智利是大宗葡萄酒的展示国。许多红酒有非常鲜明的法国风格。解百纳酒还未成熟，尚有原始的单宁酸，霞多丽酒则有撩人的轻微橡木桶的味道和强烈的酸性。其他葡萄酒则肉感丰富，在我们过去认为的新世界中坚持了下来。

索维农葡萄多年来一直是个问题，因为许多种植园主在葡萄园中种的并不是真正的白索维农，而是这种葡萄的低级亲缘品种，叫苏维浓纳斯（Sauvignonasse）。现在这种情况大部分有所改善，正宗的索维农通常有种清新的果味，有种长在卢瓦尔河的白葡萄味道，尝起来有醋栗和芦笋的味道，只是长在更热的地区，会缺少水果味和浓郁口感。

美乐是智利的王牌产品，最好的红酒散发着一种黑果类的香味。随着慢慢成熟，晾挂得更为彻底，它们中的许多可与上好的波美侯产区的葡萄酒相媲美。即使陈年的葡萄酒也因其具备上乘的品质，仍旧保持很好的价格优势。人们总希望不要在葡萄酒酿制时间那么短的时候打开它（经常碰到的情况是，葡萄酒在酿制一年后就能在市面上见到了），但是，当他们打开后发现，即使酿制年份不长的葡萄酒也是质地柔软、非常上口的。

智利拥有大量赛美蓉葡萄，但是长期以来，一直被用于酿造劣质廉价酒供应国内市场。有少量用雷司令酿造的新鲜简单的干红，与新西兰的风格相似。维欧尼葡萄则被酿成具有香味的白葡萄酒，味道更温和一些的琼瑶浆紧随其后。

在其他红葡萄中，黑品乐的经历比较鼓舞人心。尽管仍有很大一部分被酿成浓烈饱满的葡萄酒，单宁酸的浓度非常高，但是更为中和的葡萄酒便足以和加利福尼亚最好的葡萄酒相媲美了。西拉看上去也很有前景，在更温暖的葡萄园中被大量种植，可以酿造出馥郁、浓醇的葡萄酒。有一种叫佳美娜的葡萄，人们一度误认为这种葡萄是美乐，部分原因可能是因为它也产自波多尔，也能酿造属于"馥郁、浓醇"这类的红葡萄酒。佳美娜经常与美乐或解百纳混合在一起，酿造浓稠、丰富并带有甘草味的葡萄酒。

桃红葡萄酒是近几年有名的成功案例，由一些较为丰富的红葡萄酿制而成，如解百纳、美乐和西拉，饱含着夏季多汁水果的味道，可能有一点酒精，但远比北半球黯淡的桃红葡萄酒更令人满意。

智利葡萄酒产区

智利绝大部分的葡萄园位于气候适宜的中部地区，临近首都圣地亚哥的南部。由于葡萄园接近太平洋，太平洋凉爽的气流很大程度上减轻了该地区夏季的灼人热浪。这里也和阿根廷一样广泛使用灌溉，高山的冰雪融水流经葡萄园的土壤。如果没有提到下面这一有名的现象，对于智利葡萄种植业的介绍就是不完整的，即该地区依赖高山的天然屏障和砂质土壤，完全不受可怕的葡萄根瘤蚜的侵害。

阿空加瓜（Aconcagua）和卡萨布兰卡（Casablanca）　红酒出口最北部的地区是阿空加瓜产区，在圣地亚哥以南，包括阿空加瓜谷和卡萨布兰卡山谷两个子产区。赤霞珠葡萄最适合干旱炽热的阿空加瓜谷，并且大规模地用于酿造高浓度的纯黑优质葡萄酒。

西南部沿海的卡萨布兰卡产区邻近瓦尔帕莱索市，是近几年智利红酒的主要产区。这里的气候更为凉爽，春季下霜的景象也非常常见，而夏季的热浪也因来自海洋的凉风而有所缓解。这里有一些准确命名的葡萄酒（源自同

名的卡萨布兰卡酒庄），如热带水果味的霞多丽，酸甜适度的黑品乐，口味强劲、富含单宁酸、浓郁黏稠且带有李子味的解百纳，以及浓郁芬芳的琼瑶浆和带有芒果味的索维农。

生产商：Casablanca、Ventisquero、Conchay Toro、Cono Sur、Casas del Bosque 和 Montes 酒庄。

中央谷地（Central Valley）　中央谷地的葡萄园位于阿空加瓜以南，其子产区集中分布在安第斯山脉和太平洋之间。最北部是麦坡谷（Maipo Valley），位于智利首都的南部。解百纳葡萄又一次占领市场，但赤霞珠也很有市场，生产夏布利酒的 William Fèvre 庄园已经在这里开店了。

历史悠久的 Santa Rita 酒庄，生产一系列质量极其可靠的基本葡萄酒和陈年葡萄酒，包括顶级的解百纳。富有开创精神的 Canepa 酒庄甚至还生产仙粉黛葡萄酒。具有古老传统的 Cousiño Macul 古堡，生产的 Antiguas Reservas 解百纳酒可陈酿 20 年，该酒味道强

解百纳葡萄抵达智利麦坡谷的 Santa Rita 酒庄（左图）

智利位于太平洋和安第斯山脉之间，国土狭长，砂质土壤，自然条件得天独厚。葡萄园主要位于智利中部地区，那里的气候比较适宜（下图）

1. 阿空加瓜
2. 卡萨布兰卡
3. 麦坡
4. 兰佩谷
5. 莫莱谷
6. 比奥比奥谷

此图为原版书所附示意图

马乌莱库里克地区 *Montes* 酒庄里的不锈钢水槽，代表了智利对现代技术的投资，以及现代科技对智利的影响（上图）

劲，带有干红味道，不容错过。

再往南是拉佩尔，由 2 个产地组成，即卡恰布谷（Cachapoal Valley）和空加瓜谷（Colchagua Valley），后者生产的卓越的美乐、口味独特的解百纳和口味创新的黑品乐，在出口市场上表现不俗。在卡恰布谷，加利福尼亚的 Clos du Val 酒庄已为一个叫 Viña Porta 的葡萄园投资，培育了一些甲级红葡萄（包括生命力强的黑品乐）和霞多丽。

莫莱谷（Maule） 比拉佩尔的气候更加凉爽，包括库里克（Curicó）和隆提（Lontue）两个重要的葡萄酒中心，它们都出产白葡萄酒。清脆的赤霞珠和略带奶油气味的霞多丽。在莫莱谷及其南部地区，美乐和一些新鲜味重的赤霞珠一样，一直以来都是一流的葡萄酒（正如佳美娜，我们过去也同样认为如此）。

生产商：Almaviva、Cousiño Macul、Carmen、De Martino、Quebrada de Macul、Canepa、Santa Rita（麦坡谷）；Casa Lapostolle、Ventisquero、Anakena、Misiones de Rengo（拉佩尔）；Gillmore、Caliboro、Valdivieso、Echeverria、Miguel Torres（马乌莱／库里克）。

比奥比奥谷（Bio-Bio） 中央谷以南的比奥比奥谷是智利最大的红酒产区，同样也是迄今为止最无趣的。这里相比南面的莫莱谷更凉爽潮湿，绝大部分都种植一种平淡无奇的红中透粉的葡萄，叫帕伊斯（País），在阿根廷又叫 Criolla Chica，酿制出的半干红酒同样寡淡无味。然而，只要有更多的大公司愿意探索如此靠南的地区，这里还是很有潜力种植出经典葡萄的。干露酒厂（Conchay Toro）已经在这里种植了琼瑶浆，让我们拭目以待吧。

墨西哥

西班牙殖民者紧随哥伦布发现新大陆的步伐来到这里，并以墨西哥为起点，开始了他们征服中美、南美的漫漫长路。人们无论定居在哪里，都会在那里种植葡萄，如同他们在家乡的生活可以在这片崭新的世界里重现一样。在这里酿制的红酒可能没有国内生产的好喝，但毕竟也是葡萄酒。

在墨西哥，葡萄酒生产业一直位居蒸馏酒之后，口味浓烈的龙舌兰酒和麦斯卡尔酒被白兰地取代。墨西哥生产了世界上出口量最大的白兰地之一，即 Presidente。这里绝大多数的葡萄都用来制成蒸馏酒，然而随着国内越来越认可，加之随后零星的国外投资，塑造了现代红酒产业的基础。

鉴于西班牙曾经从中美的大本营出发，占领过现在的加利福尼亚州，因此当我们发现葡萄园都集中在墨西哥北部与美国交界的地方时，也就不足为怪了。墨西哥的下加利福尼亚（Baja California）是出产质优价廉葡萄酒的产区。此外，还有另一个主要的北部地区索诺拉省（Sonora），该国绝大部分具有国际竞争力的红酒都生产于这两个地区。

这两个地区的葡萄园大部分种植法国南部的葡萄品种，以及一些美国大陆的新、老品种，包括历史上非常重要的弥生（Mission）葡萄（智利的帕伊斯葡萄），一种叫小西拉的红葡萄（与西拉葡萄无关，但确实是另一种深色果皮的法国 Durif 葡萄的一种），还有少量的仙粉黛葡萄。

LA Cetto 酒庄商业地位显著，其种植的小西拉红葡萄前景光明，能够酿制出味道醇厚的红葡萄酒，该酒庄也培育出了高品质的赤霞珠。尽管种植园中有些白诗南、维欧尼和霞多丽，却没有更为有名的其他葡萄了。如果西班牙葡萄酒公司 Freixenet 加入的话，这里的葡萄酒市场会更加繁荣的。比较好的生产商还有 LA Cetto、Santo Tomás 和 Casa de Piedra 酒庄。

乌拉圭

如果巴西没有同智利和阿根廷一样成为南美红酒生产大国，那么乌拉圭很可能就是下一个。尽管这里有常见的缺点，即广泛种植杂交葡萄，但同样也种植各种国际葡萄品种，从而抵消了这一不足。正如阿根廷有马尔贝克，乌拉圭也令法国南部一种名不见经传的丹那葡萄声名鹊起，成为这里的特色，常常对法国西南部的马第宏产区构成威胁。然而，乌拉圭的丹那似乎更适应这里的环境，例如，Castel Pujol 酒庄的酒在橡木桶中待了几个月后，相当美味，包含成熟紫果的香味，以及浓郁的黑巧克力的味道。

乌拉圭境内大部分地区都有葡萄园，其中，位于该国中心的卡平特里亚（Carpinteria）和邻近巴西交界处的 Cerro Chapeu，其葡萄园前景最为引人瞩目。在乌拉圭南部的卡内洛内斯（Canelones）地区，Pisano 酒庄在法国品牌的基础上酿制出了一系列上好的红酒。乌拉圭

的红酒业要想真正考虑出口，还有很长的一段路要走，还需要更多的投资，但是鉴于目前全球在南美的利益状况，这一天肯定会到来的。

南美其他的红酒生产国还有秘鲁（该国曾一度是南美大陆重要的红酒来源地）、玻利维亚、厄瓜多尔和委内瑞拉，但这些国家的红酒只在国内有些名气，在国际市场上还无足轻重。

墨西哥下加利福尼亚恩森纳达的一座古老木制屋顶的酒窖（左图）

乌拉圭低矮的葡萄藤（下图）。在乌拉圭，葡萄栽培遍及全国

第五章
大洋洲葡萄酒产区

澳大利亚

澳大利亚的酿酒师在葡萄酒酿制这场胜利进军中是领军人物，他们使用霞多丽、赤霞珠和西拉葡萄酿酒，并重新创建它们自己的风格。

在所有新出现的非欧洲葡萄酒酿造国中，澳大利亚是最不受欧洲酿酒方式束缚的。澳大利亚葡萄酒行业的历史不如美国长，也比南非要短很多（一些最早的进口葡萄藤来自开普敦）。澳大利亚没有野生的葡萄藤，因此，它的葡萄酒产业不像加利福尼亚州，这里并没有经历摆脱杂交葡萄品种这一痛苦的过程。澳大利亚葡萄酒产业是从零开始的。

除了不精美的加烈葡萄酒（主要是波特酒的仿制品）以外，20世纪80年代初澳大利亚的葡萄酒在北半球几乎都是闻所未闻的。20世纪70年代，霞多丽和赤霞珠的第一次试验性插条刚刚进入澳大利亚，而那时加利福尼亚州最好的葡萄酒已在法国葡萄酒品酒会上得奖。那么，澳大利亚葡萄酒是如何在10年的时间里，从一个试探性的小批量酿制转变成全能的加利福尼亚州尤里卡式的大批量生产的呢？

这都是风格的问题。巴罗萨山谷、猎人谷、阿德莱德山和维多利亚州的酿酒师通过简单标注葡萄酒，教非专业葡萄酒消费者辨认酒的品种，深受大众喜爱。他们从解百纳中去除炙热、涩口的单宁酸，从很多传统的夏敦埃酒中去除粗糙的酸涩感，将它们一起置于散发甜美香草醛的橡木桶中酿造，受到世人的追捧。

这一成功的秘诀就是澳大利亚的葡萄酒展示体系。全国所有葡萄酒生产地定期举行他们自己的地区性比赛，非常像英国的国际葡萄酒及烈酒大赛，其比赛结果对赢得奖牌的葡萄酒销售影响极大。许多生产商受到竞赛的驱动，精巧地酿造葡萄酒，其风格夸张、傲慢、令人非爱即憎，这种风格使他们能在诸多竞争对手中崭露头角。

这些酒不仅影响到评委，还像迷人的美女般诱惑着英国和美国的零售采购员。20世纪90年代初，你打开的每一瓶澳大利亚葡萄酒，品尝起来几乎都是甜甜的且过熟的，浓郁

澳大利亚的葡萄园种植在非洲大陆东南一带的大片土地上，以及澳大利亚西部的飞地和塔斯马尼亚岛上（下图）

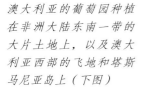

此图为原版书所附示意图

的橡木味加重了成熟过度的葡萄口感，最后舌头上感觉到的酒精味就像头被猛击一般，非常刺激。

除了颜色如蛋黄般的夏敦埃酒外，还有许多赤霞珠和西拉，以及它们的混酿酒。这些红葡萄酒没有强烈的单宁酸，也没有法国或意大利红酒的挥发性酸味，因此，它们赢得了许多原来根本不喜欢红葡萄酒的消费者。这些葡萄酒中有一些含有丰富的水果味，具有真正的复杂性，但是其他许多葡萄酒（主要是未混合的西拉酒）尝起来就像熬煮过度的果酱，质感黏稠，没有酒味，令人倒胃口。

起泡酒品尝起来像成熟的夏季水果，芒果香味的白葡萄酒和草莓芬芳的桃红葡萄酒，售卖价格只有非年份香槟价格的三分之一，尽管如此，它们并不一定是使用传统方法制成的，更有可能含有赛美蓉和西拉，而非霞多丽或黑品乐。随着时间的推移，今后会出现更多真正复杂的起泡酒。

在起泡酒之后出现了加烈葡萄酒，麝香葡萄利口酒不同于世界上其他任何一款利口酒，它散发出浓烈的柑橘、蜜饯和牛奶巧克力的芳香。这一切都在快速发展中，就像一场梦。

澳大利亚（葡萄酒）狂热的结果是，该国无法长距离为全球提供葡萄酒，但仍可以将酒供应到欧洲大陆。毫不夸张地说，美国和（尤其是）英国的消费者无法得到足够的澳大利亚葡萄酒。

在我看来，目前澳大利亚葡萄酒产业面临一个还未找到答案的问题。它为自己比其他葡萄酒新兴国家更快、更果断地融入葡萄酒世界，建立了稳固的桥头堡。现在的问题是：该选择哪一条路？全球葡萄酒市场上已经出现了口感粗糙、价格低廉的澳大利亚葡萄酒。夏敦埃酒可能已经不使用橡木了，但该酒仍然很甜。大多数黑品乐仍然是拙劣的产品，几乎没有优雅可言，但在气候凉爽的新西兰已经出现了优雅的黑品乐。如果你想买一瓶简单、热情的红葡萄酒来搭配今夜的晚餐，便宜的西拉是最不明智的选择之一。

澳大利亚几乎从不缺少优秀的生产商，从开拓者 Penfolds 酒庄的葡萄酒到克莱尔山谷和玛格丽特河这两个 GI 产区最有才华的种植者的产品。这些葡萄酒都值得多花一些钱，但它们暂时比价格最低的酒卖得火，所有那些枯燥的品牌葡萄酒都将会在您当地的超市货架上呻吟。

在澳大利亚大多数地区，葡萄每年都在炎热干燥的环境下生长。然而，也有凉爽的地区，那里的夏天更为温和，进而会影响葡萄酒

在每年一度的巴罗萨葡萄酒节上开启葡萄酒（上图）。巴罗萨位于澳大利亚南部

清晨的阳光洒在澳大利亚维多利亚州大分水岭北部的斜坡上（下图）

玛格丽特河（上图）是澳大利亚较凉爽的葡萄种植地之一

的风格，这些地区包括玛格丽特河和昆士兰，它们比较靠近赤道，气候相对较恶劣，春天时会干旱，而收获季节则会遭遇暴雨。

葡萄园分布在整个澳大利亚东南部一带，从澳大利亚南部的阿德莱德的北部，经过维多利亚州，直达悉尼北部的猎人谷。在昆士兰有一个被称为 Granite Belt 的高原，其上有一小块边区村落，葡萄种植面积同西澳大利亚州（位于澳大利亚西部）的葡萄种植面积一样小，但都同样重要。气候凉爽的塔斯马尼亚岛（Tasmania）位于维多利亚州南部的塔斯马尼亚湾，拥有独立的葡萄园，主要位于它的北部边缘地带。

澳大利亚的葡萄酒行业有自己的监管制度。它涵盖了酒标的 3 个主要特点：原产地（这样标注的葡萄酒至少 85% 必须来自指定区域）、葡萄品种（85%）和葡萄酒酿造期（95%）。识别划分 GI 产区的过程是艰苦的，常常引起争议，但也是完全值得称赞的，它指明了一个潜在的光芒四射的未来。然而，相比

美国加利福尼亚州，澳大利亚葡萄酒在更大程度上，是由距离酒厂相当遥远的地方种植的葡萄酿造的，也有不同地区产的酒混合在同一特酿中，这不太像勃艮第产区内将不同酒庄的葡萄混合，而更像将同一种植者在科多尔、卢瓦尔河地区和朗格多克种植的霞多丽混合在一起，实在难以想象。

葡萄品种

澳大利亚优质白葡萄品种的代表是霞多丽，所有葡萄园或多或少都有种植。在霞多丽最成熟时，可酿制世人都崇拜的金黄色的葡萄酒，但尝试酿制一款风格更精简、更复杂的酒可能是最好的。风格的微妙变化与个别酿酒师的葡萄酒酿造法，以及他们选择的地点相关。一些霞多丽会被保留，以便与受人喜爱的其他葡萄混酿，如赛美蓉和鸽笼白。

霞多丽之后是赛美蓉的到来，相比欧洲，这里酿制的酒更醇厚、更成熟。未经橡木陈酿且未经混合的干型葡萄酒是澳大利亚原产葡

萄酒，在澳大利亚当地总是很流行，不得不耐心等待国际消费者的认可，但这些葡萄酒肯定是值得让大家知晓的。就像在波尔多一样，长相思偶尔与赛美蓉混合在一起酿酒，大多时候是单独酿酒。长相思这种葡萄，很多酿酒师才刚刚学会如何处理，以前酿出的酒往往纯度不够或是用橡木桶不恰当地过度陈酿。

雷司令是优质白葡萄酒中的支柱品种，在澳大利亚南部尤为重要。这里的葡萄酒甚至比阿尔萨斯雷司令干葡萄酒中的柠檬酸更多，其酸度不会让味蕾为之一振，但葡萄酒在瓶中能够酝酿得饶有趣味。

种植量小的其他经典白葡萄有琼瑶浆，罗讷葡萄维欧尼和马珊（两者酿酒都很好），以及白诗南。

在澳大利亚南部，有个不大著名的需要灌溉的墨累河产区，那里广泛种植一种不太重要的苏丹（Sultana）白葡萄。正如其名称所暗示的，大部分葡萄最终被加工成葡萄干，但很多仍然用于酿制葡萄酒，生产大量的盒装葡萄酒，在国内市场上占据重要份额。亚历山德里亚（Alexandria）麝香葡萄的名字取自 Muscat Gordo Blanco 的地名，在大量生产中起作用，但不是上好的麝香利口酒的原料。这里也种植鸽笼白，但没有南非那样大规模的种植。

最主要的红葡萄品种是西拉（罗讷北部的西拉），这是另一种被澳大利亚塑造出自己风格的葡萄。罗讷北部生产的当然也是单一西拉葡萄酒，但南半球的风格极其浓郁且有奶油味和黑莓味，新陈酿出来的罗讷葡萄酒很少或根本没有黑胡椒味或强烈的丹宁酸。西拉在酿制得最差时，酒精度高（14.5% 的酒精度不算什么），有说不清的苦味，就像廉价的果酱，采用橡木（或橡木片）处理的甜酒更让人生厌。然而，在酿制得最好时，葡萄酒的浓度令人难忘，浓缩度高，成漆黑色，带有水果味和异国情调的香料味。

西拉经常与赤霞珠混合，一般在混酿中属于使用比例较高的品种。其效果可使质感柔软成熟的西拉的酒质变得坚硬，或是减轻一些年轻赤霞珠的强劲口感。赤霞珠在这里也很有价值，能向那些持怀疑态度的葡萄酒品酒师提供无可辩驳的证据，即赤霞珠尝起来真的能有强烈的黑醋栗的味道。

解百纳混酿越来越多，它与传统的红葡

萄酒如影随形，其他还有美乐和品丽珠。美乐现在是第三大最广泛种植的红葡萄，这可能会导致未来出现更多品种的美乐酒，目前为止还没有成为澳大利亚的特色产品之一。

直到最近，歌海娜看上去都好像注定要消亡，只用于生产大宗散装的日常红酒。一些酒根据罗讷南部的配方酿造，采用歌海娜、西拉和慕合怀特，并被称作 GSM 混合葡萄酒，显示出常年被低估的歌海娜的潜力。

黑品乐正在逐渐好转，很多黑品乐都被用于酿造瓶中发酵的上好起泡酒，以香槟的形象为目标，却有着强悍的灵魂。无论酿造优质红葡萄酒有多困难，酿酒师们还是下定决心要酿造世界一流的单一品乐红酒。如今已有初步成功的迹象，因为著名的葡萄品种已在合适的地点栽种。

少数红葡萄品种有特宁高（Tarrango），它是白苏丹与波特葡萄多瑞加（Touriga Nacional），以及意大利的内比奥罗和桑娇维塞的杂交品种。被称为森娜（Cienna）的葡萄，由较小的西班牙品种和赤霞珠杂交而成，也许有一天会轰动全世界。

巴罗萨谷 St Hallett 酒庄的土地（下图），其中拥有 100 多年历史的西拉葡萄仍可酿制极好的葡萄酒

西澳大利亚州正当葡萄收获时节，赤桉树开满了鲜花，可防止飞鸟啄食葡萄（上图）

西澳大利亚州的葡萄园基本分布在大陆的西南角（右图），顶级酒庄散布在靠近印度洋的玛格丽特河产区

西澳大利亚州

天鹅区（Swan District） 作为一个气候炎热的国家中最为炎热的地区之一，天鹅谷（Swan Valley）曾经是西澳大利亚州主要的种植区。由于在南边有更凉爽的地方，这一地区曾一度没落，但现在作为变种葡萄酒的产地而再次受到瞩目。这里的 Houghton 酒庄生产一系列普通品种的优质酒和不可思议的变种葡萄酒，并且都冠以 Moondah Brook 的商标，如白诗南和华帝露（马德拉白葡萄酒的一种）。

其他生产商：Sandalford、Lamont 和 Faber 酒庄。

玛格丽特河 作为近来澳大利亚酒的话

1. 天鹅谷
2. 玛格丽特河
3. 大南区
4. 西南海岸平原

Perth

Margaret
Margaret River

Frankland

3 **Mount Barker**

Albany

此图为原版书所附示意图

题之一，玛格丽特河那温和的气候，造就了这里出产的酒具有一些神秘感，与澳大利亚一贯的直白风格有所不同。澳大利亚不像南非或美国西部那样受到海洋性气候的影响，但来自印度洋的凉爽和风却给玛格丽特河送来了柔和之感。因此，这里出产的霞多丽和勃垦第葡萄酒很相近，相比南澳大利亚州的酒只需少许的酸度调整。相对而言，解百纳的酸度更低，很像霞多丽前期的口感。长相思酸中带着草本气息，而赛美蓉的口感则微酸而温润。

Cullens 是玛格丽特河最好的庄园之一，这里以一种朴素的方式生产带有坚果香味的醇香霞多丽。Moss Wood 酒庄生产的酒，相对来说口味更浓郁，爱好皮里尼 - 蒙哈榭的消费者能在一些年份酒中尝到那熟悉的味道。Cullens 庄园甚至不用橡木桶和黑品乐就酿出了带烟熏味的赛美蓉。新西兰云雾之湾广受称赞的 Cape Mentelle 酒庄在这里也有产业，酿造带苹果和香瓜混合香味的赛美蓉和长相思，甚至还种植一些仙粉黛。

Leeuwin 酒庄是全澳大利亚耗资最多的酒庄，这里生产的昂贵而优质的霞多丽是其他酒的典范。浓郁的解百纳和雷司令充分体现了这里全能型的酿酒技术。历史悠久的 Vasse Felix 酒庄酿造的西拉，口感圆润香甜，完美保留了原味的果香。

其他生产商：Houghton、Pierro、Brookland Valley、Voyager、Devil's Lair 和 Woodland 酒庄。

大南区（Great Southern） 这是澳大利亚西部最大的产酒区，靠近玛格丽特河的东面。这里的 GI 产区，如 Mount Barker、Frankland River、Albany、Denmark 和 Porongurup，一直都在实现着当初的承诺。包括对种植环境要求很高的品乐和长相思在内，这里适合种植各种品种的葡萄。这里的雷司令葡萄酒潜力也着实令人期待。

Plantagenet 酒庄位于巴克山上，这里能够酿造出各种葡萄酒，包括浓醇的解百纳、雷司令和霞多丽。Goundrey 酒庄则凭借其柔滑的霞多丽和醋栗味的解百纳而令人称奇。Howard Park 酒庄出产的带有酸橙气息的雷司令也颇受瞩目。

其他生产商：Harewood、Houghton、West Cape Howe 和 Castle Roc 酒庄。

南澳大利亚州

澳大利亚最集中的酿酒区聚集了许多国际知名的酒庄。葡萄园在整个东南地区分布很广，因此，只是通过品尝杯中酒都能感觉到明显的不同。在南部的库纳瓦拉（Coonawarra）有引以为傲的南半球最具特色的种植区。几乎每个品种的葡萄在这里都能很好地生长，而从赛美蓉到雷司令这样的餐后酒，更是已经成为著名的当地特产。

克莱尔谷 作为气候凉爽的种植区之一，克莱尔地区有4座相连的山谷：克莱尔谷、斯基罗加里（Skillogalee）、沃特维尔（Watervale）和波兰山河（Polish River）。这里出产的优质葡萄酒代表当属雷司令，其钻石般的剔透光泽、浓郁的酸橙香和汽油味都得益于优质的产地。此外，以质朴的非木桶工艺酿造出的赛美蓉也十分出彩，维奥涅尔香味淡雅，霞多丽则像大多数澳大利亚酒一样，显得较为内敛。虽然红葡萄酒口感微酸，能明显尝出单宁和酸味，但也正因如此，有些瓶装陈年酒的口味会十分出众。

Tim Knappstein 酒庄酿造的雷司令极具克莱尔酒的特点：有烟熏味，醇厚，越陈越香。它酿造的解百纳也很出色。Skillogalee 和 Pikes 酒庄的雷司令，已然成了一种优质

的标准（后者也出产上等的霞多丽）。另一位叫蒂姆·亚当斯（Tim Adams）的酿酒师，以酿造浓醇的赛美蓉和回味持久的西拉而闻名。Jim Barry 酒庄凭借其酿造的带有微酸口感的 Armag 雷司令和长相思，以及令人回味无穷的芬芳西拉，吸引了众多的追寻者。星座葡萄酒集团（Constellation Wines conglomerate）的 Leasingham 品牌，出产包括有成熟黑加仑香味的西拉在内的普通克莱尔酒。

其他生产商：Petaluma、Mount Horrocks、Wendouree 和 Grosset 酒庄。

河岸区（Riverland） 位于墨累河（Murray River）沿岸，拥有灌溉充分的葡萄园，为市场供应大量的葡萄酒。普通品种的葡萄种植大多集中在这里。

这里表现出色的葡萄酒有很多。Yalumba 酒庄的 Oxford Landing 葡萄园，酿造令人称许的 GSM 混合酒、解百纳桃红酒和一种出人意料的微酸长相思。Angove 酒庄的产量很大，其出产的酒常常被贴上大卖场的标签。Banrock Station 是另一个河岸区较为知名的葡萄酒品牌。大量的河岸区葡萄酒被装进酒盒进入市场销售，虽然品质优良，但常常沦为烧烤的陪衬。

巴罗萨谷 作为最早被海外顾客认可的

波兰山地处南澳大利亚州克莱尔谷，以酿造优质白葡萄酒闻名。此刻正春意盎然（上图）

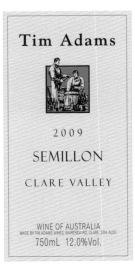

在南澳大利亚州巴罗萨谷，Penfolds 酒庄开启了航天时代的 Nuriootpa 酒厂（右图）

南澳大利亚州是澳大利亚最重要且多产的产区，葡萄园跨整个大州（下图），酿造的葡萄酒各有特色

1. 嘉拉谷
2. 河岸地区
3. 巴罗萨谷
4. 伊顿谷
5. 阿德莱德山
6. 麦克拉伦谷
7. 兰好乐溪
8. 帕史维
9. 库纳瓦拉

此图为原版书所附示意图

澳大利亚酿酒区之一，巴罗萨谷气候炎热，位于阿德莱德东北部，可以说是澳大利亚酿酒业的中心。19 世纪时，德国人和波兰人先在这里种植葡萄，而现在这里已经是周边地区中产量最高的了。因此，很多位于巴罗萨谷的酒庄不只生产巴罗萨酒。谷底最为炎热的小气候造就了澳大利亚色泽最为鲜亮、酒精度最高的红酒。这里出产的西拉具有无可比拟的浓度，而巴罗萨谷的传奇葡萄园 Penfolds Grange 便是其中当之无愧的典范。为了寻找种植雷司令和霞多丽更凉爽的环境，种植者将它们种在更高的谷地山腰上。这两种葡萄同样都是该地区著名的葡萄品种。

Penfolds 酒庄凭借可以满足各种不同层次消费者的多样化单一酒和混合酒，保持着巴罗萨产区卓越品牌地位。从口感简单、令人兴致倍增的雷司令，橡木香型、口感饱满的霞多丽，到功能多样、精美酿制的红葡萄酒，瓶瓶皆优。主要的精品红酒有窖号 28 的 Kalimna 西拉酒，一直是一款柔中带刺的杰作，还有窖号 389 的解百纳 - 西拉酒，以及口感极为集中，呈墨黑色的窖号 707 的赤霞珠酒。传说中的 Grange 红酒几乎选用的全部是西拉葡萄，是一种纯净而优雅的葡萄酒，充满紫色果脯、柔

软皮草和野生草本植物的混合香味，能够在瓶中陈酿数十年。这种酒并不便宜，但它的价格仍然只是经常与之相比较的 Chateau Pétrus 的零头。Penfolds 酒庄的 Coonawarra 瓶装葡萄酒，特别是赤霞珠，在标志原产地方面比其他任何品种都更加纯粹。

其他大型生产商有 Orlando 酒庄，是自 1976 年以来最畅销的 Jacob's Creek 系列葡萄酒的酿造商。有产品组合非常多元化的 Seppelt 酒庄，其产品包括极干的 Salinger、创新的西拉起泡酒（想像一下含酒精的黑醋栗甜酒）和权威加烈酒（雪利酒脱颖而出）。

优秀的小型葡萄酒庄名单里应包括 Grant Burge（Zerk 葡萄园出产坚果味的开胃赛美蓉 - 维奥涅尔和带李子味柔和的 Hillcot 美乐酒），St Hallett（著名的酿自百年老藤的 Old Block 西拉酒），Peter Lehmann（几乎像血一样带薄荷味的 Stonewell 西拉干红），Rockford（顺滑奇妙的筐式压榨西拉酒）和 Wolf Blass（综合系列的普通红葡萄酒，包括优质金标雷司令）。

其他生产商：Charles Melton、Turkey Flat、Duval 和 Barossa Valley 酒庄。

伊顿谷（Eden Valley） 伊顿谷法定产区是一组位于巴罗萨山脉的高谷，确切地说，是巴罗萨产区的延伸。然而，该谷气温比巴罗萨谷低不少，而这些温和的环境都体现在葡萄酒中了，该地区大量生产的有浓郁柠檬味的干白雷司令就是很好的例子。

Yalumba 是伊顿谷产区最大的酒庄之一，它整合了 Hill-Smith、Heggies 和 Pewsey Vale 等品牌，然后用自己的商标装瓶销售。Hill-Smith 长相思是一种特别强烈的葡萄酒，这对那些声称澳大利亚人不懂葡萄的人是一个有力的反驳。Pewsey Vale 和 Heggies 雷司令都代表了该品种基准的柠檬、酸橙口味。Yalumba 酒庄自制的 Octavius 西拉干红是一款杰出的红酒，口味非常复杂，散发诱人的咖啡香。它酿制的起泡酒有复杂的 Yalumba D 单一酒槽酒，也有加强酒，如带有巧克力、焦糖味的 Clocktower，全都不容忽视。

Henschke 是另外一家大酒庄，它拥有一些最古老的葡萄园，方圆数千米。它生产味道极浓烈的 Hill of Grace 西拉干红（产自百年高龄的老藤），Mount Edelstone 是另一款顶级西拉干红葡萄酒，而 Cyril Henschke 采用高浓度的优质赤霞珠酿造（需要陈酿）。它酿制的干白葡萄酒质量也很好，尤其是带有浓烈汽油味，同样也需要陈酿的 Julius 雷司令，以及带

炎热干燥的巴罗萨谷（上图），是南澳大利亚州首屈一指的葡萄酒产区

有坚果香和酸橙味的 Louis 赛美蓉。

阿德莱得山区（Adelaide Hills） 位于阿德莱德东部的山地，葡萄种植相当稀少，但对于寻求比炎热的南澳大利亚州气候更温和的种植者来说，则代表了另一种有利的小气候。这里出产的起泡酒品质非常不错。Petaluma 是这里最广为人知的品牌，虽然其更为著名的瓶装酒酿自库纳瓦拉的葡萄。Bridgewater Mill 是其另一标签，包括一款具有清新柑橘味的优质霞多丽。Pirramimma 酒园出品的赤霞珠，有一股诱人的桉树香。

其他生产商：Nepenthe、Shaw & Smith 和 Geoff Weaver 酒庄。

迈拉仑维尔（McLaren Vale） 位于阿德莱德南部，这块扁平、广阔的法定产区使自己成为一个区域标识，该地区出产的葡萄酒越来越多，口味也越来越微妙。酒体丰厚的精美红葡萄酒源源不断，包括开辟新天地的西拉－维奥涅尔混合酒。这里的气候对于口味丰厚的白葡萄酒来说，仍然有点太热了，但也有例外。

Chapel Hill 酒庄酿制的一些红葡萄酒品质极好，原料为赤霞珠和西拉。在星座集团的支持下，Reynella 酒庄出品的强劲的筐式压榨西拉酒，也是在这里酿制的。Wirra 酒庄出品的 Dead Ringer 瓶装酒体现了人们在南澳大利亚州寻找的烈度，而 Primo 酒庄出品的 Joseph

La Magia 雷司令贵腐甜白酒，再掺少许加入葡萄干的琼瑶浆，就是一款丰满匀称、令人着迷的葡萄酒。流浪酿酒师 Geoff Merrill 也在这里酿制一系列超值品种，包括用歌海娜酿制的有树莓香味的桃红葡萄酒，以及一些有桃香味的珍藏霞多丽。

其他生产商：Tatachilla、Clarendon Hills、SC Pannell、Fox Creek 和 Hardys 酒庄。

兰好乐溪（Langhorne Creek） 位于迈拉仑维尔谷产区东部，但这两个产区的特点几乎一样。采用赤霞珠和西拉酿制的红葡萄酒，根据北半球罗讷河谷地区风格酿制的有奇异芳香的西拉－维奥涅尔混和酒，还有产量很少但正在增加的华帝露（马德拉葡萄的一种）干酒，都是值得研究的。

柏德威（Padthaway） 柏德威 GI 产区似乎是更著名的库纳瓦拉地区北部的一个前哨。位于南澳大利亚州东南角，该区几乎和它近邻的库纳瓦拉产区一样凉爽，并有少许同样珍贵的红土土壤。库纳瓦拉已经凭借其红葡萄酒名声大噪，而柏德威已经成为一个孤立的白葡萄酒产地，特别是霞多丽、雷司令和长相思等白葡萄酒。大多数葡萄园的拥有者是设在其他地区的一些公司，但这些公司酿制的单一酒槽酒都贴着该法定产区名称的标签。

Orlando、Seppelt 和 Penfolds 酒庄在柏德

在平坦辽阔的南澳大利亚州麦克拉伦谷，骆驼群安栖于葡萄园中（下图）

威都有产业。Penfolds 酒庄在这里酿制的霞多丽是最丰厚圆润的，而 Lindemans 酒庄的柏德威瓶装酒也几乎一样强大。Henry's Drive 是一家优秀的酿合商，其出品的赤霞珠和西拉红葡萄酒有着卓越的芳香。星座集团旗下的 Stonehaven 是一个可以信赖的品牌。

库纳瓦拉　位于柏德威产区的南部，该产区令每个人从一开始就对澳大利亚这个国家感到兴奋。在 2001 年被定为 GI 产区。库纳瓦拉气候凉爽，拥有独特的红色土壤，这种红色的沃土赋予了这里的葡萄园特别的景象。这无疑也是其出产优质经典葡萄品种的原因。

库纳瓦拉最优质的瓶装酒为新、旧世界仍然争论无休的问题提供了答案。这个问题就是：葡萄园选址与土壤究竟哪个重要？库纳瓦拉产区并非所有的葡萄藤都栽植在红壤上，而那些并非红壤栽植的葡萄，似乎缺乏那些红壤栽培的葡萄所拥有的浓郁芳香和复杂性。

在红葡萄酒中，西拉和非常有名的赤霞珠充分显示了区域特性，但是也有一些优质霞多丽和雷司令。赤霞珠的酿制确实是法国特色的，这是因为它们年轻时单宁突出，最初芳香族成分顽固地拒绝吐露芬芳。然而，当它们芳香四溢时，遥远的法国特色也没有了踪影。这种红酒芳香开胃、品质突出，有类似摩卡咖啡豆的味道，有时又像辣酱油的气味，有轻微的挥发性，但潜在其下的却是淡淡的干浆果香味，浓郁的黑醋栗香夹杂着奇特的椰枣、李子干的香味。

实际上，建在这里的酒庄比柏德威产区的多，但顶级的葡萄酒往往是由拥有宝贵的库纳瓦拉土地区域外的酒庄酿制的。Penfolds 酒庄用这里种植的葡萄酿制一些最出色的赤霞珠酒品；该系列酒品提供了一个明显的起点。Petaluma 酒庄酿制一种极其强烈的赤霞珠－美乐混合酒，已有很长时间的历史，声名远扬，这种酒直接被命名为 Petaluma Coonawarra。来自新南威尔士州高产的 Rosemount 公司也酿制了一款做工考究的珍藏级赤霞珠。

在该地区的酒庄中，Hollick 酒庄酿制的 Ravenswood 赤霞珠干红具有挑战性，品质极好，还有可以直接饮用的赤霞珠－美乐混合酒及口味清新带酸橙味的雷司令。Katnook 酒庄酿制的赤霞珠含有烟草味，霞多丽的口感丰满浓重。Penley 酒庄相对来说是颗新星，出品的赤霞珠干红结构浓厚，西拉干红味道强劲，散发荆棘味。众所周知，Wynn 酒庄是一家超级可靠的酿酒商。该酒庄酿制果实成熟、未经橡木陈酿的西拉干红，烟熏口味的霞多丽，带酸橙味的雷司令甜酒，以及深黑色、结构厚重的顶级赤霞珠（也叫 John Riddoch，苏醒大约需要 10 年的时间）。

其他生产商：Majella、Balnaves、Brand's、Zema 和 Parker 酒庄。

库纳瓦拉这个名字被公认极具澳大利亚特色（上图），它是南澳大利亚州最南端的葡萄种植区

维多利亚州大分水岭海拔高且气候凉爽（上图），出产精致的雷司令和精妙的霞多丽

1. 庄姆伯格
2. 大西部
3. 吉朗
4. 雅拉谷
5. 摩宁顿半岛
6. 高宝谷
7. 格林罗旺
8. 路斯格兰
9. 墨累河
10. 朗塞斯顿
11. 比切诺
12. 霍巴特

维多利亚州面积虽小，但地跨气候凉爽的沿海地区和气候炎热的内陆地区，出产的葡萄酒种类丰富，包括东北地区盛产的著名麝香利口酒（右图）

维多利亚州

维多利亚州的葡萄园在世界范围的葡萄根瘤蚜瘟疫中损失惨重（南澳大利亚州设法逃过了此劫），但是较凉爽的南部地区现在出产优良混合葡萄酒和起泡酒，可以与最优质的葡萄酒抗争，有超过 500 家葡萄酒厂。在东北部地区，澳大利亚著名的加烈葡萄酒达到了巅峰。

庄姆伯格（Drumborg） 非常凉爽的西部地区，该地区主要的酒庄是 Seppelt，它用这里出产的葡萄酿制一些诱人的优质葡萄酒，如灰品乐和雷司令。

格兰屏山（Grampians） 和比利牛斯山（Pyrenees）这两个地区连成一片，是比庄姆伯格更远的内陆地区，因此气候更温暖一点。这里有酿制起泡酒的优良传统，人们越来越明显地看到，澳大利亚两个主要的红葡萄品种赤霞珠和西拉，它们的潜力是最令人兴奋的。这里出产的霞多丽往往口感丰满并散发着浓郁的橡木香。

Mount Langi Ghiran 酒庄是这一地区有潜力的新星之一，其酿制的西拉干红风格拘谨却魅力无穷，赤霞珠含有丰富的榨出物。它的雷司令一直是最优质的酒款之一，酒体适合陈酿。Cathcart Ridge 酒庄出品的西拉果味丰富，有巧克力的香味，而 Best 酒庄推出了一系列物美价廉的优质葡萄酒，包括富含柠檬、蛋白

此图为原版书所附示意图

味的霞多丽。

其他生产商：Dalwhinnie、Summerfield、Redbank、The Story 和 Seppelt 酒庄。

吉朗（Geelong） 该地区是墨尔本周边一系列小行政区中最近的一个（吉朗就在墨尔本西侧），这里是澳大利亚当代一些比较有远见、更加雄心勃勃的酿酒师的家园。Bannockburn 酒庄生产真正的勃艮第霞多丽和黑品乐卓越系列酒款，赤霞珠也不缺乏任何葡萄品种的雍容华贵。By Farr 是两款酒的共用标签，即 Farr 家族令人惊叹的黑品乐酒和西拉酒。

雅拉谷（Yarra Valley） 气候温和的雅拉谷对于维多利亚州来说，可以与南澳大利亚州的库纳瓦拉相媲美，是高度个性化的葡萄酒酿造和最优质的凉爽气候葡萄品种的风水宝地。这是澳大利亚最有前途的黑品乐产区之一，上等的酒庄有 Green Point、Coldstream Hills、Tarrawarra 和 Mount Mary。过去葡萄酒往往放在橡木桶里的时间过长，幸好这种做法正在被抵制。Green Point 酒庄（酩悦旗下 Domaine Chandon 酒庄的出口名称）也生产霞多丽，口味非常优雅，带着轻微的黄油味和肉豆蔻香味，与加利福尼亚州出产的索诺玛，以及深受推崇的香槟的风格并非相距十万八千里。Yarra Yering 酒庄酿造的赤霞珠和西拉都是特殊的佳酿，完全值得开高价。St Huberts 酒庄生产的赤霞珠口感丰富、余味悠长。

其他生产商：Diamond Valley、Yering Station、Oakridge 和 Carlei 酒庄。

摩宁顿半岛（Mornington Peninsula） 这个位于墨尔本东南的小半岛，最近几年种植了大面积新葡萄，现在精品酒庄遍地开花。像雅拉谷一样，这是一个开拓创新的产区。与 Moorooduc 酒庄一样，Kooyong 酒庄生产的单一园黑品乐和霞多丽品质极佳，是用野生酵母菌发酵的。Stonier's Merricks 酒庄生产的经典霞多丽风味浓郁，还有几款精心制作的起泡酒。

其他生产商：Paringa、Hurley 和 Ten Minutes 酒庄。

高宝谷（Goulburn Valley） 位于雅拉谷北部，是一片广阔的河谷地区，拥有澳大利亚一些最古老的酒庄和葡萄园，这里的葡萄藤奇迹般地逃过了最严重的葡萄根瘤蚜风

波。Tahbilk 酒庄拥有世纪古藤，生产的珍藏级瓶装西拉和赤霞珠都洋溢着老藤葡萄的芳香。这是率先在澳大利亚种植的马珊葡萄品种的特性之一。它肯定有其自身的独特风格，但它质感稠腻、酒体丰厚，散发着奶油香蕉味，对一些品酒人来说承受不了。Mitchelton 酒厂用马珊、胡姗和维奥涅尔等混酿的具有罗讷风格的混合酒被命名为 Airstrip。Delatite 酒庄生产的酒款系列广泛，选用的葡萄产自高海拔葡萄园。活泼的雷司令，香味微妙的琼瑶浆，玫瑰花香味的黑品乐和富有表现力、辛辣的丹魄（也称唐纳德），是对卓越的西拉和赤霞珠的补充。

格林罗旺（Glenrowan）和米拉瓦（Milawa） 当你进入维多利亚州东北部，在你前面的正是加烈酒的故乡。然而，在米拉瓦，佐餐酒的产量非常大，最重要的酿造商是 Brown Brothers 酒庄，它是澳大利亚葡萄酒在英国和美国市场的开拓者之一。它的葡萄酒产品系列广泛，而且会比以前更刺激。值得留意精雕细琢的限量版霞多丽，酷似特宁高的樱桃味的巴贝拉，带

Brown Brothers 酒庄在气候炎热的格林罗旺-米拉瓦内陆地区，开辟了一片新的葡萄园（下图），后成为一流餐酒供应商

相比地理位置更靠北的上猎人谷，下猎人谷（上图）葡萄园需要迎接更多热带风暴

1. 马兰比吉河灌溉区
2. 考拉
3. 马奇
4. 猎人谷

炎热的猎人谷位于悉尼北部（右图），是新南威尔士顶级葡萄酒产区

此图为原版书所附示意图

有泥土味的 Patricia 赤霞珠，采用晚收葡萄酿制，散发美味蜜桃味的麝香葡萄酒，以及采用所有这三种香槟葡萄品种酿制的香槟酒。

鲁瑟格兰（Rutherglen） 卓越的麝香利口酒产区。

新南威尔士州（New South Wales）

虽然包含世界知名的猎人谷产区，新南威尔士州只占澳大利亚年度葡萄酒产量相对很小的一部分。它像南澳大利亚州的部分地区一样，气候炎热，葡萄种植者很难与之抗衡。

滨海沿岸（Riverina） 这里出产的葡萄酒绝大多数是盒装酒和自有品牌瓶装酒，葡萄种植在马兰比吉河灌溉的土地上。赛美蓉贵腐酒也不可能成为这一单调规则中的例外，不过 De Bortoli 酒庄出品的赛美蓉贵腐酒特别出色。

考拉（Cowra） 这里是为猎人谷提供许多原料的小产区，而猎人谷 Rothbury 酒庄酿制的考拉霞多丽令人印象深刻。

马奇（Mudgee） 在法定产区制度实施之前，这里就为自己的血统所赋予的等级而感到非常自豪。令人遗憾的是，当这种炎热干燥的地区葡萄收获遭受降雨影响时，很多葡萄还是被用来增加猎人谷的葡萄酒产量。浓郁的赤霞珠和厚重的西拉是基础产品（Botobolar 酒庄出品的丰硕的西拉干红是极好的葡萄酒），但霞多丽品质也在提高。

猎人谷 猎人谷分为上、下两部分。这里气候炎热、地域辽阔，是新南威尔士州的优质葡萄酒产区。上猎人谷很方便地通往下猎人谷的北部，可以设法逃脱会破坏葡萄产量的热带降雨。赛美蓉干白葡萄酒实际上就是拥有伟大血统的富含猎人谷本地风味的葡萄酒，是这里最引以为荣的酒款。它往往酒精度相当低，口味简单强烈，带矿物香味，随着它在瓶中成熟，会散发美妙的烤面包的味道。这种味道欺骗了很多品酒师，以为它已经在烧焦的橡木中进行了陈酿。红葡萄酒可以带点泥土味，西拉酒的甜李子果酱风味来自猎人谷，但它们的风味在改善。

赛美蓉佳酿包括 McWilliams Elizabeth、Lovedale、Tyrrell's Vat 1 和 Brokenwood。Rothbury 酿制的西拉，酒体轻盈却令人陶醉；Rosemount 酒庄的霞多丽干白葡萄酒令人赞叹，Tyrrell 酿酒师精选的按照桶号出售的系列酒品，令人激动且不同寻常，如著名的 6 号品乐酒和带奶油糖果味的 47 号霞多丽；Brokenwood 酒庄出品的西拉干红余味悠长，被忧郁地称为 Graveyard Vineyard。

其他生产商：Lake's Folly、Tower、Keith Tulloch 和 Thomas 酒庄。

昆士兰州（Queensland）

正好与新南威尔士州接壤，是葡萄酒法定产区，有一个平淡无奇的称谓叫花岗岩带。它的海拔高度使其看上去是很有希望的葡萄种植地。现在这里有超过 60 家酒庄，它们生产的许多葡萄酒使其声名远播，不过，迟早值得大家注意的一些酒庄有 Boireann，Robert Channon 和 Preston Peak。

塔斯马尼亚（Tasmania）

在富有远见并多才多艺的 Andrew Pirie 的带领下，一小群邦塔斯马尼亚酿酒商在 20 世纪 70 年代开始向全世界表明，这里能够出产个性鲜明的混合葡萄酒，尤其是具有独特欧洲风格的黑品乐和霞多丽。虽然整个岛屿构成一个单一的法定产区，但它有 2 个主要的生产中心，分别是位于东北部的朗塞斯顿（Launceston）和南部的霍巴特（Hobart）。

Pipers Brook 酒庄位于该岛的北部。这里出产的经典黑品乐，年轻时口味辛辣需要陈酿；霞多丽带有些许的辛辣；雷司令清新爽口。Moorilla 酒庄酿制的优质黑品乐葡萄酒口感浓郁，琼瑶浆的质量也在提高。Heemskerk 酒庄生产的赤霞珠，口感丰厚饱满，其产品多样化，并与路易王妃香槟协会联合推出 Jansz 香槟酒。塔斯马尼亚出产的香槟酒是非常出色的。

其他生产商：Bay of Fires、Freycinet 和 Frogmore Creek 酒庄。

加烈酒

澳大利亚葡萄酒有 2 种基本类型。一种是源自炎热的南半球国家都在尝试模仿的传统波特酒和雪利酒。波特酒和雪利酒这两个术语曾经在澳大利亚本土广泛使用，但现在已走向衰落。波特风味的葡萄酒中，有用加烈西拉干红葡萄酒制成的草莓酱般的极甜酒，其中一些标明了年份。长期的橡木陈酿褪去了一些葡

萄酒的颜色，如 Douro 葡萄酒，因此这样的酒被称为茶色波特酒。雪利酒的风味甚至更加罕见，但可以有更大的改善。Seppelt 酒庄酒品系列广泛，如口味浓郁、带咸味的淡色干雪利酒（DP117），榛子味的白葡萄酒（DP116）和太妃糖口味的甜雪利酒（DP38）。

另一种是澳大利亚所特有的。麝香葡萄酒和利口托卡葡萄酒是有着惊人醇厚口味的加烈酒，分别用小麝香白葡萄（这里被称为褐麝香，因为在当地生长，果皮出现褐色变异）或密斯卡岱葡萄（索泰尔讷地区的少数葡萄品种）。葡萄酒产区主要分布在维多利亚东北的路斯格兰镇周围，虽然也有一些酒是在稍微向南一点的格林罗旺镇生产的。

葡萄酒生产似乎将每一种酿制甜酒的传统方法都结合了一点。首先，让葡萄在藤上枯萎，然后进行压榨，黏稠的果汁部分发酵，但在沁人心脾的芳香开始变淡之前，早已用葡萄蒸馏酒加强。之后，通过叠桶体系将他们进行陈酿和混合。

特别是麝香葡萄酒，口味惊人的强劲。当你把鼻子探进去，会闻到橘子果酱味。在口中溶解成牛奶巧克力、黏糊糊的椰枣和陈皮的混合香味，余味悠长。

其他生产商：Stanton & Killeen、Chambers、Morris、Yalumba 和 Campbell's 酒庄。

Heemskerk 葡萄园位于塔斯马尼亚岛的 Pipers Brook 酒庄（上图），这里的解百纳结构完美，起泡酒优雅精致

新西兰

在短短20年里，新西兰的葡萄酒已席卷全球，成为发展最迅速的酒业大国。新西兰酿酒师已建立了强有力的区域身份，不曾因地理上的孤立而退缩。

这是全球红酒巡礼的终点，在新西兰北岛和南岛上的葡萄园，是世界最南端的葡萄园。再远一点的话，我们可以试着去北极酿冰酒。

说到年代，新西兰加入南半球酒业大国的时间较晚。葡萄种植业在20世纪70年代才开始被正式提案。毫无疑问，被澳大利亚酒业获得的全球巨大成功刺激，新西兰找到了自己的定位。这种局面有其必然性，不仅仅因为新西兰的葡萄产量远低于澳大利亚，其气候也截然不同。

这里是全世界最南端的葡萄园，气候湿润凉爽，除了中南岛的奥塔哥，新西兰的葡萄酒产区都位于海边或靠近海边（下图）

1. 奥克兰
2. 吉斯伯恩
3. 霍克湾
4. 怀拉拉帕
5. 纳尔逊
6. 马尔堡
7. 坎特伯雷
8. 中奥塔哥

此图为原版书所附示意图

这里的起步一如其他地方，最开始几乎毫无希望。19世纪试验性的移植很快因葡萄根瘤蚜的爆发而失败，取而代之的是混合型酿酒用葡萄和美国本土血统的葡萄。最重要的是，英语国家最严格的法律之一就是特许经营法。自20世界90年代初起，超市只允许卖本国产的葡萄酒。

19世纪末，最终将新西兰纳入酿酒国版图的仅仅是一个葡萄品种，甚至不是一个全新的品种。如果你在20世纪80年代对一个全新的酒业大国进行推动式营销，并声称该国葡萄园的葡萄看起来能酿制出特别的葡萄酒风格，那你就能吸引人们的注意。如果紧接着再稍稍造势，宣称这种葡萄能酿制白苏维浓，那你可能会迎来一阵尴尬的沉默。

并不是因为长相思是一种不常见的没有利用价值的品种。看看桑赛尔和普伊芙美，这些都是优质白葡萄酒。然而，它并不是一直都在最好的品种名单上。一个新兴的葡萄酒行业能依靠一种最多只能酿出普通果味酒的葡萄吗？毕竟这种酒作为夏日的开胃酒是足够了，要成为传奇几乎不可能。

关键是在白苏维浓之前，没人尝过类似的酒。如果说这种葡萄一如往常那样在卢瓦尔河上游外的地方被看作垃圾，或者仅仅只是因为过度耕种而任其枯萎，那么新西兰南岛马尔堡区（新西兰的葡萄酒天堂）重写了游戏规则。

马尔堡的长相思比地球上任何一种干白都更有令人振奋的果味。这种长相思非常适合新手品酒师品评，即使他们不太能捕捉黑品乐中的樱桃味或赛美蓉中的蜂蜜味，也能清晰而快速地辨识出马尔堡长相思葡萄酒散发的浓郁水果香，然后香味渐渐变淡，浓度和果香充盈的霞多丽、雷司令相当。

新西兰红葡萄酒有一阵子有点落后，因为红葡萄更青睐气候凉爽湿润的生长环境。一些赤霞珠口感过于清淡，草本香过重，有点青椒质感的果皮就是果园气候不理想的表现。后来在精心挑选种植区并与美乐混酿后，这样的情况得到了明显的改善，甚至比预期的更好。更妙的是黑品乐，这种葡萄对气候挑剔，总有种赌一把的感觉，现在，因其果香浓郁、酸度平衡的喜人特点，已经能和加利福尼亚州的优质葡萄酒一较高下。

气候寒凉地区还有什么别的成功案例吗？想想法国北部和英格兰南部。由传统方法酿制的起泡酒在这里也扮演着极其重要的角色，香槟的大受追捧有力地证明了这个结论，还有华丽的贵腐餐后酒。

新西兰葡萄酒业主要是对英国的出口，因为不可否认这是笔相当划算的生意。富有开创精神的 Cloudy Bay 酒厂是新西兰顶级长相思和霞多丽酿酒厂，酿造的混合型红酒层次丰富。而在这个自由的葡萄酒市场中，Montana 长相思是自 20 世纪 80 年代末开始，就在英国市场非常活跃的一款葡萄酒。那其他地方呢？

英国正在努力与新西兰长相思竞争，美国葡萄酒支持者长久以来看不到隐藏的潜力，澳大利亚近来却成绩斐然。这一现象正在慢慢改变，但新西兰葡萄酒每年出产的数量不多，特别是在种植和收获条件不太好的时候。收成好的年份里，新西兰葡萄酒产量约为澳大利亚的 10%，并不能满足需求。

新西兰不仅气候凉爽，而且空气潮湿。每年的降雨量很大且遍布全年，使得出产的葡萄太过活跃，通常水果特性较差，或是葡萄在重要的成熟期里被水分稀释太多。世纪之交时，一种新的葡萄园管理技术被引进，这种技术极大地解决了上述问题。但新西兰的葡萄仍然在很大程度上依赖各种变量，不像在千里之外阳光充足的澳大利亚，那里并没有这么多问题。例如，2002 年出产的长相思都不大好，2003 年所有红葡萄品种表现都一般。

南、北两岛上都遍布着葡萄种植区，但葡萄种植总量依旧不是很大。除了南部的奥塔哥（Otago）以外，其他种植地大多分布在沿岸地区，主要在太平洋一侧。

新西兰的评级系统还处于初级阶段。两大指定产区——南岛和北岛，被分成了 10 个小产区，但大多数新西兰葡萄酒都是由不同产区的合同种植者合作酿制的。不过，一个真正的地理产区划分系统迟早会建立起来的，因为毕竟南半球没有其他国家比新西兰更适合这种划分了。

葡萄品种

过去的保底品种穆勒 - 特勾（Müller-Thurgau）曾一度在葡萄园中风头无两，但现在被像野火一样迅速蔓延开的长相思和霞多丽取代了。在新西兰的霞多丽比在其他地方有更强烈的水果特性。桃味、香蕉味和梨味是很常见的果味，经橡木影响后不是很容易辨别。有些庄园想要模仿勃艮第的风格，不要水果沙拉式的清新，而选择黄油般的丝滑，但这种味道并不是主流。

对马尔堡长相思的钟爱始于 Montana 葡萄酒。在南岛马尔堡的 Brancott 酒庄，机械化采摘葡萄正在有序进行中（上图）

南岛内陆美景如画（左图），此景为中奥塔哥瓦纳卡湖滨

北岛霍克湾产区盛名已久，*Ngatarawa* 酿酒厂和葡萄园就在那里（上图）

白苏维浓是新西兰白葡萄酒最大的希望，许多人认为这里的长相思比卢瓦尔河地区的还要好，水果味更浓郁。新西兰各酒庄风格迥异，有些喜欢绿色草本植物的味道，像醋栗、芦笋或新鲜的豆瓣菜；也有些喜欢热带水果的风味，像芒果、百香果、菠萝和有麝香味的伊丽莎白瓜。我尝过马尔伯勒长相思，其品质可以很好，有红辣椒、磨碎的胡萝卜、纯黑醋栗果汁，甚至是糖渍樱桃的味道。另一方面，大多数葡萄酒酸性平衡都不是很好，水果味浓郁但缺少层次。希望新西兰那些优质的葡萄酒能尽快回归。

新西兰雷司令有经典的味道，但又不像澳大利亚雷司令，没有刺激性的汽油味，清淡的雷司令尝起来口感柔软，有一种混合气味。白诗南很适应新西兰的天气，在这里生长得也很好。这里也种植一些精致上等的琼瑶浆，以及至今为止还不是很著名且种植量很有限的赛美蓉。这些品种通常都用来混合酿酒而不是单独酿酒。

黑品乐是目前新西兰种植量最广的红葡萄，这一品种近年来在世界舞台上大展拳脚，出产口感丰富、果味浓郁、适于陈酿的优质葡萄酒，与卡内罗斯和俄勒冈的品质相近。这种酒以强烈的覆盆子果味为基础，初尝时又有勃艮第的低调品质，这一特性只有黑品乐展现得最好。大量品乐葡萄被用来酿制优质的起泡酒、白葡萄酒和桃红葡萄酒。

在部分地区，美乐以其独特的个性十分出彩。赤霞珠这一品种近年来进步很大，固有的蔬菜味偶尔仍有出现，但大多数情况下，更

醇厚的版本，其味道还是很浓郁的。

新西兰北岛

北岛（Northland） 我们从最北边的北岛地区开始说起，这里是新西兰最温暖的地区。北岛作为葡萄种植区几乎就要被遗忘了，但近年来人们慢慢发现，它拥有适宜种植温暖气候下的葡萄品种的巨大潜力。现在这一地区约有 15 家庄园，主要种植赤霞珠和美乐。

奥克兰（Auckland） 作为葡萄种植地，奥克兰附近的地区一度也曾逐年衰退，因为人们的注意力都被南部更流行的品种吸引，但如今奥克兰开始夺回自己的地位，重新成为优质波尔多混合红酒的重要产地之一。奥克兰气候温暖，但降雨量大，这意味着奥克兰葡萄酒中通常要加入其他地区的葡萄来调和。但在条件较好的年份，奥克兰当地葡萄表现也不错。这一地区包括一些附属贸易区，如奥克兰北部的 Matakana 和海湾边的 Waiheke 岛。

Kumeu River 酒庄生产勃艮第风格的非典型霞多丽，优质葡萄酒大多来自 Waiheke 岛 Stonyridge 葡萄园的五大波尔多葡萄品种。

其他生产商：Te Motu、Goldwater、Matua Valley、Coopers Creek 和 Te Whau 酒庄。

怀卡托（Waikato） 怀卡托位于奥克兰南部，是一片规模较小，但在不断扩张的葡萄种植地。这里气候相对温暖，适宜红葡萄生长，目前为止，霞多丽的生长最好。

吉斯本（Gisborne） 在北岛东岸的吉斯本，现已作为优质葡萄种植地站稳脚跟。这里的白葡萄品种品质极佳，已为自己挣得新西兰霞多丽之都的美誉。个性刚硬、多年生的琼瑶浆在这里表现也不错，灰品乐和白诗南也是主要品种。这里也出产一些传统的优质起泡酒。

新西兰最大的公司 Montana 和 Corbans 都位于吉斯本。Millton 葡萄园崇尚有机理念，以生物动力学的方式酿酒。Clos de Ste Anne 霞多丽口感醇厚、质地丰富。奥克兰生产商 Nobilo 酿制更加内敛清淡、有轻微橡木味的 Poverty Bay 霞多丽。

其他生产商：Vinoptima 和 Lake Road 酒庄。

霍克湾（Hawkes Bay） 沿海岸继续向南，便到达纳皮尔（Napier）市郊，霍克湾是新西兰历史最悠久的葡萄种植地之一。与吉斯本一样，霍克湾也以霞多丽闻名，其他一些清

湿润的气候帮助葡萄苗壮成长，修枝剪叶则有利于控制长势。霍克湾 *Esk Valley* 葡萄园（左图）

淡的长相思品种也比更南部的地区要多。在阳光充足的葡萄园中，波尔多混合红葡萄酒最近进步很快，特别是吉布利特砾石区（Gimblett Gravels）。

霍克湾的 Te Mata 酒庄是该地葡萄酒生产的权威，出产各种风格的葡萄酒，如柔和带醋栗味的 Castle Hill 长相思，略滑腻的 Elston 霞多丽，刚毅直爽的 Coleraine 赤霞珠 – 美乐和一些辛辣的 Bullnose 西拉。Villa Maria 集团坐拥 Vidal 和 Esk Valley 两大酒庄品牌，出产优质的长相思和黑品乐。Ngatarawa 酒庄出产成熟度高的赤霞珠 – 美乐和优质的雷司

20世纪70年代，大型生产商Montana将葡萄带入了马尔伯勒（下图），该地区现已成为果味浓郁的长相思的代名词

令贵腐酒。

其他生产商：Craggy Range、Trinity Hill、Unison 和 CJ Pask 酒庄。

怀拉拉帕（Wairarapa） 在北岛的最南端，临近新西兰首都惠灵顿，有一片种植地叫怀拉拉帕，这里聚集着新西兰顶级的小规模葡萄种植者。这一地区以红葡萄酒闻名，主要是黑品乐和赤霞珠，近年来出产的葡萄酒品质都很高。这里的附属区马丁堡（Martinborough）正在兴起，其代表是覆盆子果味纯正的品乐葡萄酒，这种酒醇厚丰富，酸性和浓度类似勃艮第风格。初尝时口感轻柔，略带刺激性，一般陈酿几年能达到最佳品质。

马丁堡葡萄园出产优质的品乐葡萄，精致的霞多丽和雷司令。Ata Rangi 庄园的品乐葡萄酒回味悠长，略带辛辣和肉味。精选赤霞珠 - 美乐混合酒成熟度高，加入一点西拉，口感更加丰富。Paddy Borthwick 庄园出产精致

难忘的雷司令和细腻带苹果味的长相思。

其他生产商：Dry River、Palliser Estate 和 Escarpment 酒庄。

新西兰南岛

纳 尔 逊（Nelson） 纳尔逊是塔斯曼（Tasman）山脚的一片山地，这里出产最优质的霞多丽。这里只有几家酒庄，气候略潮湿，不然就是一处绝佳的凉爽产区，但这里的葡萄酒品质仍很高。Neudorf 酒庄出产精致顺滑的霞多丽，Seifried 酒庄出产清爽略甜的雷司令干酒、口感极佳的品乐、丰富的霞多丽和味道浓烈的长相思。

马尔伯勒 马尔伯勒位于南岛北端的 Blenheim 小镇中部，是新西兰最重要的葡萄种植地。尽管这一地区并没有因红葡萄酒而声名鹊起，但它仍是新西兰最优质的白葡萄酒产地，尤以长相思闻名。这里气候凉爽略干燥，秋季多雾，特别适合雷司令贵腐酒发酵。霞多丽在这一地区的地位也很高。这里产量大、最重要的产区是怀劳谷（Wairau）和阿沃特雷谷（Awatere Valleys）。

Montana 酒厂是新西兰葡萄酒巨子，从20世纪70年代种下第一株葡萄开始，它逐步将马尔伯勒变成一片葡萄种植地。Montana 酒厂的长相思葡萄酒堪称当代经典，同时这里也出产一些优质的雷司令甜酒和品质上乘的黑品乐。

Cloudy Bay 是新西兰排名第二的酒庄，以极抢手的限量马尔伯勒长相思惊艳世界，这一酒款价格高昂，但品质上乘。除此之外，该酒庄还出产浓厚丰富的霞多丽和深紫色的赤霞珠 – 美乐，以及浓烈醇厚的 Pelorus 起泡酒。

Hunter 酒庄是酿制高档长相思和霞多丽的又一高手；Jackson 酒庄则以轻柔清脆的霞多丽和浓烈的长相思见长；Vavasour 酒庄的长相思和霞多丽都很浓烈；Seresin 酒庄的长相思有醋栗的果味；怀劳河的长相思口感紧实、有果香，霞多丽则入口即化。除此之外还有许多酒款，不一而足。

马尔伯勒还出产新西兰传统的起泡酒，通常由香槟酒庄投资并指导，如 Veuve Clicquot 酒庄和 Deutz 酒庄。这种起泡酒主要使用黑品乐和霞多丽，向世人证明了凉爽的地区也能出产高品质的起泡酒。这种酒有时酸性略高，但

新西兰凉爽的气候使其天生适合出产传统起泡酒，特别是马尔伯勒地区（左图）

总体来讲平衡性很好，口感极佳。

除了 Cloudy Bay 酒庄的 Pelorus 起泡酒以外，Montana 的 Deutz Marlborough 特酿也是口感清脆、品质优雅。Cellier Le Brun 是起泡酒专家，出产一些精致丰富的起泡酒。

其他生产商：Fromm、Forrest、Nautilus、Wither Hills、Dog Point、Framingham、Oyster Bay、Astrolabe 和 Saint Clair 酒庄。

坎特伯雷（Canterbury） 坎特伯雷位于克赖斯特彻奇（Christchurch）中部，天气比马尔伯勒还要凉爽，出产迄今为止最优质的葡萄酒。霞多丽和黑品乐是该地区的明星品种，但雷司令也不错。Pegasus Bay 出产质感丰富的霞多丽和品乐酒，与吉斯本情况相似，条件适宜也会酿制雷司令贵腐酒。Daniel Schuster 出产特别优质的品乐酒，St Helen 酒庄则以轻柔丝滑的灰品乐和白品乐闻名。

中奥塔哥（Central Otago） 位于昆士兰南部，是最富活力的一个地区，在世界葡萄种植地最南端。这里也是唯一一个富有创新精神的种植者逐年增加的内陆地区。Mt Difficulty 酒庄和 Peregrine 酒庄的黑品乐尤其出众，琼瑶浆香气迷人，优质的雷司令和一些清淡的灰品乐也不错。

其他生产商：Felton Road、Quartz Reef、Carrick 和 Rippon 酒庄。

第六章
其他葡萄酒产区

1993

FRANCISCAN

MONTEREY CHARDONNAY

中东

在欧洲以外的地区，地中海东部和南部的一些国家已有几百年的酿酒历史，但只有少量酒用于出口。以色列和黎巴嫩种植经典葡萄品种，其声誉正在扩散。

卡梅尔酿酒厂外历史上著名的木桶（右图），卡梅尔酿酒厂是一个大型合作社，生产大多数的以色列葡萄酒

黎巴嫩（Lebanon）

当代黎巴嫩葡萄酒的故事基本上就是贝卡谷地南部的缪萨尔庄园的故事。庄园园主和曾在波尔多接受培训的酿酒师瑟奇荷查（Serge Hochar），酿制了无疑是该地区最有名的红葡萄酒，所生产的每一瓶酒几乎都用于出口。赤霞珠和神索葡萄混合在一起酿制的酒，即顶级特酿，在发售前要放置在木桶和瓶子里封存数年，是一种酒色极深、十分辛辣、带有雪松味的葡萄酒，酒精含量高，美味萦绕于唇齿间，令人难以忘怀。用霞多丽、赤霞珠和当地被称为莎当妮的葡萄混酿，生产少量带有橡木味的白葡萄酒，相当浓郁，但不大引人注目。

生产商：Musar、Ksara、Kefraya、Massaya、Clos St Thomas 和 Dom. des Tourelles 酒庄。

以色列（Israel）

20世纪80年代初以前，以色列只大批量生产符合犹太教教规的葡萄酒，出口到世界范

中东地区的贝卡谷地和戈兰高地（右图），那里的气候尤其适合种植葡萄

1. 贝卡谷地
2. 戈兰高地
3. 加利利
4. 沙龙
5. 希姆雄
6. 犹太山丘
7. 内盖夫

此图为原版书所附示意图

围的犹太社区，之后便丰富其葡萄酒款式，使其适于一般消费者，而以色列现代葡萄酒产业正是20世纪80年代初的产物。这里的气候非常有利，5个有特定名称的地区进行葡萄栽培，分别是加利尔（Galil）、犹太山丘（Judean Hills）、希姆雄（Shimshon）、内盖夫（Negev）和沙龙（Sharon）。

法国葡萄品种占主导地位，以赤霞珠、美乐、长相思和霞多丽为主。西拉葡萄在这里种植得特别好。红葡萄酒已开始表现出非凡的复杂性和陈酿潜力，这里甚至还有一些用传统方法酿制的起泡酒。

生产商：Dom. du Castel、Clos de Gat、Margalit、Yatir、Golan Heights'、Yarden range 和 Carmel's Upper Galilee range 酒庄。

北非

　　谈及非洲葡萄酒时，人们很容易想到南非，因为大部分优质酒诞生于那里。事实上，北非也有一些不错的葡萄酒生产国，如阿尔及利亚、摩洛哥和突尼斯等。在北非，适合葡萄栽培的地区主要是沿海岸线的地带或是大河的沿岸地区。

阿尔及利亚（Algeria）

　　4 000 多年前，米迪亚（Medea）人和波斯人将葡萄酒酿造技术传入了阿尔及利亚。这里的葡萄酒产业发展并非一帆风顺，如果阿尔及利亚的葡萄酒想真正打入国际市场，那就必须重视葡萄酒质量和明确定位的重要性。目前，阿尔及利亚的专家们正在催生一些有利于葡萄栽培的政策。

　　阿尔及利亚的葡萄园主要集中在地中海西北部，目前，一个更好的内陆地区是马斯卡拉庄园，它利用一些法国南部的葡萄品种酿制浓郁的红葡萄酒。所有阿尔及利亚的红葡萄酒和桃红葡萄酒，大多圆润、丰满、温和，带有新鲜的果酸，不是特别饱满、复杂，但拥有适量的单宁。

摩洛哥（Morocco）

　　摩洛哥的葡萄酒行业受益于其密集的旅游业，所产的法国葡萄酒风格多样，包括解百纳、西拉、白诗南和夏敦埃酒，供度假的人群饮用。摩洛哥生产的许多中等质量的葡萄酒则供应本土消费者。所有北非国家都已付出最艰苦的努力，将其产区体系划分为 14 个指定

的 AOG（保证原产地产区）。第一等级是法定产区，是 2001 年为阿特拉斯一级酒庄创建的。西拉红葡萄酒和神索桃红葡萄酒一直都是不错的，而加烈甜度葡萄酒，即贝尔卡内麝香葡萄酒，未来很可能会成为一种引人瞩目的酒。

突尼斯（Tunisia）

　　3 000 多年前，腓尼基人将葡萄酒生产带入了突尼斯。1920 年，法国农场主军团来到突尼斯，帮助当地居民一起恢复了葡萄的种植。法国人用这里的葡萄酒，特别是那些饱满的红葡萄酒，来提升自己那些平淡的葡萄酒的品质。1956 年，突尼斯宣布独立，从此这里的葡萄酒品质开始大幅提升。近年来突尼斯的葡萄酒产业遭遇了挫折，曾经闻名于世的麝香干红葡萄酒和其他迷人的红葡萄酒质量明显下降，葡萄酒的储存和运输也有许多不尽如人意的地方。很多酒最好在出产地饮用，因为一旦运离出产地后，葡萄酒通常都得不到很好的照料。

　　如今，突尼斯主要利用法国南部的葡萄品种生产粗糙、不精致的红葡萄酒和桃红葡萄酒。白葡萄酒中包含一种相当浓郁的干型麝香葡萄酒。

耕种位于突尼斯的昂菲达维尔地区的一个新的葡萄园（下图）。突尼斯大多数葡萄都是法国南部的葡萄品种

南非

在近一个世纪的政治冲突之后，南非的红酒业发展迅速。高档红酒的潜力巨大且不断发展，该国的红酒生产商雄心勃勃，正迎来好时期。

好望角一直以来都是南非红酒产地的焦点，由于处在内陆地区，即便靠近凉爽的大西洋和印度洋，这里的气候仍然炎热又潮湿（下图）

1. 奥勒芬兹河
2. 黑地
3. 帕尔
4. 德班维尔
5. 康斯坦夏
6. 斯泰伦布什
7. 埃尔金
8. 沃克湾
9. 伍斯特／塔尔巴赫
10. 罗伯逊
11. 克林卡鲁

在17世纪中期，荷兰殖民者到达好望角后，最先开启的行业之一便是葡萄栽培业。我们无从知晓他们带来的是什么葡萄品种，尽管葡萄枝似乎是来自波尔多。在回到荷兰后，他们在南非种植的葡萄并没有即刻受到关注，但毕竟已经开了个头。第一次让南非红酒业在世界地图上占有一席之地的，是那些著名的餐后甜酒，而整个葡萄酒历史也是一部餐后甜酒史。

在南非开普敦附近，有一座叫康斯坦夏（Constantia）的葡萄园，是由一位荷兰殖民总督建立的。该葡萄园酿制的甜酒，要求使用的葡萄要熟透，并且在葡萄藤上晒成葡萄干。这种工艺是"过熟"工艺过程的初级版本，"过熟"工艺过程至今仍在绝大部分南欧地区运用。我们并不确定这种甜酒的酒精度是否增强了，尽管在对20世纪90年代打开的陈年甜酒进行分析后表明：酒精度没有提高。至少这里为本地消费者生产的葡萄酒，其酒精度没有提高。然而，一些出口国外的葡萄酒可能出于保质需要而增强了红酒度数（那时候提高酒精度是一种为保存葡萄酒而发明的方法），这种葡萄酒迅速席卷了欧洲市场。在18世纪和19世纪，它们享有崇高的声誉，人们纷纷花高价购买，其价格超出了欧洲任何经典的甜酒和加强型葡萄酒。

如果说这是南非红葡萄酒早期的辉煌历史，并在聚光灯下活跃了很长一段时间，那么，从维多利亚时期的后半叶开始，它便惨遭灭顶之灾。1861年，英国不再从南非进口红酒，之后在开普省实行殖民统治，对于从帝国偏远边境进口的商品实行特惠待遇，迫使南非红酒与从欧洲大陆更为邻近的地方进口的红酒竞争，结果可想而知。既然波特酒、雪利酒和马德拉酒更容易入手，酒商为什么还要花高价购买从康斯坦夏进口的昂贵葡萄酒呢？开普省在其主要出口市场的贸易开始萎缩。

南非葡萄酒业已经开始衰退，而随后19世纪80年代首次发现并席卷开普省的葡萄根瘤蚜病害更是雪上加霜。许多葡萄园的葡萄藤被连根拔起，那些剩下的葡萄园生产的葡萄酒，既不能被国内市场吸收，也不被国外市场接受。20世纪70年代，欧洲酒湖（由于欧洲葡萄酒产量过大而造成的大量剩余）的一种预言便是这种结果，即生产过剩、滞销、多余的葡萄酒大部分都会被浪费。一种类似应对该问题的解决方法于1918年出现，即南非葡萄种植者合作协会（KWV）的建立。

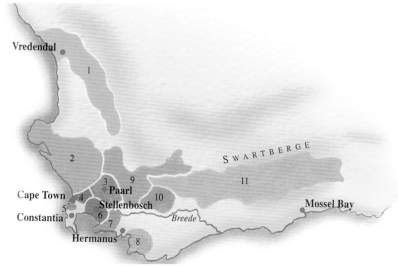

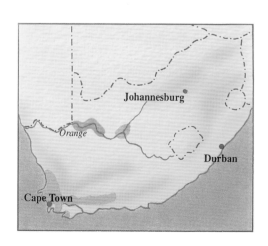

此图为原版书所附示意图

这个巨大组织专为监控整个南非葡萄酒业而设立，而在20世纪90年代之前，其工作一直是铁血而高效的。该组织在很多方面代表了欧洲监管部门执行的大纲，比如它规定在什么地方种什么葡萄，产量能有多少，以什么价格出售等。该方法虽然行之有效，却是以牺牲多样性为代价的。多年以来，在出口市场上看到的唯一的葡萄酒，便来自南非葡萄种植者合作协会。

过量生产的葡萄酒，有些被蒸馏制成白兰地，剩下的通常酿成加强型葡萄酒，有些口味像波特酒，另一些像马德拉酒，这些葡萄酒成了开普敦的小众特产。佐餐酒口味通常淡薄、酸度较低，白葡萄酒基于最好的葡萄品种白诗南酿成，红酒则主要使用神索葡萄。下面的这场灾难则完全是自己造成的。在种族隔离时代残忍推行种族隔离政策，引发了全世界对南非商品的贸易抵制。南非葡萄酒本来在世界市场上所占的比例就小，现在基本上已经卖不出去了。尽管有些消费者愿意去尝试，喝着淡薄无味的葡萄酒，觉得心满意足，而这对南非葡萄酒事业也没有什么帮助。

随着1994年政局的安定，南非葡萄种植者合作协会也终于失去效力。私人小种植园主开始自主种植葡萄品种，内部投资也开始流动，短短几年时间，南非已经成为南半球葡萄酒巨头之一，触及了一些葡萄酒产地的利益。由各种不同的葡萄酿成的纷繁复杂的葡萄酒，在极短的时间内就取得了光辉照人的成就。有一款起泡酒非常轰动，足以与各洲最好的葡萄酒竞争。

南非在1973年制定了一套相当松散的法定产区制度，近几年来，这套制度逐渐完善，更加精确合理。其基本名称叫Wine of Origin，简称WO，后又逐渐分成更为精细的地区。地理大区（Geographical Units）是最大且最没有意义的，其次是地域大区（Regions），然后是地区（Districts），最后才是次区（Wards）。只有次区的分级才真正类似法国AOC产区的划分，如埃尔金（Elgin）代表了特定的风土条件。如果在酒标上标注单一葡萄品种的话，这个品种的葡萄必须至少在葡萄酒中占85%的比例。那些适合久藏的高品质葡萄酒，必须含有85%以上在酒标上所示年份采收的葡萄。所有这些都是振奋人心的。

开普敦的 Klein Constantia 庄园在采摘长相思葡萄（上图）

Klein Constantia 庄园的主宅（下图），康斯坦夏葡萄酒产区面积虽小却非常有名

从费尔文庄园放眼眺望惊人的帕尔产区（上图），该产区生产南非所有种类的葡萄酒

葡萄品种

在一个气候非常适宜进行集中生产且盛产红葡萄酒的国家，令人感到吃惊的是，早在20世纪90年代，不少于82%的葡萄园种植的是白葡萄品种。但这种景象在接下去的几十年间发生了巨大的变化，由于开普敦开始因其波尔多式的混合风格与西拉子赢得了赞誉，如今的红、白葡萄酒口碑之争便开始了。

白葡萄酒中施特恩（Steen）独领风骚，在世界上的大部分地区，很多葡萄酒制造商甚至到现在都将其当成了白诗南。这里生产口感鲜明、年轻的干白，也生产口感更加厚重饱满且更注重本质的霞多丽。其半干的风格大受欢迎（如半干乌弗来），它的过人之处在于葡萄在主要收获期后采摘，具有蜂蜜味和甜点酒的味道。

从法国香槟产区进口的鸽笼白，在南非传统白兰地产业中也十分重要。同时，它也经常用来酿造轻型干白。作为单一品种酿造的葡萄酒，它比其他酒软糯，比老式偏甜且口感粗糙的霞多丽系列更有个性。

霞多丽像野火燎原般迅速传播开来，就如同稍早于它的长相思。长相思在一些相对寒冷的地区，变得口感丰富华丽，可酿成具有烟熏味的卢瓦尔河风格的葡萄酒。这些都是全国最好的白葡萄酒，比卢瓦尔河在新西兰传统意义上的主要竞争对手显示出更好的平衡性。雷司令（曾标为维斯雷司令，用于和法国产的较差的曾被误认为南非雷司令的Crouchen区别）因为混合了青柠味干白和甜酒而显得正式。两大主要的麝香葡萄用于生产加强型甜酒，此外，尤其是帕尔产区的琼瑶浆，给一些种植户留下了深刻的印象。

说到红葡萄，赤霞珠已经有了跨越式的

有令人不快的粗糙口感、烧焦的橡胶味和金属回味。较淡口味的版本散发蔓越莓或红醋栗水果等多籽浆果的味道。而更好的生产者可酿造出更为奢华的版本，入口充满丰盈的树莓果实味和高密度的质感，至少能反映出一些它曾拥有的血统。

开普敦的红葡萄还包括各种早已在其家乡被抛弃的法国品种，如彭塔克（Pontac），这个波尔多历史上由一个更加显赫家族命名的葡萄品种，实际上相当质朴。虽然任其自生自灭（因为它产量不多），但它是康斯坦夏的次要成分之一，一部分仍然在老庄园中生长，时刻准备在葡萄酒复兴中起到一定作用。

Vergelegen 庄园位于斯泰伦布什功能强大的酒窖（下图），其葡萄栽培历史可追溯到 17 世纪

发展。在过去一段时间里，南非地区种植相当逊色的赤霞珠克隆品种，这意味着酿出来的葡萄酒中，总是会尝到奇怪的杂草味和橡胶味，不纯净。不过现在已转而种植更优质的经筛选的克隆品种。现在出品的葡萄酒，往往是品丽珠和美乐混酿的波尔多风格。单一美乐红葡萄酒，华丽、热情，有李子味。而西拉作为一名澳大利亚血统西拉的实力竞争者，也在逐步进入红酒行列。还有数量逐年上涨的优质黑品乐，以及少许混合的佳美和仙粉黛，也可能随时酿造出吸引人的红酒。

南非的品乐塔吉红葡萄相当于加利福尼亚州的仙粉黛，它是曾经无处不在的神索与黑品乐的杂交品种。很多人都感觉这像一种愚蠢的包办婚姻。品乐塔吉有许多的风格：简单的桃红酒、清淡的博若莱红酒和木桶陈酿酒等。但遗憾的是，绝大多数品乐塔吉都

葡萄酒产区

南非大部分的葡萄酒产区都集中在西南地区，那里的葡萄园在不同程度上都受益于大西洋和印度洋海上降温的影响。因为大部分内陆地区对成功的葡萄种植都太热了，尽管近来新建的葡萄园都位于该国中心的奥兰治河沿岸。虽然冬天通常是潮湿而多风的，但葡萄生产季节的气候条件特征，却是漫长的炎热与干旱。开普敦大部分的葡萄园，要经常进行灌溉，虽然还没到南美种植者不得不去寻求帮助的那种程度。

接下来，对葡萄酒产区的导览是逆时针绕着开普省进行的。

奥勒芬兹河（Olifants River） 这里是桶装蒸馏酒的主要发源地，也是一些开普合作社生产商的家园。其中最大的生产商是Vredendal，而它事实上也是优秀的种植者，培育令人开胃的霞多丽和长相思。它生产的早期装瓶的 Goiya Kgeisje 酒，是一种有新鲜果味的白苏维浓酒，而其口味对于欧洲人来说，则远不及其名字的读法那么具有挑战性。甜麝香葡萄酒在当地很受欢迎。红葡萄酒的生产也是小规模的，虽然 Vredendal 也生产品丽珠。

斯瓦特兰德（Swartland） 这片大部分地区非常炎热的广大土地，得名于生长在该地的黑灌木丛。尽管气候炎热，白苏维浓却很神奇地成为这里最好的品种之一，正如在多烟浓雾的勒伊利或昆西那样。这里的品乐塔吉很不错，能酿造更浓郁的葡萄酒。厚果皮的红葡萄在这样的气候下会比其他品种更成熟，提娜布洛卡（Tinta Barocca）葡萄的成功便

法兰舒克的 *Klein Genot* 庄园拥有很多完美的葡萄园，都在帕尔地区高品质的 *WO* 产区内（下图）

得益于此。它是波特酒的主要酿酒葡萄之一，Allesverloren 酒庄酿造了一款有趣的带李子味和辣椒味的单一提娜布洛卡酒。

帕尔（Paarl） 它和斯泰伦布什是开普地区进行出口贸易的先锋。这里是曾经一度不可一世的 KWV 酒庄的基地，现在依然是整个南非葡萄酒产业的中心。作为一个因为完全地处内陆而更加炎热的地区，帕尔仍然生产涵盖了全南非所有风格的葡萄酒，有清脆、轻盈的干白葡萄酒，有长寿的红葡萄酒，有优良的加烈葡萄酒，还有一些优质的白兰地。

南非所有主要的葡萄酒都产于帕尔。Nederburg 庄园是最大的私人生产商之一，生产一些多汁的霞多丽和带巧克力、薄荷味的赤霞珠。Fairview 庄园是现代南非前景的代表，生产一些令人印象深刻的多元化的顶级品种，包括一些大胆的红酒，如辛辣的慕合怀特和味而多，钢铁般的白诗南，出色的维欧尼，以及精心酿造的雷司令（成熟度和重量与阿尔萨斯酿造的版本非常相似）。

Villiera 酒庄生产气味芬芳的 Gewürz 酒，也生产令人激动的强劲的长相思（丰富的水果味通常和新西兰种植者的代表作一样多）。Backsberg 酒庄则生产可靠的霞多丽和美乐。Glen Carlou 庄园是迄今为止最佳黑品乐的生产地，其葡萄酒有土耳其软糖般浓郁芬芳的口感，就像勃艮第的霞多丽一样令人信服。

该地区的东南部有一块山谷飞地叫法兰舒克（Franschhoek，意为"法国角"）。许多帕尔最好的葡萄酒都来自这里。目前已经蜚声国际的生产商有 Dieu Donné，其极好的霞多丽是以博讷区葡萄酒的模式生产的；La Motte 生产口感辛辣的西拉；卓越的 Boekenhoutskloof 生产优质瓶装的顶级赤霞珠、西拉和赛美蓉，以及一款叫 Porcupine Ridge 的中等价位的酒；Clos Cabrière 是用传统方式酿造起泡酒的专家。

KWV 酒庄一直在帕尔地区酿造加强型雪利酒，使干型酒在 flor 酵母层下逐渐成熟，再运用叠桶陈酿系统酿造。然而，它不仅生产葡萄酒，还生产几种烈性酒，如曾经非常有名的 Van der Hum，号称南非的 Grand Marnier。

德班维尔（Durbanville） 和其他小型的葡萄庄园一样，它位于主要城市的附近，开普敦城市的拓展对其造成了威胁。在南非的酒业

复兴中，这个庄园的作用也不大。

康斯坦夏　南非历史上最有名的葡萄酒就是在这片不规则的地方诞生的，它最开始由 3 个经营者创立。它们中最大的一个——Groot Constantia 是国有的。现在那里已经有 9 个葡萄酒厂了，康斯坦夏被认为是葡萄酒产业的领军企业。在私人酒庄中，Steenberg 拥有极好的的长相思和丰富热烈的美乐。Klein Constantia 酒庄是他们中最小的，但被证明是最具有远见的。不仅生产出现代杰出的长相思酒和夏敦埃酒，还改进了波多尔混合酒。它是第一个努力去复兴康斯坦夏烈酒，并重新命名 Vin de Constance 天然甜白酒的，最近付出的努力是显而易见的。

斯泰伦布什　帕尔地区以南斯泰伦布什海岸的葡萄栽培技术，源自第一代的荷兰殖民者。如今，这里是南非最高等级的葡萄酒产区。得益于靠近海边，斯泰伦布什的葡萄酒庄园经常产出开普地区最好的红酒。在这个地区的中心地带，是南非主要的葡萄酒栽培研究学院的总部。

混合红酒经常使用 3 种主要的波尔多葡萄，一般要优于单一解百纳葡萄酒。Warwick 农场的三部曲是很好的混酿酒，分别是 Meerlust 庄园华丽的 Rubicon、Kanonkop 庄园的 Paul Sauer 和 Mulderbosch 庄园的 Faithful Hound。

Kanonkop 庄园还出产一种迷人的品乐塔吉酒。Neethlingshof 是个有意思的生产商，生产一种芳香的单一阿尔萨斯琼瑶浆葡萄酒，还有一种表现力很强的叫 Maria 的雷司令晚摘酒。

来自 Uitkyk 酒庄的长相思令人印象深刻；Thelema 酒庄因其丰满的金黄色的霞多丽和充满诱惑力的丝滑的美乐而赢得喝彩；Avontuur 酒庄的储备酒是更成熟集中的解百纳酒；Mulderbosch 庄园的长相思（不是橡木桶发酵就是纯天然的）口感强劲，白诗南质地和口感都令人愉悦，还带有芳香；Stellenzicht 酒庄酿造了一种有咖啡味的西拉酒，还有一些美味的餐后甜酒，如 Noble Late Harvest 雷司令贵腐酒。

埃尔金（Elgin）　南非的一个新产区，它也跟随近期趋势在海拔高的地方种植葡萄，以便从凉爽的生长环境中获利。埃尔金出产不错的混酿葡萄酒，这些酒由法国北部的葡萄品种酿制而成，如赤霞珠、白诗南，尤其是黑品乐。斯泰伦布什地区的葡萄酒生产商 Neil Ellis，生产目前为止最好的葡萄酒，如极其优雅的夏敦埃酒。

沃克湾（Walker Bay）　沿着海岸再往东，靠近赫曼努斯（Hermanus）镇的地方就是沃克湾。与埃尔金相比，沃克湾在凉爽气候下生产的葡萄酒先发制人，许多葡萄酒具有

罗伯特森地区 Graham Beck 酒厂的木桶酒窖（上图），因其 Madeba 长相思干白葡萄酒而出名

极微妙之处。夏敦埃酒和黑品乐看起来都不错，勃艮第较大的 Bouchard-Finlayson 酒庄，也加入这里的合资企业，将科多尔省一小部分产业带到开普敦。它们的葡萄酒和 Hamilton-Russell 生产的那些葡萄酒一样，显示了真正的优质葡萄酒该是什么样的。并不是所有的葡萄酒都酿制得恰到好处，但其潜力是不容置疑的。Bouchard-Finlayson 酒庄生产一种干净、脆爽的长相思干白葡萄酒，Wildekrans 酒庄在这里生产一些蔓越莓味的品乐塔吉酒。

伍斯特（Worcester） 伍斯特产区位于内陆地区，在帕尔的东北部，很大程度上被产量极大的合作社占据，生产老式的强化酒。麝香葡萄和其变种葡萄（可能是红色或白色）可酿制多个版本的甜度葡萄酒。Jerepigo 由红色或白色的麝香葡萄酿制，类似于在 Moscatel de Valencia 葡萄酒中所使用的原料。在葡萄汁发酵之前，加入葡萄酒精使极甜又新鲜的葡萄汁得到强化，产生意料之中含有 17% 酒精度的甜葡萄酒。这里的白葡萄酒轻盈又清爽，红葡萄酒则让人热血沸腾。

图尔巴（Tulbagh） 位于伍斯特西北部，尽管这里的气候条件不是理论上能生产起泡酒的好地方，但这里的 Twee Jonge Gezellen 酒厂生产的 Krone Borealis 干型酒，是最值得称赞的起泡酒。

罗伯特森（Robertson） 这是南非另一个很有前途的葡萄酒产区，罗伯特森地理位置

优越，位于炎热而潮湿的腹地，其葡萄园在很大程度上依赖灌溉。尽管如此，它已经成为白葡萄酒而非红葡萄酒的首要生产地。这些葡萄酒中杰出的一款是夏敦埃酒，使用许多浓郁厚实的鸽笼白葡萄和极为成熟浓郁的麝香葡萄及其变种酿造。

De Wetshof 是生产夏敦埃酒的领军者，其 Danie de Wet 特酿在酒糟中陈酿，极其浓郁并有奶油味，具有强大的号召力。Van Loveren 酒庄的葡萄酒几乎同 De Wetshof 酒庄的特酿一样好。本地的长相思干白葡萄酒，现在含有大量热带水果味，满是令人喜爱的来自 Springfield 和 Graham Beck 酒庄的醋栗味特色。Beck 酒庄也酿制未经橡木桶陈酿的精致的 Waterside 夏敦埃酒，以及该地区更为成功的起泡酒。红葡萄酒值得留意的是 Zandvliet 酒庄浓郁的 Shirazes，以及 Springfield 酒庄的波尔多混合酒和单一解百纳葡萄酒。Bon Courage 酒庄生产精致的餐后甜酒。

克林卡鲁（Klein Karoo） 这是一处被陆地包围的广阔地区，虽然一些生产商正在尝试生产干型餐酒，但麝香葡萄强化酒最适合这里的炎热气候。长相思白葡萄酒可能是最好的选择。

莫塞尔湾（Mossel Bay） 像沃克湾和埃尔金一样，这一偏东部的沿海区域是一个相对较新的葡萄酒产区，其地理位置可减轻从印度洋吹来的海风的影响，葡萄种植能从中受

益。适应生长在凉爽气候条件下的葡萄品种给种植者们带来信心，黑品乐像往常一样处在雄心壮志的顶峰，雷司令和长相思紧居其后。花点时间找到立足点，这里的葡萄酒应该会是极好的。

奥伦治河（Orange River） 位于莱索托（Lesotho）这一内陆国家的西部，是南非气候最恶劣的葡萄酒产区，其河畔的葡萄园比开普敦的葡萄园受海洋的影响更严重。这里主要进行大批量的生产活动，鉴于葡萄藤必须密集地灌溉，其葡萄产量相对于质量来说实在太高了。

起泡酒

南非目前的起泡酒是如此重要，自20世纪90年代以来，就成为一个新的在全国范围内众所周知的术语，Méthode Cap Classique（MCC）开始被归类为最好的葡萄酒，它是指用生产香槟的传统二次瓶中发酵法酿制的任何起泡酒。

许多高品质的起泡酒由霞多丽和黑品乐混酿而成，而其他葡萄酒可能含有些许类似卢瓦尔河地区的白诗南，甚至是长相思，但坦白地说，总体质量是令人激动的。事实上，这些酒和英格兰南部的那些酒一样，可能是除香槟区以外最好的该类型葡萄酒了。20世纪80年代，这一传统方法在南非才开始大量使用，现在的进步更是令人吃惊。

起泡酒在许多不同的产区生产，包括斯泰伦布什一些温暖的地区，葡萄酒在新陈酿出来时是脆爽、清新、酸度刚好的。之所以这么多版本的起泡酒都如此出众，完全是因为酵母的自溶特点。自溶是一种生化交换的名词，指葡萄酒在瓶中经历了第二次发酵。由于活性酵母相继死掉，死细胞为酒中增添了独特的香气和风味，让人联想到新鲜出炉的面包的烘烤味。更主要的是，在将沉淀物从葡萄酒瓶中取出之前，一定要耗费更长的时间在酒糟中酝酿成熟。并没有更可靠的迹象表明，起泡酒的生产商会因为商业利益而缩短葡萄酒的酝酿。

尽管如此，一些酒厂现在很想发售刚刚陈酿出来的葡萄酒，以应付日益增长的需求。这是一种耻辱，但即便是在香槟地区，也并非不存在这种情况。桃红葡萄酒一般含更多的水果味，但也有一些开始显现一种极具吸引力的

在罗伯特森地区的*Graham Beck* 酒厂，挤压霞多丽葡萄（左图），用以生产经典的开普起泡酒——*Madeba* 干型酒

优雅风格。年份酒会在第一时间成为最经典的葡萄酒。

其他生产商：Twee Jonge Gezellen（Krone Borealis 香槟）、Cabrière Estates Cabrière（Pierre Jourdan 香槟和白中白香槟）、Bergkelder（Pongracz 酒）、Graham Beck（Graham Beck 香槟）、Simonsig（Kaapse Vonkel 起泡酒）、Bon Courage（Jacques Bruére 珍藏香槟）、Steenberg（MCC 1682 年份香槟酒）、Villiera（Tradition 香槟）和 Boschendal（Grande 特酿香槟）。

这一闪闪发光的白色山形墙外观的建筑物（左图）是法兰舒克帕尔地区 *Boschendal* 庄园的别墅

亚洲

在亚洲南部和东部地区，葡萄酒的生产代表着一个勇敢的新世界，是一个值得我们未来去关注的地方。中国酿造葡萄酒的历史悠久，可能是亚洲最适合栽培葡萄的国家。虽然日本酿造葡萄酒的历史也比较长，但整个产业的复苏还是近几十年的事。印度葡萄酒酿造可追溯到古埃及法老时代。泰国的葡萄酒产业则是近些年发展起来的。

中国

中国的葡萄酒酿造历史悠久，早在两千多年前就有了葡萄酒。《史记·大宛列传》记载："大宛以葡萄酿酒……久者数十年不败……"《后汉书·西域传》记载："其土水美，故葡萄酒特有名焉。"

正如很多其他地方，21世纪的中国将是一个奢华而成功的葡萄酒生产国。中国满是本土葡萄品种，拥有很多不错的葡萄园，特别是在西北部的新疆、东部的山东、西南部的云南，以及西部地区的宁夏。

利用法国和澳大利亚的投资，这里已经生产出夏敦埃酒、雷司令，以及目前为止最好的波尔多式混合红葡萄酒，都极其美味。值得推荐的生产商有张裕酒厂，中国最古老的酿酒厂，成立于1892年，使用法国葡萄品种酿酒；青岛的华东葡萄酒厂（这两个酒厂都位于山东省）；新疆的新天葡萄酒厂（以新天的名称销售）。

日本

据史料记载，日本的葡萄酒酿造可追溯至17世纪，但是规模非常小。19世纪时，日本的葡萄园由葡萄种植的拥护者僧侣进行管理。19世纪末，日本年轻的酿酒师远赴法国波尔多学习葡萄酒酿造技术，他们回国后对现代日本葡萄酒酿造做出了重大贡献。

广泛种植的杂交葡萄品种不利于葡萄酒产业的发展，但甲州葡萄（Koshu）看起来像有前途的本土葡萄，可酿制细腻的不经橡木陈酿的葡萄酒。本州岛的山形县和山梨县可能是最优质的产区。

夏初时节，日本三得利葡萄园的工作人员在疏剪葡萄枝条（上图）

印度

印度葡萄酒的历史非常悠久，在神学与宗教卷宗里经常出现"Soma Ras"（葡萄酒）来自一种叫"Soma"（酿酒葡萄藤）的植物。在亚历山大大帝时代，希腊人为了扩大影响力，在印度安排了一些驻军。他们使葡萄酒在印度慢慢流行，并帮助当地人改进了葡萄酒酿造工艺。

20世纪末，由于许多葡萄酒公司和酿酒商的努力，印度葡萄酒产业得到了很大发展。印迪智集团，总部设在孟买东部的马哈拉施特拉邦的丘陵处，生产一系列品质正在提高的红、白葡萄酒，以及开创性起泡酒——欧玛尔·海亚姆，一种浓郁带坚果味的霞多丽干型起泡酒，最初利用酿制白雪香槟的专业知识创制。

泰国

泰国的葡萄种植早年是从曼谷附近的平原地带开展起来的，不过当时种植的葡萄主要为食用品种，直到20世纪80年代，才开始有酒庄把部分葡萄酿成葡萄酒。20世纪90年代初，泰国东北部较清凉的Phu Rua高地区，开始出现采用国际主流葡萄品种有规模地酿造葡萄酒。Loei酒庄就是当时的酿酒先驱，它种植的葡萄品种包括国际流行品种白诗南和西拉。

时至今日，除了以上两种国际品种外，泰国还种植赤霞珠、维奥涅尔、黑品乐、添普兰尼洛、鸽笼白、歌海娜等。传统上，地理位置处于南北纬度30～50度间的地带，是全球公认最佳的葡萄酒产区，而泰国葡萄酒产区可被归为"新纬度产区"（New latitude wines）。

期待未来几年泰国高海拔地区的葡萄园中，会出现法国葡萄酒（白诗南白葡萄酒、西拉红葡萄酒和桃红葡萄酒）中一些有趣的红、白葡萄酒。

后　记

对于外行人来说，葡萄酒的世界似乎极其令人困惑。这曾经是一个势利做作的世界，新手如果在饭店里点错了葡萄酒，就会贻笑大方。想要培养葡萄酒作为爱好，还需要花费大量金钱，有时面对木桐庄园或查理曼产区的顶级葡萄酒也不能立即品用，还要等它们陈酿成熟。

幸运的是，"二战"后，原来那样的葡萄酒世界不复存在了。现在我们大多都不会花两天的工资来买一瓶酒，而且就我所知，大多数人家里都没有酒窖。随着葡萄酒产业规模越来越大，葡萄酒也越来越大众化。曾经那些所谓来自新世界（对欧洲人来说，所有欧洲以外的地区都叫新世界）的酒，现在也在葡萄酒市场上占有一席之地，自 20 世纪 80 年代起，古老的等级之分逐渐瓦解。

当然，这并不是说就不再有优质酒和劣质酒之分了。劣质酒就像贫穷一样，永远与我们同在。葡萄酒品质革命的一个副产品是，相对减少了一些歧视。好酒一如既往地令人兴奋，神清气爽，但劣质酒现在大多只被认为是一般。与 30 年前相比，现在很少有真正难以下咽或真正完美无缺的葡萄酒。这是件好事，不是吗？

对于可饮用性来说，这是一件好事。但同时也带来了一个问题，那就是葡萄酒风格的同质化。就像一部成功的电影通常会有许多类似的续集或相关影片一样，成功的葡萄酒也会有许多盲目的模仿者。

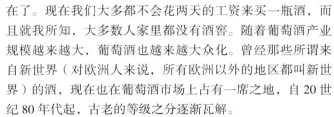

在 20 世纪 80～90 年代，几乎所有人都采用橡木陈酿霞多丽。在那之前的十年中，长相思和少量维奥涅尔是大众的宠儿，因为所有人都在追求香气浓郁、口味强烈的葡萄酒，但又不想用橡木陈酿。大众对红葡萄酒的品味改变较慢，但人们对成熟香甜、口感黏着、果味浓郁的红葡萄酒十分饥渴，这极大地影响了红葡萄酒的酿制。

那如何遏制这种不健康的趋势呢？我们需要一场规模宏大的顶级葡萄酒运动。范围涉及整个欧洲南部，从法国的罗讷河、朗格多克、加斯科涅开始，经过伊比利亚半岛（特别是葡萄牙南部），再到意大利部分地区。这场运动已经拖了很久了。这些地区的葡萄品种你可能都没听说过，它

们正等着被发现，迫切地想要进入市场。

北美和南半球的葡萄酒出产国需要更多的关注和认可。作为消费者，我们应该知道什么葡萄在哪些地方品质是最好的，而不是将非欧洲地区都视为混乱无序、品质参差不齐的葡萄酒市场。

市场秩序的问题涉及葡萄酒分级系统。在新兴葡萄酒国家，尽管关于许可种植的品种和品种价值的规定，比在传统的欧洲核心地区要严格，但各地区的不同定义和法定标准，对于保障该国葡萄酒的品质十分重要。分级制度的发展简单而又必然。

可能在某个风和日丽的日子，你精心酿酒后发现，产自 Crooked 半山腰那个不起眼的小地方的黑品乐，是你一生中酿出的最好的葡萄酒。之后，你就不会将那里的葡萄和其他的品乐葡萄混合酿酒了。你会骄傲地将那些葡萄酒标为 Crooked Hill 黑品乐发售。其实剥去那些神秘的外壳，这就是风土和分区系统的意义所在。

我承认，在有些地区，关于风土的争论太过空泛、毫无帮助。现在，风土会被一些葡萄酒评论家使用，但其实这个词指的就是传统或风俗。这个词原始的法语用法表示一种地理特殊性，意味着这一特定地区的葡萄味道独特、品质上乘，因此应该立法保护起来，以防外部的模仿和内部的偷工减料。

我们不应该只有一成不变的思维模式，只认可大规模生产的传统葡萄酒。这不仅是为了让葡萄酒爱好者的生活更加丰富多彩，还因为这样才能促使酿酒者不懈努力。也许这听起来有点矛盾，但如果我们真的想保护多样性，那就只有分区、分级这一种方法。

相信你们能从本书中看出，我对于世界各大主要葡萄酒产区的发展都有很多批评和建议，比我在 20 世纪 80 年代刚对葡萄酒感兴趣时更多。但在各种酒精性饮品中，葡萄酒无疑是最让人深陷其中而欲罢不能的。如果不是特别关心，我们就不会有这么多意见了。

最后，我始终认为，葡萄酒是人类非常珍贵的一项遗产。